READY OR NOT!

자연적인 식재료를 활용하는 건강한 레시피

미셸 탬 & 헨리 퐁 저·송윤형 역

YoungJin.com Y.
영진닷컴

자연적인 식재료를 활용하는 건강한 레시피

READY OR NOT!: 150+ Make-Ahead, Make-Over, and Make-Now Recipes
by Nom Nom Paleo by Mitchelle Tam and Henry Fong
Copyright © 2017 by Michelle Tam & Henry Fong
All rights reserved.
This Korean edition was published by Youngjin.com in 2019 by arrangement with
Andrews McMeel Publishing, a division of Andrews McMeel Universal through
KCC(Korea Copyright Center Inc.), Seoul.
이 책은 (주)한국저작권센터(KCC)를 통한 저작권자와의 독점계약으로 영진닷컴(주)에서 출간되었
습니다. 저작권법에 의해 한국 내에서 보호를 받는 저작물이므로 무단전재와 복제를 금합니다.

독자님의 의견을 받습니다.

이 책을 구입한 독자님은 영진닷컴의 가장 중요한 비평가이자 조언가입니다. 저희 책의 장점과 문
제점이 무엇인지, 어떤 책이 출판되기를 바라는지, 책을 더욱 알차게 꾸밀 수 있는 아이디어가 있
으면 팩스나 이메일, 또는 우편으로 연락주시기 바랍니다. 의견을 주실 때에는 책 제목 및 독자님
의 성함과 연락처(전화번호나 이메일)를 꼭 남겨 주시기 바랍니다. 독자님의 의견에 대해 바로 답
변을 드리고, 또 독자님의 의견을 다음 책에 충분히 반영하도록 늘 노력하겠습니다.
파본이나 잘못된 도서는 구입하신 곳에서 교환해 드립니다.

이메일 : support@youngjin.com
주 소 : (우)08505 서울시 금천구 가산디지털2로 123 월드메르디앙벤처센터2차 10층 1016호
　　　　(주)영진닷컴 기획1팀

STAFF
저자 미셸 탬, 헨리 퐁 | **번역** 송윤형 | **총괄** 김태경 | **기획** 최윤정
디자인 및 편집 박지은 | **영업** 박준용, 임용수 | **마케팅** 이승희, 김다혜, 김근주, 조민영
제작 황장협 | **인쇄** 예림인쇄

저자 소개

미셸 탬(왼쪽)과 헨리 퐁(오른쪽)

미셸 탬(Michelle Tam)과 헨리 퐁(Henry Fong)은 비평가들로부터 호평을 받은 책『놈놈 팔레오(Nom Nom Paleo)』, '세부어 베스트 푸드 블로그 상(Saveur Best Food Blog Award)'을 수상한 웹사이트, 그리고 '웨비 상 (Webby Award)'을 수상한 요리 앱의 공동 창작자이다. 그들의 첫 번째 요리책인 '놈놈 팔레오: 인간을 위한 음식(Nom Nom Paleo: Food for Humans)'은 뉴욕 타임스 베스트 셀러가 되었고 '제임스 비어드 재단 상(James Beard Foundation Award)' 후보에도 올랐다.

놈놈 팔레오의 레시피와 개성의 배후에 있는 미셸은 워킹 맘이자 음식 덕후이다. 그녀가 집착하는 것으로는 다크 초콜릿과 쓰레기 같은 리얼리티 쇼, 그리고 일본의 음식 모형이 있다. 미셸은 '캘리포니아대학교 버클리캠퍼스 (University of California, Berkeley)'에서 식품 영양 과학 학위를 받았고, '캘리포니아대학교 샌프란시스코캠퍼스 (University of California, San Francisco)'에서 약학 박사 학위를 받았다. 12년 이상 야간 약사로서 스탠포드 병원과 클리닉에서 야간 근무를 했다.

헨리는 낮에는 변호사지만, 밤에는 놈놈 팔레오 요리책과 블로그, 앱의 사진작가이자 일러스트레이터 겸 디자이너로 부업을 한다. 여가 시간엔 턱수염을 쓰다듬는다. 헨리는 '캘리포니아대학교 버클리캠퍼스'와 '예일대 로스쿨(Yale Law School)'을 졸업했다.

미셸, 헨리, 그리고 그들의 아들 오웬과 올리버는 현재 캘리포니아주의 팰로앨토와 오레곤주의 포틀랜드에서 시간을 보내며 지내고 있다.

우리의 부모님이신, 진 + 레베카 탬, 그리고 케니 + 웬디 퐁

우리에게 해 주신 모든 것, 특히 우리를 먹여 주신 것에 대해 감사합니다.

CONTENTS

WELCOME!

환영합니다

15

올라는 이 사진을 자신이 찍었다는 것을
모든 이들이 알았으면 한다.

건강을 향상시키는 가장 좋은 방법 중 하나는 실제로 음식을 직접 조리하는 것입니다!

헨리: 기다려봐. 요리를 한다고? 숙면과 운동이 좀 더 건강해지는 비결 아냐? 스트레스를 줄이는 것도 말이야! 행복과 마음의 평화는? 사람들과 어울리고 친목을 도모하는 일은?

미셸: 맞아. 그 모든 게 중요하지. 하지만 식단의 대부분이 가공된 쓰레기와 싸구려 편의 식품으로 구성되어 있다면 세상의 모든 숙면과 운동, 명상은 당신을 어디로도 이끌어 주지 못 할 거야. 오히려 좋지 못한 음식을 먹는 것은 숙면을 방해하고 운동 능력을 저조하게 만들 거라고. 그리고 몸엔 염증이 생기고 스트레스로 지치겠지.

헨리: 하지만 간편식이나 빠르게 먹을 수 있는 포장 음식의 편리함을 포기하는 건 쉽지 않아.

미셸: 정말 말도 안 되는 사실 하나 알려줄까? 보통 미국인들은 TV와 컴퓨터, 휴대용 기기의 매체를 소비하는 데 매일 8시간 이상을 소비하지만, 음식 준비엔 30분도 쓰지 않는다는 거야. 이것이 무엇을 뜻하는 걸까?

헨리: 실제로 요리하는 것보다 TV에서 요리 프로그램을 보는 게 더 낫다는 거지. 요리하는 건 어렵고, 시간도 오래 걸리고, 지루할 수 있잖아. 대개의 경우 요리 결과물은 맛을 연구하는 과학자들이 화학 공학적으로 만든 쓰레기보다 맛이 없기도 하고.

미셸: 맞아. 나는 가끔 요리하기가 두려울 때가 있어. 특히 시간이 없거나 기운이 없을 때, 아니면 둘 다 없을 때 말이야. 하지만 무사히 요리를 끝냈을 때, 요리는 재미있고 쉬우면서 인생에서 가장 즐거운 일 중 하나가 되지. 말 그대로 노력의 결실로 입안을 채우는 것보다 만족스러운 것은 없어.

헨리: 그리고 요리가 바로 우리의 존재를 책임지고 있음을 잊지 말아야겠지! 요리는 인류의 진화를 가능하게 했고 우리 조상들이 새로운 식량원을 만들 수 있게 해 주었어요. 인류는 수천 년에 걸쳐, 음식을 보존하고 더불어 더 영양가 있고 맛있게 만들어 주는 발효와 같은 기술을 고안해냈지요. 요리는 풍부한 전통이 깃든 의례가 되었어요. 하지만 과거를 되짚어보는 게 요리의 전부가 아니에요. 요리는 창의성과 혁신을 위한 출구이자 예술의 한 형태인 것이지요.

오웬: 게다가, 요리법을 아는 사람들은 좀 더 오래 살아남을 수 있어요. 적자생존!

미셸: 아무것도 없는 처음부터 식사 준비하는 법을 아는 것이 여러분을 그저 대인관계가 좀 더 원만한 사람이나 원기왕성한 생존자로 만들어 주는 것은 아니에요. 그것은 몸속에 집어넣는 성분들에 대해 여러분이 좀 더 주의를 기울이도록 해 주지요. 집에서 요리를 하면 음식에 무엇이 들어가는지 정확히 알 수 있거든요. 나에게 맞지 않는 재료로 조리되었는지 추측할 필요가 없지요.

헨리: 그리고 음식의 모든 맛도 조절할 수 있어요. 여러분의 취향에 맞도록 재료를 대체할 수 있으며 훨씬 다재다능한 가정 요리사가 될 수 있지요. 인생이 우리에게 너클볼을 던질 때라도 자연스러운 흐름을 따라 요리에서는 홈런을 칠 수도 있는 거예요.

미셸: 이 요리책은 모든 요리의 잠재력을 일깨우도록 고안되었어요. 여기에서 제가 가장 좋아하는 것을 여러분과 함께 나누려고 해요. 미리 만들어 두는 요리 레시피, 남은 음식을 새롭게 차려 먹는 방법, 빠르고 손쉬운 식사 같은 것들 말이지요. 그리고 일단 여러분이 무엇을 하고 있는지 알게 되면, 부엌에서의 시간을 깊이 집중하면서 즐겁게 보낼 수 있을 거예요. 요리는 긴 하루를 보낸 후 긴장을 풀 수 있는 가장 좋은 방법이거든요. 게다가 기가 막히게 맛있는 음식도 만들어낸답니다.

헨리: 좋아. 이제 그만. 설명을 줄줄 늘어놓는 싸구려 광고같이 들리기 시작하잖아.

올리: 맞아요 엄마. 그만해요!

팔레오가
무엇인지 궁금할 수도 있어요.

누구에게
묻느냐에 따라 다르겠지만
저는 이렇게 생각해요.

❶ 팔레오는 영양이 풍부한 진짜 음식을 온전히, 전체 다 섭취하는 우리 조상들의 접근 방식입니다.

팔레오의 핵심은, 자연적으로 발생하였으며 건강에 이로운 진정한 식재료를 섭취하려고 노력하는 것입니다. 생물학적으로 우리의 몸은 식물, 육류, 해산물과 같이 영양이 풍부한 본연의 음식을 온전히, 모두 다 섭취했을 때 가장 잘 반응합니다. 이 식재료에는 우리 몸이 진화하며 의존하게 된 영양소가 가득 들어 있지요. 산업화된 식량 생산과 실험실에서 만들어진 식용 재료들이 우리 식단을 점령한 후에야 '문명의 질병'이란 것이 폭발적으로 증가했습니다. 현재 밀, 콩, 설탕과 고도로 가공된 식품들이 자가 면역 질환, 심혈관 질환, 제2형 당뇨병과 비만의 비율을 계속 끌어올리고 있습니다. 하지만 다시 진짜 음식을 섭취하게 된다면 우리는 더 건강하고 행복할 수 있습니다.

또한 팔레오는 칼로리를 계산하거나, 대량 영양소의 균형을 맞추거나, 건강해지기 위해 굶주리는 스트레스가 없다는 것을 의미합니다. 팔레오는 특별히 저탄수화물식이나 체중 감소를 위한 식이요법을 지향하지 않습니다. 하지만 채소와 육류, 건강한 지방과 같이 영양소가 풍부한 음식을 접시에 채움으로써 포만감을 느낄 때까지 먹을 수 있으며, 우리 신체 구성과 전반적인 건강을 향상시킬 수 있습니다.

❷ 원시인은 그저 마스코트일 뿐.

많은 사람들이 팔레오를 여전히 '원시인의 식습관'이라고 부르고 있습니다. 하지만 팔레오는 구석기인들의 실제 식습관을 무분별하고 맹목적으로 따라 하는 것이 아닙니다. 만약 그랬다면 이 요리책은 벌레와 뇌 따위의 재료를 사용한 요리법으로 가득 찼을 테니까요(스포일러 경고: 책 내용은 그렇지 않아요!). 원시인은 우리의 롤모델이 아닙니다. 그저 식

습관에 대한 조상들의 접근 방법을 언급할 때 사용하는 농담 같은 것이지요. 재미있는 점은 누군가 '원시인은 절대로 랜치 드레싱을 만들지 않았다'거나 '원시인은 압력솥을 사용하지 않았기' 때문에 내가 팔레오가 될 수 없다고 말할 때마다, 원시인은 음식 블로그도 쓰지 않는다는 점을 지적하고 싶다는 거예요.

정말
확실한가요?

❸ 팔레오는 폭넓은 식이에 관한 것이며 가능한 한 제한을 두지 않습니다.

식이에 관한 팔레오 접근 방법이 처음 등장했을 때, 그것이 무엇인지 정확하게 정의하는 것은 당연한 일이었습니다. 여러 규칙들이 폭넓게 수립되었고 (유제품은 안 된다! 쌀도 안 된다! 콩도 안 된다!) 사람들은 그런 규칙을 고수했지요. 이런 규칙들이 효과가 있다는 것은 그다지 놀라운 일도 아닙니다. 결국, 염증을 일으키는 음식들을 끊고, 그 음식들을 환경을 해치지 않고 인도주의적으로 키운 육류, 바다에서 자생하는 해산물, 무농약 채소와 과일 그리고 건강한 지방같이 영양소가 풍부한 재료들로 대체하는 것에 대해 누가 논쟁할 수 있겠습니까? 우리의 식단에서 잠재적으로 해로운 음식들을 배제함으로써 이러한 규칙들은 우리의 행동을 바꾸고 건강을 증진하는 데 도움을 주었습니다.

하지만 지난 몇 년 동안, 천편일률적인 접근 방식이 항상 최선일 수 없다는 것은 명백해졌습니다. 우리는 모두 똑같지 않지요. 우리 개개인은 눈송이같이 모두 제각각입니다. 따라

서 각기 다른 음식들이 개개인의 건강에 어떠한 영향을 미치는지 알아야 할 필요가 있습니다.

예를 들자면, 가공하지 않은 고지방 유제품이 제 소화기관엔 맞지 않더라도, 여러분에겐 딱 맞을 수 있습니다. 만약, 여러분이 다신 유제품을 먹을 수 없다는 말을 듣게 된다면 팔레오를 고수할 확률이 줄어들겠지요. 장기적으로 팔레오를 지향하려면, 팔레오는 무언가를 박탈하는 것이 아니라 가능한 한 다양한 것을 섭취하는 것이어야 합니다.

저는 팔레오를 출발점으로 삼을 것을 추천합니다. Whole30*과 같은 식이요법으로 식생활을 바꿔서 새롭게 시작하세요. 한 달간 모든 곡물, 콩류, 유제품, 설탕, 화학처리하여 채소와 씨앗에서 추출한 식용유를 식단에서 제외하세요. 일단 건강 기준이 세워지면 다음과 같은 음식들을 천천히, 한 번에 한 가지씩 다시 섭취하면서 어느 정도까지의 음식을 허용하고 있는지 살펴보도록 합니다(예: 유제품, 흰쌀, 다크 초콜릿 같은 식품 – 하지만 과도하게 가공된 정크 푸드는 피할 것). 우리는 모두 최적의 영양과 건강을 위한 평생의 기준을 찾는 목표를 가지고 있지만, 여러분의 기준이 저에 비해 더 넓은 범위의 음식을 허용한다는 것을 알게 될지도 모릅니다.

*Whole30 설탕, 술, 곡물, 콩, 유제품을 제외한 식단으로 30일간 진행하는 식이요법

❹ '완벽한 팔레오'가 아닌 발전을 위해 노력하세요. 음식 선택에 유념하세요.

이미 언급했듯이 팔레오 식이요법의 기준은 현대 사회에서 우리가 어떻게 먹어야 할지를 결정하는 출발점을 알려줄 뿐입니다. 저는 제가 먹는 음식이 건강에 미치는 영향을 평가하여 저만의 선택을 합니다. 그리고 미각적 즐거움 또한 신경 쓰고 있고요.

지난 몇 년간, 음식에 대한 저의 태도는 점진적으로 발전해 왔습니다. 처음 팔레오 생활 방식을 받아들였을 때 저는 팔레오 식이요법의 엄격한 지침을 철저히 따랐습니다. 이 새로운 식이요법이 저의 기분을 훨씬 더 낫게 만들었거든요. 왜 이것이 효과가 있는지에 대해선 의문조차 갖지 않았습니다. 하지만 시간이 지남에 따라 팔레오 식이요법 이면의 과학에

대해 궁금증을 갖고, 충분히 의식하며 음식을 선택하는 것이 더 중요하다는 것을 배웠습니다. 입안에 무엇을 넣을지, 왜 넣을지를 염두에 두고 있는 한 '완벽한 팔레오'를 위해 노력할 필요가 없다는 것도 배웠지요.

❺ 팔레오는 장기적인 생활 방식의 변화입니다. 이를 지속하기 위해선 단순하고, 빠르고, 미치도록 맛있어야 합니다.

며칠 또는 몇 주 동안만 팔레오 식이요법을 하는 것은 별로 도움이 되지 않습니다. 팔레오 식이 방법은 결혼식이나 고등학교 동창회, 여름 휴가에 맞춰 몸무게를 급히 뺀 후, 헐렁한 추리닝 바지 차림으로 피자나 맥주를 먹는 평소 습관으로 다시 돌아가면서 그만두는 응급조치가 아닙니다. 단기적인 체중 감량은 지속 가능하도록 설계되어 있지 않지요.

하지만 팔레오는 달라요. 여러분이 팔레오를 유지하는 한, 장기적으로 건강을 이롭게 할 수 있는 생활 방식의 변화입니다. 이것은 팔레오를 평생 지속 가능하게 하려면 실천할 수 있으면서도 맛있어야 한다는 의미입니다.

전에도 말했듯이 엄청나게 복잡하고 시간이 많이 소요되는 레시피에 얽매일 때마다 요리는 감당할 수 없게 되고, 결과가 좋지 않을 수도 있습니다. 현실적인 문제들로 인해 팔레오 식이 방법은 우리가 날마다 유지할 수 있는 것이어야 합니다. 동시에 팔레오식 요리는 맛을 연구하는 과학자들이 중독성 강한 맛을 내기 위해 특별히 고안해낸, 편리하지만 날조된 음식들과도 정면으로 맞설 수 있어야 해요. 그것이 제가 만들기 쉬우며 믿을 수 없을 정도로 맛있고 건강한 요리법을 개발하기 위해 몰두해 온 이유입니다.

이 요리책의 레시피는 다음 원칙을 염두에 두고 설계되었습니다: 건강, 마음의 평안, 실용과 맛. 그리고 독단적 견해와 결핍은 참지 않아도 됩니다.

난 아직도 잘 모르겠어. 팔레오가 뭐라고?

넌 이 책에서도 그러니?

진정해, 얘들아! 엄마가 쉽게 설명해 줄게. 뒷장에 검은 글씨와 흰 글씨를 봐 봐.

가능한 한 건강에 좋은 음식을 규칙적으로 먹는 것은 멋진 기분을 느끼게 해 주지만 가족과 함께 달콤한 생일 음식을 나눠 먹는 것도 마찬가지예요. 그럴만한 가치가 있어요!

우선되어야 할 것: 온전하고, 가공되지 않았으며, 영양분이 풍부한 음식

채소, 방목하여 목초를 먹여 키운 고기와 조류의 알,
야생에서 잡아 올린 해산물, 건강한 지방, 발효 식품, 과일, 견과류,
씨앗류와 향신료를 먹는다.

흰 바탕에 검은 글씨로
보니까
눈에 확 들어오네!

피해야 할 것: 건강에 좋지 않을 가능성이 더 큰 음식

특히 곡물, 유제품, 콩, 설탕, 가공 처리된 종자유 및 채유와 같은 식품들은 정기적으로 많이 섭취하면 염증을 유발하고, 소화 장애를 일으키거나 자연스러운 신진대사 과정을 어긋나게 만든다.

하지만 먹지 말아야 할 것에 초점을 두진 마세요. 우리가 먹을 수 있는 맛있는 음식들에 집중합시다!

채소!

동물성 단백질!

발효 식품!

과일!

견과류와 씨앗!

식단을 팔레오로 바꾸고 싶나요? 여기에 방법이 있어요.

❶ 한 손 크기의 동물성 단백질로 시작한다. 가장 지속 가능하고 영양이 풍부하며 풍미가 가득한 고기는 자연에서 얻은 먹이를 먹은 짐승에서 나온다. 따라서 풀을 먹여서 키운 소, 들소, 양과 염소, 목초지에서 방목하여 키운 돼지와 가금류, 합법적으로 사냥된 야생동물의 고기(토끼, 꿩, 오리, 메추리, 사슴 등)에 우선순위를 둔다. 이러한 동물들에서 항염증성 오메가-3 지방산과 항산화 물질 및 기타 영양소로 가득 찬 고기를 얻을 수 있다. 조류의 알과 바다에서 자생한 해산물 또한 놀라운 단백질 공급원이다.

❷ 접시의 남은 부분은 식물로 채운다. 살충제를 사용하지 않은 제철 농산물을 사거나 재배하고, 냉동한 유기농 채소로 보충한다.

❸ 다음, 대체로 여러분의 접시를 지배하고 있는 곡물을 더 많은 채소로 대체한다. 파스타와 빵은 채소와 비교하면 영양소가 부족하며, 다수의 곡물에 함유된 글루텐과 같은 단백질은 장에 문제를 일으키고 염증을 유발할 수 있다. 소화 장애가 없는 사람이라도 채소, 고기, 생선 대신 곡물을 섭취하는 것은 건강에 도움이 되지 않는다.

❹ 기(Ghee, 정제 버터), 코코넛 오일, 동물의 지방에서 추출한 고품질의 동물성 기름과 같이 열에 노출되었을 때 안정적인 상태가 유지되는 건강한 포화지방을 선택한다. 올리브 오일과 아보카도 오일 또한 훌륭하다. 믿든지 믿지 않든지, 헥산과 같은 화학 용제로 처리되는 채유와 종자유는 사용을 피한다. 이러한 기름은 오메가-6 불포화지방산 함유량이 많고 산화 및 산패에 매우 취약하다.

❺ 장 건강을 위해 할 수 있는 최선의 방법 중 하나는 발효 식품을 먹는 것이므로, 정기적으로 김치나 사우어크라우트를 접시에 올리도록 한다.

❻ 과일, 견과류, 씨앗은 즐기되 과하지 않도록 한다. 과일은 좋은 식품이지만 채소가 일반적으로 더 영양가가 풍부하며 당 함유량은 더 적다. 견과류와 씨앗은 음식에 훌륭한 질감과 풍미를 더해 줄 수 있지만 견과류에 너무 집중하진 않는 것이 좋다.

❼ 고도 가공된 식품을 접시 위에 올리지 않도록 최대한 노력한다. 그것들은 대부분 트랜스 지방으로 알려진 수소 첨가유, 인공색소, 화학 방부제, 옥수수나 콩을 이용한 액상 과당과 같이 끔찍한 첨가물을 함유하고 있기 때문이다. 대부분 상업적 이용이 가능한 콩은 유전자가 변형되어 있으며, 정상적인 내분비 기능을 방해하고 모든 면에서 우리에게 끔찍한 이소플라본을 함유하고 있다. 대신 진짜 음식에 집중하라.

이왕 하는 김에 독자들의 질문에 답해야 할까? 질문들이 쌓이기 시작했어.

이 레벨 깬 후에 하면 안 될까요?

그럼, 공간이 부족해지기 전에 다음 두 페이지에서 우리가 얼마나 많이 얘기할 수 있을지 한번 보자.

Q: 팔레오가 싫증 난 적이 있나요?

미셸: 사실 싫증 난 적이 없어요! 저에게 팔레오는 자연적이며 건강에 좋은 진정한 음식을 먹는 것으로, 믿을 수 없을 만큼 만족스럽고 맛있다고 생각해요. 많은 사람들은 팔레오가 박탈을 의미한다고 생각하지만 그렇지 않아요. 삶은 고기와 흐물흐물한 채소로 연명하지 않으며, 수많은 가능성으로 가득 찬 거대한 세상이 펼쳐져 있어요. 심지어 현존하는, 모든 멋지고 다양한 팔레오 친화적인 재료들과 맛의 조합에 대해 우리는 아직 극히 일부도 다루지 않았답니다.

Q: 쌀과 감자를 먹나요? 팔레오 식이요법에선 금지 식품 아닌가요?

미셸: 팔레오가 처음 인기를 얻었을 때 쌀과 감자는 제한되어야 한다고 엄격하게 간주되었지요. 이렇게 탄수화물 함량이 높은 음식들은 모든 사람에게 항상 최고의 선택이 아닐 수도 있어요. 탄수화물 과잉 섭취로 문제가 있는 사람에게는 탄수화물 섭취 중단이 가치가 있을 수 있지요. 하지만 팔레오 식이요법을 실천하는 사람들이 점점 더 늘어나면서, 자신들이 활동적이고 건강하다면 이러한 음식이 문제를 일으키지 않을 것이라는 점을 알게 되었습니다. 저는 가능하다면 팔레오가 제한적으로 먹는 것에 중점을 둬선 안 된다고 항상 말해 왔어요. 대신 어떤 음식이 우리를 어떻게 느끼게 하는지 신중히 생각해야 하며, 광범위하고 지속 가능한 방식으로 먹으려고 노력해야 해요. 맹목적으로 규칙을 따르기보다 우리의 음식 선택에 유념하는 것이 더욱 중요합니다.

헨리: 게다가, 연구 조사들은 흰쌀과 감자가 조리되고 식으면, 저항성 전분을 형성하며 이것이 장을 거치면서 몸속 미생물 군집 내, 유익한 박테리아의 먹이가 된다는 점을 시사합니다. 이러한 사실을 알게 된 후, 점진적으로 이 음식들을 우리 식단에 다시 받아들이기 시작했어요.

미셸: 한때 누군가가 이 음식들을 악마라고 규정했다는 이유만으로, 쌀과 감자를 피하진 마세요. 팔레오는 개인적인 것입니다. 그러니, 각각의 음식이 실제로 우리에게 어떤 영향을 미치는지에 따라 자신만의 선택을 하세요.

헨리: 그렇긴 하지만 여전히 쌀에 거부감이 있는 분들을 위해, 우리는 이 요리책에 쌀을 기본으로 하는 요리법을 포함시키지 않았어요. 하지만 원한다면 흰쌀을 이 책에 실린 어떤 요리와도 함께 차려낼 수 있어요. 실제로 우린 그렇게 하고 있답니다.

미셸: 거기 계신 감자 애호가분들, 여러분들을 위해 우리는 재료에 감자나 감자녹말을 이용한 '호보 스튜(258쪽)' 그리고 '소금 + 후추 포크 찹 튀김(132쪽)'의 두 가지 레시피를 실었어요. 실생활에서 어떻게 먹는지 보여 드리고 싶어 이 레시피를 넣었습니다. 어쨌든, 이제 대부분의 현대적인 팔레오 실천가들도 감자를 괜찮다고 생각하고 있어요. 심지어 Whole30 식이요법과도 친화적이에요!

Q: 팔레오 식이요법을 하는 동안 엇나간 적은 없었나요?

미셸: 없었어요. 전 팔레오를 엄격한 규칙으로 생각하지 않거든요. 대신, 팔레오는 제가 원하는 목적지인 최적의 건강으로 향하기 위해 사용하는 로드맵이라고 생각해요. 팔레오는 내가 어떤 방향으로 나아가야 하는지 알려 주는 나침반이나 GPS 같은 것이에요. 하지만 확인할 만한 가치가 있는 일이 있을 때 길에서 가끔 우회하는 것을 막을 순 없어요. 저는 평생에 걸친 건강 여행을 하고 있는 거예요. 가치가 있는데도 경치를 볼 수 없거나 우회하지 못한다면 장거리 여행이 무슨 의미가 있을까요?

헨리: 하지만 우리의 허용 한도도 알아야 해요. 예를 들자면 미셸, 당신은 글루텐을 먹으면 심각한 반응을 일으키잖아. 그래서 당신의 식이요법 우회는, 피자 축제나 파스타 파티로의 탈선은 아니지. 당신은 잠시 동안 큰길에서 떨어져 있을 가치가 있다고 생각할 때만 우회할 테니까.

미셸: 맞아요. 저는 무엇이 저를 망가뜨릴지 염두에 두고 있기 때문에 신중하고 균형 잡힌 접근을 하기 위해 최선을 다

하고 있어요. 실생활에서와 마찬가지로, 차를 몰며 미국을 횡단할 때, 그랜드 캐니언을 갑자기 보러 가는 것도 멋진 경험이 되겠죠. 그것이 의도한 경로에서 잠시 벗어나는 일일지라도 말이에요. 하지만 그렇다고 해서 협곡 아래로 떨어지는 것을 막아 주는 가드레일을 의도적으로 들이받진 않을 거예요, 맞죠? 적어도, 전 그렇지 않길 바라요.

Q: 붉은 살코기를 먹는 것은 건강에 해롭지 않나요?

미셸: 상황의 문제예요. 여러분이 들었을지도 모를 말들과 달리, 붉은 살코기가 반드시 나쁜 것은 아니에요. 제 친구인 다이애나 로저스(Diana Rodgers)는 "고기 그 자체는 악하지 않다. 나쁜 것은 우리가 사육하는 방법(사료를 많이 먹이고 공장식 사육을 하는 것), 음식으로 준비하는 방법(빵가루를 입혀 튀기는 것), 그리고 함께 곁들이는 음식(감자튀김과 라지 사이즈의 탄산음료)이다."라고 말했죠. 품질 또한 중요해요. 양질의 고기를 찾는 것이 때로는 어려운 일이라는 것을 알고 있어요. 그래서 저는 척 로스트(Chuck roast, 소고기 목과 어깨살 부위), 브리스킷(Brisket, 가슴살 부위), 돼지고기 어깨살, 소꼬리와 내장같이 지속해서 사육되고 공급되는, 좀 더 값싼 부위를 선택하는 편입니다.

헨리: 팔레오 식이요법을 하는 사람들이 붉은 살코기만 먹는다는 게 신화라는 것도 지적해야겠어요. 사실, 만약 여러분이 우리의 저녁 식사를 본다면 (그리고 이 책의 요리법을 본다면), 우리는 분명히 채소에 미쳐있다는 걸 알게 될 거예요. 지속 가능하고 잘 사육된 고기는 굉장히 영양가 높은 단백질과 지방의 근원이기 때문에 우리는 적당한 양만을 먹어요. 한 접시 가득한 베이컨을 게걸스럽게 먹는 것과는 다르답니다.

오웬: 난 베이컨 여러 접시도 꽤 멋진 것 같아!

Q: 스테비아나 저칼로리 당 알콜 같은 팔레오 감미료를 사용하나요?

미셸: 많은 분들이 그 재료들로 성공을 거두었다는 것은 알고 있어요. 또 상점에는 그 재료들과 함께, 단맛을 내는 팔레오 친화적 제품들이 더 있어요. 하지만 보통 저는 과일과 약간의 꿀 또는 메이플 시럽을 가끔 사용할 뿐, 다른 어떤 감미료로도 요리하지 않아요. 디저트를 자주 먹진 않지만, 만약 제가 단맛에 푹 빠지게 된다면 아스파탐 같은 인공 감미료가 아닌 이상, 어떤 감미료를 사용하든지 큰 차이를 만들진 않을 거라고 생각해요. 저에게 설탕은 설탕이고 설탕일 뿐이에요.

Q: 김치나 사우어크라우트, 콤부차 같은 발효 식품을 먹는 것이 왜 중요한가요?

미셸: 우리는 발효 식품을 좋아하고 그중에서도 특히 사우어크라우트와 '매콤 김치(70쪽)'를 좋아해요. 아침, 점심, 저녁 식사와 곁들이기 좋아요 – 저는 김치나 사우어크라우트를 사이드로 조금 곁들이지요. 사람들은 여러 세대를 거쳐 음식을 발효시켜 왔어요. 이는 음식을 보존하기 위해서만은 아니에요. 발효는 감칠맛을 향상시키고, 영양분의 생물학적 이용 가능성을 증가시키며, 우리 몸 안에 있는 장속 유익한 박테리아를 재증식시키는 데 도움을 줘요.

올리: 박테리아? 인간 내장? 징그럽지만 멋진걸요!

Q: 편식하는 사람들은 어떻게 다루시나요?

미셸: 올리, 네가 바로 이 가정에 살고 있는 편식가잖아. 어떻게 하면 네게 새로운 것을 시도하게 할 수 있을까?

선택의 여지가 없다고 하셨으면서.

오웬: 예~ 엄마는 진정한 독재자예요. 하하!

Q: 어떻게 하면 항상 건강한 음식을 요리하고 먹도록 동기부여를 받고 유지할 수 있을까요?

미셸: 저는 활기차고 건강한 느낌이 좋아요. 그래서 저를 지치게 하거나 형편없다고 느껴지게 만드는 음식은 먹을 가치가 없는 것 같아요. 저는 지금 40대이며 제 아이들과 계속 잘 지낼 수 있었으면 해요. 그리고 그 어느 때보다 제가 최상의 상태이길 원해요. 고맙게도 팔레오는 놀라운 재료와 복합적인 맛을 제공하는, 지속 가능하고 건강한 접근법이라는 것을 발견했어요. 팔레오가 계속해서 맛있고 재미있는 한, 이 식습관에 전념하는 것은 저에게 아주 쉬운 일이에요. 이 책을 통해 여러분의 길을 만드신 후, 제 말에 동의할 수 있게 되길 바랍니다.

여러분은 이 책이 다른 요리 책과 다르게 구성되어 있다는 것을 알아차렸을 것입니다. 그러니 시작하기 전에 살펴보도록 해요.

이 책을 사용하는 방법!

아시다시피 저는 아주 많은 요리책을 가지고 있어요. 그 책들은 대부분 같은 방식으로 내용이 정리되어 있어요.

일반적으로 요리책은 다양한 재료나 요리의 종류별로 파트를 나누지요. 어떤 책들은 계절별로 조리법을 분류하거나, 아침 식사와 저녁 식사 항목과 같이 식사 시간별로 조리법을 분류하기도 해요.

디저트도 잊지 말아야죠!

하지만, 이 책은 전혀 다르답니다. 여러분이 요리 준비가 얼마나 되어 있는지에 따라 레벨을 나누었거든요. 때로는 처음부터 요리에 푹 빠져서 멋진 식사를 재빨리 만들 준비가 되어 있기도 하고…

READY OR NOT!
150 · nom nom paleo
MICHELLE TAM + HENRY FONG

… 또 어떨 때는 쇼핑하는 것을 잊고 모두가 쫄쫄 굶어서 당황하기도 하고요. 그런 일이 생겼을 때 레시피를 읽는 데 많은 시간을 소비하고 싶지 않을 거예요.

그래서 우리는 이 책의 각 장을 색깔로 구분되도록 구성해서 여러분이 어떤 상황에 직면했든지 간에 도움이 될 수 있도록 했어요.

READY OR NOT!
180+ nom nom paleo
MICHELLE TAM • HENRY FONG

첫째, "GET SET!" 부분에서는, 성공을 위해 주방을 채우는 방법을 안내하고, 구입하거나 미리 만들어서 준비할 수 있는 기본적인 것들을 공유하고자 합니다. 이 부분은 책의 '자주색 파트'입니다!

뭔가 특별한 것을 요리할 준비가 되어 있다면 '녹색 파트'로 넘어가세요. 저는 뭔가 미리 요리해 두고 싶어질 때 "READY!" 페이지를 펼쳐요. 그런 식으로 한 주를 유익하게 시작할 수 있지요.

'주황색 파트'인 "KINDA READY!"는 당신이 '조금 준비된 상태'일 때를 위한 부분이에요. 미리 만들어 두었던 음식들을 뭔가 새롭고 맛있는 것으로 재빨리 탈바꿈시키고 싶을 때, 또는 남은 음식을 새롭게 바꾸어서 만들고 싶을 때 이곳을 펼치세요.

그리고 전혀 '준비되지 않은 상태'라면 45분 이내에 간단하고 빠르게 만들 수 있는 레시피가 가득한 '빨간색 파트'인 "NOT READY"로 향하면 됩니다. 그중 몇 가지 레시피는 시작부터 끝까지 단 15분밖에 걸리지 않아요!

마지막 '파란색 파트'에는 4주간의 저녁 식사 계획, 그리고 '레시피가 없는' 레시피가 있어요!

그리고 마지막으로 책의 뒷부분에서 특별한 식이요법과 알러지 정보까지 포함되어 있는 '레시피 인덱스'도 찾아볼 수 있습니다.

엄마! 디저트를 잊으실 줄 알았어요!

GET SET!

언제든 요리하기 위해 필요한
주방용품, 식재료, 기본 레시피

요리 준비를 하려면 무엇이 필요한가?

요리에서 가장 힘든 부분은 시작하는 것이다. 나 또한 시작하는 게 싫다. 어떤 사람들은 내가 요리와 사랑에 빠져 있다고 생각하지만, 솔직히 말하자면 다른 누군가가 날 위해 해준 요리라면 뭐든지 간에 아주 좋다. 어쨌든, 가십 잡지에 코를 박고 소파에 널브러져 있을 때, 엉덩이를 들고 부엌으로 향하는 것은 대단한 노력이 필요하다. 관성은 강력한 힘이 있다.

하지만 앞서 말했듯이 요리는 협상이 불가능하다. 즉, 우리가 요리하지 못하는 것에 대해 변명할 수 없다는 의미이다. 찬장이 텅 비었다면? 문제없다. 쇼핑하러 갈 테니까! 스킬렛(Skillet)과 소스팬(Saucepan)의 차이를 모르겠다면? 같이 알아보면 된다! 당장 뛰어들고 싶지만 시작하는 데 도움이 필요한 많은 냠냠 몬스터들, 특히 팔레오에 새로 입문한 사람들에게서 수년간 들어온 이야기다. 이번 파트에서는 팔레오 필수품으로 주방을 채우는 방법을 선보여서 여러분이 언제든 환상적이면서 끝내주는 식사를 준비할 수 있도록 할 것이다.

경기 전략은 다음과 같다: 먼저, 기본이 되는 날카로운 칼과 와이어 랙부터 그레이터와 스파이럴라이저같이 좀 더 특화된 도구들에 이르기까지, 일상적인 요리에 필요한 모든 주방 도구들을 살펴볼 것이다.

그런 다음, 결국엔 여러분의 배 속으로 사라질 재료들로 주방을 채우는 일을 시작할 것이다. 우리는 여러분을 더 건강하고 행복하게 해 줄 뿐만 아니라, 음식을 놀랍도록 맛있게

만들어 줄 재료들을 살펴보려고 한다.

다음으로 여러분이 주방에 놓아두고 재빨리 준비할 수 있는, 미리 만들어 두는 소스와 드레싱, 그 외 필수적인 구성 요소들을 다룰 것이다. 이 기본 요소들은 나중에 냉장고를 뒤져서 찾아낸 음식들을 재빨리 조합하여 요리할 때 편리할 것이다.

이후에는, 사전 작업해 놓은 것들을 최대한 활용하기 위해 기본 요소들을 짜 맞추는 재미있고 창의적인 방법에 대해 궁리할 것이다.

이 부분이 끝날 때쯤이면 여러분은 주저 없이, 식사를 빠르게 준비하는 데 필요한 모든 기본적인 것들을 갖추게 될 것이다. 선반에는 기본적인 식료품과 다양한 주방 도구들이 가득할 것이다. 수중에 미리 준비해 둔 풍미 증진 무기가 있다면, 이 책 뒷부분에서 맞닥뜨리게 될 수많은 레시피에서 유리한 고지를 선점할 수 있다. 그리고 머릿속은 여러분을 척척박사로 만들어 줄 팔레오 전문 지식으로 터질 듯할 것이다(만일 여러분이 그리되고자 한다면 말이다. 하지만 나는 여러분이 자신을 위해 그렇게 하지 않기를 바란다.).

좋소, 제군들! 준비되었나?

먼저, 주방이 필요하고요…

… 그다음, 그곳을 주방용품으로 채울 거예요!

처음부터 여러분의 주방에 조리 도구들을 갖추겠는가? 아니면 앞 테두리가 녹아내려서 형편없어 보이는 플라스틱 주걱처럼, 지저분하고 낡은 주방용품에 그저 진저리를 치겠는가? 어느 쪽을 택하든, 주방에서 하는 게임의 레벨을 높일 시간이다. 결국 제대로 된 도구를 갖추는 것은 완벽하게 요리된 스테이크를 저녁 식사로 먹는 것과 양질의 값비싼 고기를 완전히 낭비하는 것의 차이를 의미할 수 있다.

다음 페이지에선 내가 가장 좋아하는 요리 필수품을 공유하려고 한다. 엄청나게 값비싸거나, 또는 기능은 한 가지뿐이면서 싱크대 위를 쓸데없이 복잡하게 만들 물건을 추천하려는 게 아니니 전혀 걱정하지 않아도 된다.

셰프 나이프
CHEF'S KNIFE

안정감 있는 셰프 나이프를 손에 쥐면, 누구 못지않은 칼질을 할 수 있다. 단지 미학적인 면에서 말하는 것이 아니다. 좋은 칼은 요리에 커다란 영향을 끼칠 수 있다. 무딘 칼날이 새로 날을 간 칼보다 훨씬 위험하므로 칼날은 항상 날카롭게 유지하도록 명심해야 한다. 무딘 칼을 사용하면 칼질을 할 때 결국 더 많은 힘을 쓰게 되고, 칼날이 음식에서 미끄

러져서 다칠 가능성이 커진다. 정육점이나 시장에 칼을 가져가서 갈아 달라고 하거나 전동 칼갈이를 이용해 직접 갈 수도 있다.

페어링 나이프
PARING KNIFE

여러분이 무슨 생각을 하는지 안다. '이미 셰프 나이프를 가지고 있는데 왜 꼬맹이 칼도 필요하다는 거지?' 답을 하자면, 레시피에서 섬세하고 정밀한 칼질을 요하는 경우에 셰프 나이프는 너무 크고 투박하기 때문이다. 가끔은 사과의 씨앗을 빼내거나 돼지고기 어깨살에 작은 구멍을 내야 한다. 값비싼 페어링 나이프에 예산을 낭비할 필요는 없으며 저렴한 칼로도 도마 위에서 소소한 작업을 재빠르게 할 수 있다.

도마
CUTTING BOARD

도마는 꼭 필요하다. 사람들은 종종 나무로 만든 도마, 플라스틱 도마 중 무엇이 좋은지 질문하곤 한다. 나의 대답은 항

상 같다. 개인적 취향과 예산에 따라 다르다는 것이다. 위생적인 면에선 실질적 차이는 없다. 연구에 따르면, 두 유형 모두 쉽고 완전하게 세척이 가능하다. 개인적으로, 내 주방엔 나무와 플라스틱 도마가 모두 있지만 일상 작업에선 플라스틱 도마를 더 자주 사용하는 편이다. 만약 사용하는 도마에 미끄럼을 방지할 수 있는 발 같은 것이 달려 있지 않다면, 칼질을 할 때 젖은 행주를 도마 아래에 놓아 도마가 움직이지 않도록 한다.

안전이 제일입니다, 여러분!

필러
PEELERS

부엌 서랍에 적어도 2개의 채소용 필러를 놓아둘 것을 추천한다. 그렇게 하면 항상 양손에 필러를 들고 재빨리 과일과 채소의 껍질을 벗길 수 있을 것이다(좋다, 조리 도구 설거지를 잘한다면, 필러 하나도 괜찮다). 또한 당근, 오이, 호박을 얇은 국수 모양이나 띠 모양으로 만들어 샐러드를 매력적으로 만들 수도 있다.

물에 담가 둘 시간!

내가 가장 좋아하는 주방의 새로운 지름길이 있다. 여러분에겐 새로운 소식이 아닐지 모르지만, 내가 습관으로 지키고 있는 것이다. 싱크대 안에, 따뜻한 비눗물을 채운 커다란 스테인리스 볼을 두고, 요리에 사용한 지저분한 조리 도구와 접시들을 던져 넣는 것이다. 짜잔! 설거지가 훨씬 쉬워진다.

주방 가위
KITCHEN SHEARS

요리를 위한 전용 가위는 불필요한 낭비처럼 보이지만 절대 그렇지 않다. 주방 가위는 반드시 주방에 있어야 한다. 칼은

좀 더 정확한 절단을 할 수 있지만, 가위는 빠르며 힘이 있다. 나는 신선한 허브를 자르는 것부터 닭고기 등뼈를 분리하는 일까지 모든 것에 가위를 사용한다. 칼날에 미세한 톱니가 있는, 균형 잡힌 고탄소 스테인리스 스틸 가위를 구입하도록 한다. 생닭고기같이 절단 부위가 매끄러운 음식을 단단히 잡을 수 있다. 그리고 세척이 용이하도록 가윗날을 모두 분리할 수 있어야 한다.

그레이터
RASP GRATER

마이크로 플레인(그레이터 브랜드)은 작고 날카로운 날을 가진 그레이터를 만든다. 음식을 깃털처럼 가벼운 띠 모양으로 잘라내기 때문에, 걸리적거리는 섬유질이나 껄끄러운 식감 없이 미묘한 맛과 향을 더해 준다. 쌉쌀한 맛이 나는 흰색 중과피를 파내지 않으면서 감귤류 과일의 껍질을 곱게 갈아내고, 뜨거운 음식 위에서 녹아내리는 풍미 가득한 눈을 만들어 내기 위해 냉동해 둔 생강을 얇게 저미고, 불쾌하고 강한 맛이 나는 커다란 마늘 덩어리에 저녁 식사 손님이 놀라지 않도록 생마늘을 다스릴 때 그레이터를 이용한다.

실리콘 주걱
SILICONE SPATULAS

전통주의자들은 나무로 만든 요리 스푼을 신봉한다. 나무가 조리 도구의 좋은 재료이긴 하지만, 나는 시간이 지나면서 변색되거나 열에 그슬리지 않는 도구를 선호하게 되었다. 몇 해 전, 가장자리가 평평한 모양의 실리콘 주걱으로 교체한 이유가 바로 그것이다. 한동안 주걱은 실리콘, 손잡이는 나무로 된 것을 사용했지만 결국엔 손잡이가 휘고 곰팡이가 슬고 말았다. 지금 내가 부엌에 두고 있는 실리콘 주걱은 구멍이나 돌기가 없는 한 덩어리의 실리콘으로 만들어진 것으로, 세척이 매우 쉽다.

실리콘 주걱은 훌륭한 효자손이기도 해요!

집게
TONGS

많은 레스토랑의 셰프들은 집게로 요리하는 것을 비웃지만, 나는 식기 세척기에 사용할 수 있고 잠금 기능이 있으며 끝부분이 넓은 조개 모양으로 생긴 집게 없이는 살 수 없는 가정 요리사일 뿐이다. 오븐 안에 있는 재료를 재빨리 뒤집거나, 가스레인지 위에서 뜨거운 음식을 옮기거나, 그릴에서 식재료를 집을 때 집게를 사용한다. 집게가 나의 로봇 팔인 척 하는 것도 좋아한다.

계량 도구
MEASURING TOOLS

여러분이 요리 초보라면 나의 레시피를 정확히 따르면 된다. 그러면 첫 시도에서 실패 없는 요리를 할 수 있을 것이다. 그 후, 자신감과 경험이 쌓이면, 계량 도구를 사용하지 않고 원하는 만큼 재료를 조금씩 더 추가할 수 있다. 하지만 지금은 주방용 저울과 자, 계량컵과 계량스푼을 쓰도록 하자. 액체용 계량컵을 구입할 때는 플라스틱 재질은 피하고 열을 견디는 데 용이한 유리 재질을 사용한다. 계량스푼을 고를 때는 좁고 바닥이 평평한 것을 고른다. 실제로 향신료 통 입구에도 잘 맞을 뿐 아니라 부엌 조리대에 재료를 흘릴 걱정없이 놓아둘 수 있다.

내열 오븐 장갑
HEAT-RESISTANT OVEN MITTS

뜨거운 조리 용기를 다룰 때 내열 오븐 장갑을 껴서 화상을 입지 않도록 한다. 여차하면 키친타월을 쓸 수 있지만 나는 손 보호를 위해 최대한 노력하고 있다. 아프고 기운 빠지게 만드는 화상만큼 조리를 망치는 것도 없다.

최고의 솜씨를 위해 케블라(Kevlar)나 노멕스(Nomex)의 초내열 손가락 장갑을 착용하세요.

육류용 온도계
INSTANT-READ THERMOMETER

고기가 입맛에 알맞게 조리되었는지 설명할 방법을 경험을 통해 알아낼 수도 있다. 하지만 솔직해지자. 여러분의 단백질이 완벽하게 조리되었다고 확실하게 말할 수 있는 유일한 방법은 그것이 적절한 온도에 도달하도록 하는 것이다. 질이 좋은 고기를 부엌에서 조리하기 시작했다면 부탁할 게 있는데, 믿을 만한 육류용 온도계에 투자하라는 것이다. 어쨌든, 값비싼 스테이크가 회색으로 푸석푸석하게 조리된다면 여러분도 다시는 고기 요리를 하고 싶지 않을 것이다.

베이킹 팬
RIMMED BAKING SHEETS

많은 요리사들이 이것을 쿠키팬으로 알고 있지만 쿠키를 굽는 용도로만 사용하는 것은 아니다. 나는 베이킹 팬을 고기와 채소를 구울 때 사용한다. 하프 시트(Half sheet)라고도 하는 33×45cm(13×18인치)보단 작지 않은 팬으로 몇 장 구비해 두는 것을 추천한다. 주변의 주방용품점이나 온라인에서 구할 수 있다.

풀 사이즈 베이킹 팬(46×66cm)의 유혹을 받을 수 있지만, 대부분의 가정용 오븐엔 너무 크다는 점에 주의하세요.

오븐 사용이 가능한 와이어 랙
OVEN-SAFE WIRE RACKS

나는 오븐에서 고기를 구울 때, 고기의 바삭바삭한 부분이 기름 웅덩이 속에서 흐물흐물하고 질척해지는 것을 막기 위해 와이어 랙을 사용한다. 와이어 랙은 음식을 식히거나 휴지시키고, 수분이 빠지도록 하는 데도 유용하다. 나는 식기 세척기에 사용이 가능한 스테인리스 스틸 와이어 랙을 가장 좋아한다. 크롬 도금한 것은 사용하다 보면 조금씩 도금 부

분이 떨어지는 데 비해, 스테인리스 스틸은 사실상 파손되지
않기 때문이다.

견고한 프라이팬
HEAVY DUTY SKILLETS

나는 길들이기(Seasoning) 과정을 거친 30cm(12인치),
20cm(8인치) 주물 프라이팬을 가장 많이 사용한다. 주물 프라
이팬은 환상적으로 다양한 활용이 가능하지만, 공장에서
무쇠 표면에 시즈닝 처리한 것만으로 충분하다고 여기지 않
는 편이 좋다. 반복된 사용으로 자연스럽게 논스틱 코팅이
생겨나도록 프라이팬을 계속 길들일 필요가 있다.

주물 프라이팬의 상태를 일정하게 유지하려면, 사용할 때마
다 잘 씻는다. 그 후 물기를 잘 닦고, 표면에 기름을 바르기
전에 가스레인지에서 가열하여 물기를 말린다. 주물 프라이
팬은 저렴하고 훌륭하지만, 주머니에 구멍이 날 정도로 돈이
두둑하다면, 중심부가 알루미늄으로 되어 있고 스테인리스
스틸을 접합하여 만든 3중 스테인리스 스틸 프라이팬에 투자
해도 된다. 나는 일반적으로 표면에 논스틱 처리가 된 프라이
팬은 추천하지 않는다. 고온에 잘 견디지 못하는 경향이 있기
때문이다. 또한, 요리할 때 냄비 바닥에 만들어지는 갈색 덩
어리들, 이 감미로운 맛의 토대가 요리에 복합적인 특징을 만
드는데, 논스틱 코팅은 이것을 막는다.

주물 프라이팬은
좀비 대재앙이 다가올 때
훌륭한 무기가 될 거예요!

견고한 육수 냄비(스톡팟)
HEAVY DUTY STOCKPOT

겨울철 위로가 되는 스튜와 수프를 가스레인지 위에서 보글
보글 끓이려면 커다란 육수 냄비가 있어야 한다.

적은 인원을 위해
요리하더라도, 큰 냄비를
사용하면 나중을 위해
냉동할 만큼 충분한 육수를
만들 수 있어요.

견고한 편수 냄비
HEAVY DUTY SAUCEPAN

뚜껑이 있고 옆면이 높은 냄비는 소스를 만들기 적합하며
적은 양의 남은 음식을 데우기에도 좋다. 중심부가 알루미
늄으로 되어 있고 손잡이가 긴 스테인리스 스틸 냄비를 준
비한다. 군대에서 요리하는 것이 아니라면 대부분의 가정에
서는 작은 크기의 약 2리터짜리 냄비가 사용하기 적절하다.

블렌더와 푸드 프로세서
BLENDER + FOOD PROCESSOR

핸드 블렌더로 소스와 양념을 만들고 수프를 곱게 만드는
것은 쉽고 간단하며, 또한 매우 저렴하다.

자금이 넉넉하다면 조리대 위에 두고 사용할 수 있는 고출
력 블렌더에 투자하라. 보다 빠르고 일관된 결과물을 얻을
수 있다. 게다가 많은 양의 소스와 수프, 스무디를 자주 먹
는다면, 분명히 구매를 후회하지 않을 것이다.

마찬가지로, 만약 여러분이 작게 잘라야 할 산더미 같은 재
료들에 파묻혀 있다면, 푸드 프로세서 역시 값을 치를 만한
가치가 있을 것이다.

슬로우 쿠커와 압력솥
SLOW + PRESSURE COOKER

슬로우 쿠커는 조리대 위에 올려놓고 사용하는 소형 가전으
로, 음식을 장시간 동안 낮고 일정한 온도로 조리한다. 베이
비시터마냥 냄비 옆에 달라붙어 있을 필요가 없다 – 조작
한 후 잊어버려도 된다. 몇 시간 후면 완성된 음식의 맛있고
환상적인 향기로 부엌이 가득 찰 것이다. 망설일 필요가 없
다! 하지만 요즘은 슬로우 쿠커를 사용할 시간이 충분해도
식사 준비를 빨리하기 위해 전기 압력솥을 꺼낸다. 일단 조리
가 끝나면, 이 작고 똑똑한 가전제품은 압력을 줄이고 식사
할 준비가 될 때까지 음식을 따뜻하게 유지해 준다. 압력솥
요리는 특히 나갈이 바쁜 가정 요리사에게 획기적인 전환점
이 되었다. 뼈 육수나 질긴 고기 요리, 겨울철의 스튜나 브레
이징 요리같이, 일반적으로 시간이 오래 걸리는 요리들을 몹
시 먹고 싶지만 시간이 부족할 때, 나는 압력솥으로 향한다.

걱정하지 마세요.
이 책의 모든 압력솥 레시피는
압력솥을 사용하지 않아도 되는
변형 레시피와 함께
실려 있어요!

압력솥에 대해 더 많이 알고 싶다고요? 그렇다면 여러분과 함께 나누도록 할게요…

…압력솥 요리에서 당신이 알아야 할 10가지!

① 음식 준비를 손쉽게 만들어 준다!

얘야, 그리 오래 걸리지 않을 거야!

압력솥은 음식의 일반적인 조리 시간을 절반 또는 그 이상 단축시켜 준다. 또한, 압력솥 요리는 냄비 하나만을 사용하기 때문에 설거짓감도 줄어들게 된다.

② 하지만 압력을 만들어야 한다.

압력솥 레시피를 따라 음식을 만들 때는 다음을 유념한다: 압력솥이 고압에 도달하기 전까지 조리 시간을 계산하지 않으며, 고압에 도달할 때까지 최대 15분이 걸릴 수 있다. 직화 압력솥을 사용한다면 냄비 옆에 달라붙어 있어야 하며, 고압에 도달하면 불을 줄여야 한다. 하지만 전기 압력솥을 사용한다면 조작 후 다른 곳으로 가 버려도 된다. 나머지는 자연히 해결된다.

③ 얼굴을 향해 폭발하지 않는다!

아는 게 힘이다!

현대식 압력솥은 안전장치가 장착되어 있어. 몇 년 전, 할머니의 이웃의 두 번째 사촌의 마당의 벼룩시장에서 구입한 것처럼 폭발하지는 않을 것이다. 그래도 사용 설명서를 읽어야 하며 적절하게 사용해야 한다. 어린 피터 파커에게 벤 아저씨가 말했듯이 '큰 힘에는 큰 책임이 따른다!'

④ 전기 압력솥은 내가 좋아하는 물건이다.

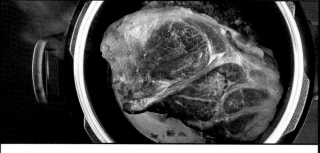

직화 압력솥이나 전기 압력솥 모두 환상적이다. 하지만 하나만 골라야 한다면, 나는 전기 압력솥을 고를 것이다. 전기 압력솥은 요리를 좀 더 쉽고 편리하게 만들어 준다. 슬로우 쿠커를 사용할 때처럼 조작한 후 잊고 있어도 된다(음식만 훨씬 더 빨리 완성될 뿐이다.). 다른 팬을 지저분하게 만들지 않으면서 솥 안에서 재료를 구울 수 있는 압력솥도 있다.

5 압력은 타이밍에 약간 영향을 미친다.

직화 압력솥은 전기 압력솥에 비해 다소 높은 압력(15 PSI)으로 조리하기 때문에 사실 직화 압력솥은 조리 시간이 좀 덜 걸린다(전기 압력솥의 압력은 10~12 PSI). 이러한 요리 시간의 차이는 이 책의 압력솥 조리법에서 언급할 것이다.

6 모든 것을 압력솥에 조리할 필요는 없다.

내가 여러분이라면, 기름에 굽거나 튀기는 것과 같은 전통 방법으로 신속하게 음식을 준비할 수 있는 경우에는 압력솥으로 요리하지 않을 것이다. 압력솥으로는 음식이 과조리될 수 있으며, 결과적으로 시간을 그리 많이 절약할 수 없을 것이다.

7 저렴한 부위에 압력을 준다!

압력솥에 가장 좋은 요리는, 소고기와 양고기의 어깨, 돼지고기 엉덩이같이 저렴하면서도 콜라겐이 풍부한 부위를 필요로 하는 스튜와 브레이징 요리. 그 부위들은 조리가 끝나면 부드럽고 맛있어질 것이다. 만약 고기가 여전히 질기다면 압력솥으로 5~10분 정도 더 조리하면 된다. 이 부위들은 조리되는 과정에서 더 질겨지진 않는다.

8 여러분, 사실입니다: 사이즈는 중요해요.

이상적으로는, 재료를 대략 같은 크기로 잘라야 한다. 그렇게 해야 재료들이 같은 시간 안에 조리된다.

9 물이 더 필요한가?

대부분의 사용 설명서는 압력솥에 액체로 된 재료를 최소한 1컵 추가하라고 하지만 항상 필요한 것은 아니다. 많은 재료들이 고압에서 조리될 때 그 정도 또는 그보다 더 많은 수분을 배출한다. 그래서 내 요리법 몇 가지는 추가로 수분을 첨가할 필요가 없다.

10 적당한 방향으로 증기를 빼낸다!

김을 뺄 때는 전기 압력솥을 가스레인지 후드 아래에 두어서 증기가 찬장을 상하지 않도록 한다. 바보처럼 그냥 가스레인지를 켜지 않도록 한다!

식물!

이만큼 했음에도 사람들은 여전히 팔레오를 완전히 고기 축제처럼 생각하지만, 그렇지 않다. 팔레오 서클 내에선 피곤하리만치 진부한 표현이 되었지만, 나는 채식주의자였을 때보다 현재 더 많은 채소를 먹는다(채식주의에 대한 내 관심은 그리 오래가지 못했다. 전자레인지에 데워 먹는 맥앤치즈와 처량해 보이는 콩 부리토에 곧 질려버렸다.). 요즘 우리의 저녁 식사 접시는 항상 채소로 가득 차 있다.

접시 위에 정원이 폭발한 것 같아요!

대부분의 식물은 칼륨, 마그네슘, 엽산과 비타민 A, C, E와 같은 미량 영양소가 풍부하다. 또한 대다수의 채소가 프리바이오틱스를 함유하고 있다. 프리바이오틱스는 몸속에 존재하는 유익한 장내 박테리아에 영양 공급을 돕는 특별한 형태의 식이섬유이다. 그리고 무엇보다도, 식물은 엄청나게 맛있다.

구입 시엔 농약을 사용하지 않고 제철에 생산된 것을 우선으로 하여 다양한 과일과 채소를 선택한다. 가장 광범위한 미량 영양소를 얻을 수 있도록 무지개의 7가지 색을 띤 채소를 섭취한다.

과일도 좋지만 채소만큼 영양이 그리 풍부하진 않아요. 그러니 채소와 함께 과일을 먹도록 하세요. 과일로 채소를 대신하진 마세요!

신선한 농산물은 항상 최고의 선택이지만, 나는 '비상용 채소'도 비축해 둔다. 냉동한 유기농 채소, 미리 세척한 유기농 샐러드 채소, 포장 판매하는 베이비 케일과 시금치 같은 것들 말이다. 맞다. 편리함은 추가 비용이 소요된다. 하지만, 수중에 준비된 채소가 있음을 안다는 것은 안 먹을 핑계를 댈 수 없다는 의미이다.

결론은, 엄마 말 듣고 채소를 먹으라는 것이다. 그것들은 당신에게 이롭다.

접시에 더 많은 채소를 올리세요!

- 끼니마다 채소를 더하도록 나 자신과 합의한다. 아침 식사로 오이를 썰거나 점심 식사로 브로콜리 오븐 구이를 맛있는 소스와 곁들여내는 것처럼 쉬울 수 있다.

- 상점에서 돌아오면 시간을 조금 들여 잎채소를 씻고 말리고 잘 보관한다. 대부분의 채소는 키친타월을 깐 용기에 밀봉하면 1주일까지 신선하게 보관할 수 있다.

- 당근, 오이, 셀러리, 피망, 히카마같이 익히지 않고 생으로 먹을 수 있는 채소들을 비축한다. 좋아하는 견과류 버터, 살사 또는 드레싱과 함께 곁들이면 재빨리 간식으로 먹을 수 있다.

- 농산물을 낭비하지 않는다. 시들어 버린 채소를 버리기보다는 좋아하는 요리용 기름을 이용해 굽거나 채소 수프를 한 냄비 끓이는 데 사용한다 - 일명 '쓰레기 수프(336쪽)'.

동물!

최상의 단백질은 자연이 의도한 대로 음식을 섭취한 건강한 동물에게서 얻을 수 있다. 그러므로 가능한 한 풀을 먹여 키운 고기와 합법적으로 사냥한 야생동물의 고기, 목초지에서 키운 가금류와 그 알들, 그리고 야생에서 잡아 올린 해산물로 냉장고를 채우도록 한다.

> 달걀도 '동물'로 간주되는 거야?

> 충분히 그렇지.

그렇다. 양질의 동물성 단백질은 저렴하지 않다. 하지만 누가 매일 밤 스테이크를 먹어야 한다고 하던가? 나는 통닭, 달걀, 다진 고기 그리고 돼지고기 목살이나 어깨살같이 좀 덜 비싼 브레이징용 부위를 구입하여 비용을 절감하고, 할인 판매를 할 때마다 항상 비축해 둔다. 만약 냉동실에 공간이 있다면, 지역 농부나 목장 주인에게 고기 전체나 절반, ¼을 구입하여 훨씬 더 많은 돈을 절약할 수 있다(덧붙이자면, 독립형 냉동고는 훌륭한 투자이다.). 동물의 모든 부위를 먹는 것을 배우도록 한다.

건강하고 윤리적으로 사육된 동물 단백질을 구입하는 것은 골칫거리가 될 수 있지만 가능한 한 최선을 다한다. 완벽하지 못하다는 두려움 때문에 모든 것을 멈추지 않도록 한다.

> 확실히, 우리도 완벽하지 않아요.

> 보세요, 우리는 코도 없는걸요.

보험용으로, 나는 항상 미리 조리된 '비상용 단백질'을 준비해 둔다. 그러면 너무 바쁘거나 피곤하거나 또는 좀 복잡한 요리를 만들기엔 게으른 마음이 생길 때라도, 재빨리 식사를 만들 수 있다. 내가 가장 좋아하는 비상용 단백질은 삶은 달걀, 해산물 통조림(연어, 꽁치, 참치 등), 소시지와 유기농 델리 미트이다.

그리고 집에 정말 아무것도 없을 때에는 동네 식료품점에 들러 소금과 후추를 뿌려 구운 닭고기를 사서 채소 샐러드를 잔뜩 곁들여 상을 차린다. 그 닭은 자유롭게 돌아다니면서 자연이 의도한 것만 먹었을까? 아마도 아닐 것이다. 하지만 때로는 이러한 음식을 상 위에 저녁으로 올려야 할 때도 있는 것이다. 항상 완벽해야 한다는 근심 걱정을 멈추라고 이미 말하지 않았던가!

넉넉하게 만들기!

고기가 많은 주요리를 만드는 것보다, 일반적으로 곁들임용 채소 요리를 만드는 것이 훨씬 빠르고 쉽다. 따라서 단백질을 한꺼번에 넉넉하게 조리해 두는 것을 부끄러워하지 않아도 된다. 남은 고기를 다른 방법으로 용도에 맞게 바꾸면, 식사를 좀 더 즐겁게 할 수 있다.

> 팁 하나 더! 냉동된 고기를 안전하게 해동시키기 위해 항상 큰 스테인리스 스틸 믹싱 볼을 냉장고 안에 두세요!

> 저는 며칠에 한 번씩 냉동된 고기를 해동 볼에 던져 넣는답니다. 그 후 요리 시간이 되면 해동된 고기를 집어 들고 요리하면 돼요.

> 해동 볼은 또 다른 목적도 가지고 있어요. 고기가 상하기 전에 요리할 수밖에 없도록 만들기 때문에, 포장 음식으로 배를 채우지 못하게 하죠!

건강한 지방!

여러분이 어떤 생각을 하는지 안다. '건강한 지방이라고? 그건 모순 아닌가?' 전혀 아니다!

수십 년 동안 우리는 식단에서 지방을 제거하라는 말을 들어 왔다(무지방 우유 한 잔에 무지방 쿠키 드실 분?). 그리고 물론, 몇몇 지방은 사실 우리 몸에 몹시 해롭다. 우리는 트랜스 지방이 함유되어 있는, 부분적으로 수소화된 지방에 대해 알고 있다. 하지만 피해야 할 유일한 지방에 마가린만 있는 것은 아니다. 일반적으로 '심장에 좋다'고 광고하는 채유나 종자유도 화학 용매로 고도 가공되어 있고, 오메가-6 고도 불포화지방산으로 가득하다. 이것들은 너무나 불안정해서 실온에 두었을 때조차 어느 정도 산화되고 산패되어 맛과 향이 변질된다. 열은 산화를 가속하고 신체의 건강한 세포를 공격하는 활성 산소의 형성을 촉진한다.

> 나는 알쏭달쏭한 과학 용어가 무슨 의미인지는 모르겠지만, 음식이 지독한 냄새가 나거나 나를 공격해서는 안 된다고 생각해.

그러나 지방 섭취를 완전히 피하는 것이 해결책은 아니다. 지방은 훌륭한 에너지 원천이고 다량의 비타민과 미네랄을 흡수하도록 도와주며, 세포막과 신경을 둘러싼 보호막을 생성한다. 지방은 적이 아니다. 우리는 단지 우리가 소비하는 지방이 올바른 것인지 확인하면 되는 것이다. 그리고 사실, 믿을 수 없을 정도로 건강에 좋고 유익한 지방도 있으며 맛 또한 훌륭하다.

나는 이 책에서 음식 과학을 집요하게 파고들지 않겠다고 약속했기 때문에 지방의 화학적 성질에 대한 강의로 여러분을 지루하게 만들지 않을 것이다. 하지만 한 가지 제안이 있다. 여러분 찬장 안에 있는 고도로 가공 처리되고 오메가-6가 성분의 대부분을 차지하는 식용유를 코코넛 오일, 동물성 지방(라드, 탤로, 베이컨 기름, 거위나 닭의 지방(Schmaltz, 슈몰츠), 오리 지방 따위), 아보카도 오일, 마카다미아 오일 아니면 엑스트라 버진 올리브 오일 같은 것으로 대체한다고 약속하는 것이다. 약속!

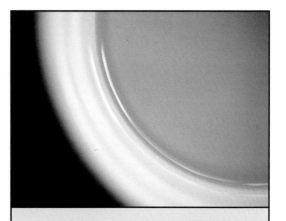

나만의 기(Ghee) 만들기!

곧 알게 되겠지만, 건강에 좋은 요리 기름 중 하나는 인도의 전통적인 정제 버터인 '기'이다. 온라인이나 오프라인 상점에서 기를 구입할 수 있지만 가정에서도 나만의 기를 손쉽게 만들 수 있다.

방법은 다음과 같다:

❶ 냄비에 무염 버터 한 컵을 넣고 아주 약한 불에서 녹인다. 버터가 녹으면서 투명한 기름이 우유 고형물에서 분리된다. 처음엔 버터 표면에 거품이 보글보글 일다가 나중에 거품이 자리를 잡는다.

❷ 우유 고형물이 진한 황갈색으로 변하면서 덩어리지고 냄비 바닥으로 내려앉기 시작하면(버터에서 보글보글 거품이 생기기 시작한 지 8~10분 정도 지난 후), 냄비를 불에서 내리고 세 겹의 치즈 클로스(얇은 무명천이나 면보)에 걸러낸다.

❸ 우유 고형물은 제거하고 걸러진 기는 밀폐용기에 담아 보관한다. 우유 고형물이 제거된 기는 실온에서 몇 달간 보관할 수 있다.

유제품에 민감한 사람들도 기 사용은 문제가 없다. 문제를 일으키는 우유 단백질이 정제 과정에서 제거되어 순수한 버터기름만 남기 때문이다. '기'에는 미량의 유당과 카제인이 함유되어 있으므로 유제품에 극도로 예민한 사람이라면 당연히 주의를 기울여야 한다. 그러한 경우엔 대신 코코넛 오일, 아보카도 오일이나 올리브 오일 중 하나를 사용하면 된다.

발효 식품!

맞다. 나는 거짓말을 했다. 용서해 주길 바라며 여기서 과학 덕후의 세계로 아주 조금만 빠져들어가 보려고 한다. 발효 만큼 놀랍도록 맛있으며 매력적인 주제에 깊이 빠지지 않을 사람이 어디 있겠는가?

인체는 복잡한 생태계다. 우리 각자는 위장관에 수천 종을 대표하는, 10조에서 100조 사이의 미생물을 수용하고 있다. 그리고 그것들은 그냥 놀려고 거기 있는 것이 아니다. 스탠 포드의 교수이자 면역학, 미생물학의 선구자인 저스틴 소넨 버그(Justin Sonnenburg) 박사에 의하면, 우리 소화기관의 미생물군은 '우리의 면역 상태, 신진대사, 신경 생물학을 포함한 생명 작용의 여러 측면을 통제하는 기관'이다. 다른 말로 하자면, 나는 그저 나인 것이 아니며, 당신은 그저 당신인 것이 아니다. 우리는 실제로 '미생물과 신체 기관으로 구성된 복합 유기체'이다.

최근 연구는 다양한 미생물이 우리의 전반적인 건강에 중요할 수 있음을 보여 준다. 그래서 나는 나의 위장관에 유익한 박테리아가 잘 살고 있는지 확인하고 싶은 것이다. 어떻게? 발효 식품을 먹고 섬유질이 풍부한 채소와 과일을 많이 섭취하여 내장 유익균에 영양을 공급하는 것이다.

물론, 우리의 조상들은 다른 이유로 음식을 발효시켰다. 수천 년 동안 인간은 음식을 보존하고 풍미에 변화를 주고 깊게 만들기 위해 발효를 이용했다. 이제 우리는 발효가 영양소의 생체 이용률을 증가시키고 유익균을 유입시킨다는 것을 믿을 만한 충분한 이유가 생겼다. 발효 음식을 즐김으로써 면역 체계에 균형을 되찾을 수 있다.

나는 발효 식품을 먹으면 모든 질병과 질환이 치료될 것이라고 말하는 게 아니다. 발효 식품을 먹으면 위장 기관이 다양한 미생물에 노출될 것이며 이것이 좋은 일이라는 이야기를 하는 것이다.

식단에 포함시킬 수 있는 다양한 발효 식품이 많이 있다. 김치와 사우어크라우트는 유산균 발효 피클처럼 내가 가장 좋아하는 음식이다. 헨리는 콤부차를 좋아하며, 유제품이 함유되지 않은 요거트와 케피르(양젖을 발효시킨 음료, 여기서는 유제품이 함유되지 않은 케피르)를 우리의 냉장고에서 찾아볼 수 있다.

다양한 발효 식품을 섭취하는 가장 좋은 방법은 매일 조금씩 먹는 것이다. 이는 우리에게 정말로 필요하다. 발효 식품은 풍미와 건강 증진 두 가지에 꽤 강하게 작용하므로, 적은 양으로도 큰 효과를 볼 수 있다. 어떤 이에게는 발효 식품이 익숙한 맛일 테지만, 처음 먹는 사람이라면 첫걸음부터 시작하는 게 좋다. 구운 소시지와 사우어크라우트를 한입 먹거나, 상추로 감싼 햄버거 패티에 유산균 발효 피클을 던져 넣는 것이다.

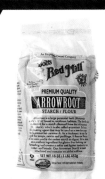

풍미 강화 재료!

단조로운 음식을 좋아한다면 손을 들어 보라!
맞다. 나도 좋아하지 않는다. 그 누구도 재미없는 맛의 음식을 먹고 싶어 하지 않는다. 이것이 바로 고기와 채소를 지루한 맛에서 환상적인 맛으로 마법처럼 바꿔 주는 풍미 강화 재료를 손에 넣어야만 하는 이유이다. 아시다시피 나는, 음식의 감칠맛을 자연스럽게 상승시키는 재료를 우선시한다. 다섯 번째 맛이라고도 하는 감칠맛 말이다. 이 책이 끝날 때쯤이면 감칠맛에 대해 읽는 것이 지긋지긋해질 테지만, 나는 계속해서 그 미덕을 찬양할 것이다. 결국 감칠맛은 좋은 맛으로 가는 궁극의 지름길이다.

감칠맛에 대해 더 알고 싶으세요? 292쪽을 펴세요.

그동안, 저의 최애 풍미 강화 재료에 대해 얘기해 볼게요!

소금
SALT

체내의 수분을 조절하기 위해 인체는 충분한 소금이 필요하다. 소금은 삶에 필수적일 뿐 아니라 맛을 내는 주요 물질이기도 하다. 나는 짭짤한 요리 대부분에 코셔 소금을 이용한다. 나는 코셔 소금의 굵은 입자를 좋아하는데, 굵은 입자 덕에 손가락으로 집어서 뿌리기 쉽다. 이 점이 대부분의 레스토랑 셰프들이 사용하는 소금의 표준이 된 이유도 설명해 줄 수 있을 것이다.

여러분, 여기서 중요한 점이 있다 - 모든 소금이 똑같지 않다는 것이다. 이 책의 소금은 '다이아몬드 크리스탈 코셔 소금'을 이용해 계량되었다. 이 소금은 일반적인 '고운 바다 소금'이나 '몰튼 코셔 소금', 또는 일반적으로 식탁 위에 두고 먹는 소금보다 좀 더 가볍고 덜 짜다. 다른 종류의 소금을 사용한다면, 내 레시피에서 말한 양의 절반 정도를 사용하도록 한다. 하지만 항상 그렇듯, 짠맛은 개인 취향이므로 요리하는 동안 맛을 보며 소금 간을 해야 한다.

건조 향신료 + 시즈닝
DRIED SPICES + SEASONINGS

향신료는 우리의 입맛을 돋우는 데 큰 도움이 된다. 지역의 향신료 납품업자를 찾고 여러분의 코를 따르면 된다. 커리 파우더, 커민, 계피 등 여러분을 즐겁게 해 주는 것들을 모아 둔다. 내가 새로이 가장 좋아하게 된 것 중 하나는 한국의 고추를 굵게 빻아 섞은 고춧가루다. 나의 향신료 찬장은 항상 흑후추, 말린 타임, 월계수 잎, 과립형 양파와 마늘이 풍성하게 있다. 또한 '비상용 볶음 요리(337쪽)'와 저녁 식사용 즉석 소고기 요리에 뿌리는 몇 가지 혼합 향신료도 보관하고 있다.

말린 허브와 향신료는 영원하지 않아요. 그러니 약 6개월마다 식료품 저장실을 한 번씩 청소해서 양념 맛을 유지하세요!

신선한 허브
FRESH HERBS

신선한 허브는 식사를 빛나게 만들고 풍미를 더해 주기 때문에 충분히 가지고 있는 것이 좋다. 나는 특히 바질과 민트, 고수, 이탈리안 파슬리, 차이브, 타임, 그리고 로즈메리를 좋아한다.

깨끗하고 신선한 향기와 생생한 색깔의 잎을 가진 허브를 시장에서 고른다. 나만의 허브 정원을 가꾸는 것은 더욱 좋다. 파슬리나 고수와 같이 잎이 많은 허브들은 줄기를 다듬고 끝을 잘라 물을 반쯤 채운 병이나 유리잔에 꽂아 두면 적어도 일주일간은 생기를 유지할 수 있다. 병을 냉장고에 넣기 전에 비닐봉지를 느슨하게 씌워 놓고, 냉장고의 간식을 뒤지다가 건드리지 않도록 주의한다.

아니면 허브를 키친타월에 싸서 밀폐 용기에 담아 냉장 보관하세요.

하지만 이렇게 보관된 허브는, 신선한 꽃을 보관하는 것처럼 오래가지 않아요!

향신채
AROMATICS

나에게 아시아 요리는 친숙한 음식이기 때문에, 중국 요리의 삼위 일체인 생강, 대파, 마늘을 집에서 항상 볼 수 있다. 하지만 솔직히 말하자면, 세상 모든 종류의 풍미는 어느 식료품점에서든 찾을 수 있는 신선한 셀러리, 당근, 샬롯, 양파, 리크(Leek) 같은 동일한 기본 구성 요소 위에 만들어진다. 나는 이러한 모든 향신채들을 주방에 보관해 두기 때문에, 음식의 기원지가 아무리 다양하다고 하더라도 어떤 음식이든 거의 다 재빨리 만들 수 있다.

무엇을 만들지 고민될 때, 채썰거나 깍둑썬 양파를 취향껏 선택한 기름과 함께 프라이팬의 중불에서 요리하기 시작해 보라. 저녁 식사로 뭘 할지 정해질 때쯤이면, 양파는 부드럽고 달콤해져서 요리에 더해질 준비가 되어 있을 것이다. 미리 많은 양의 캐러멜화된 양파를 천천히 조리하여 얼음틀(아이스 트레이)에 얼려 두면 더욱 좋다. 나중에, 빠르게 맛을 내야 할 때 한 번에 양파 큐브 1개씩을 사용한다.

건버섯
DRIED MUSHROOMS

건버섯을 물에 불려 원상태로 만든 후 조금 넣어 주는 것만으로도 여러분의 스튜와 브레이징 요리에 감칠맛의 폭발을 더할 수 있다. 건버섯은 신선한 버섯보다 감칠맛을 낼 수 있는 힘이 기하급수적으로 더 많다는 것이 과학적으로 증명되었을 뿐 아니라, 수개월간 끈적임 없이 보관할 수 있다.

나는 유기농 건버섯을 세일할 때마다 잔뜩 사서 저장해 둔다. 여러분도 그래야 한다. 내가 가장 좋아하는 두 종류의 건버섯은 표고버섯(아시아 요리에 완벽!)과 포르치니(Porchini, 이탈리아 요리에 맛있다!)이다.

압력솥 레시피에 건버섯을 사용한다면 물에 불릴 필요가 없어요. 그냥 씻어서 던져 넣으세요!

토마토 페이스트
TOMATO PASTE

한 숟가락만으로도 깊고 농축된 감칠맛을 스튜와 브레이징 요리에 더할 수 있다. 나는 원하는 양을 정확히 짜서 사용할 수 있는 튜브형 제품 구입을 좋아한다.

그럼 이건 토마토맛 치약이 아니에요?

베이컨
BACON

처음 팔레오식으로 먹기 시작했을 때 나는 베이컨을 너무 많이 먹었다(오해는 없었으면 한다. 여러분도 처음엔 그랬을 것이다.). 요즘, 나는 베이컨을 주요리보다는 양념 용도로 더 많이 사용한다. 베이컨이 요리에 얼마나 많은 훈제 향미를 더해 주는지 더 언급할 필요는 없을 것 같다. 목초지에서 방목한 돼지고기를 이용해 첨가물을 넣지 않고 만든 베이컨을 구입한다. 엄격한 팔레오에 도전하고 싶다면 설탕을 넣은 베이컨은 피한다.

그건 그렇고, 레시피에 필요할 때 썰기 쉽도록, 익히지 않은 베이컨 슬라이스를 3장씩 얼리는 것을 추천한다. 그렇지 않으면 베이컨을 자를 때 미끄러워 짜증만 날 수 있다. 게다가 가능하다면 나는 내 손가락 모두를 정말로 지키고 싶다.

뼈 육수(본 브로스) + 육수(스톡)
BONE BROTH + STOCK

'본 브로스(Bon Broth)'와 '스톡(Stock)'이라는 용어는 서로 바꿔 사용하는 경우가 많다. 왜냐하면, 음, 그것들이 거의 같기 때문이다. 엄밀히 따지자면 '스톡'은 뼈와 연골로 만들고, '브로스'는 뼈와 고기로 만든다. 내 '뼈 육수(84쪽)' 레시피는 고기와 뼈로 꽉 차서 풍부한 맛과 깊은 풍미를 제공하는 동시에, 오랜 시간 끓여낸 뼈에 의해 생성된 젤라틴이 건강상 이점을 제공한다. 나는 뼈 육수를 단독으로 마시는 것을 좋아하지만(맛있다!),

수프의 기본 재료로, 그리고 많은 요리에서 중요한 조미료로도 사용한다. 만일의 경우엔, 내 레시피의 뼈 육수를 시판 육수로 교체할 수 있다. 하지만 기억해야 할 것은 마지막 결과물은 기본 재료만큼 맛있어지므로, 햄을 물에 넣고 끓여 만든 육수 같은 건 사용하지 않는 것이 좋다는 것이다(그건 너무 괴상하다!).

코코넛 아미노
COCONUT AMINOS

이 짙은 색의 짭짤하면서도 숙성된 코코넛 나무 수액은 간장 같은 맛이 나지만 글루텐이나 콩은 들어 있지 않다. 나는 간장을 대체할 수 있도록 좀 더 풍부한 감칠맛을 만들기 위해, 코코넛 아미노와 피시 소스를 섞는 것을 좋아한다.

식초 + 감귤류 과일
VINEGARS + CITRUS

산은 좋은 요리의 핵심 구성 요소로, 식품 저장실에서 가장 가치 있는 풍미 강화 재료 중 하나이다. 식초를 뿌리거나 신선한 레몬즙 또는 라임즙을 짜 넣으면 완성된 요리에 톡 쏘면서도 선명한 맛을 더할 수 있다. 팔레오를 유지하기 위해서는, 사용하는 식초에 글루텐이나 (몰트 식초같이) 이상한 첨가물이 포함되어 있지 않은지 확인하는 것이 좋다.

소스 + 드레싱
SAUCES + DRESSINGS

소스와 드레싱은 항상 처음부터 만들어 먹는 것이 좋지만, 나는 제정신을 유지하기 위하여 상점에서 판매하는 마리나라 소스(Marinara sauce)와 태국 커리 페이스트(Thai curry paste), 매운 살사를 몇 병 부엌에 두고 있다. 모두 팔레오 친화적인 성분을 포함하고 있으며 맛있는 식사를 순식간에 쉽게 만들 수 있다.

코코넛 밀크
COCONUT MILK

코코넛 밀크는 팔레오에서 기본이 되는 식품이다. 그리고 태국 커리부터 유제품을 넣지 않고 만드는 초콜릿 케이크까지

여러 종류의 폭넓은 음식에 훌륭하게 어우러진다. 하지만 많은 브랜드가 화학 첨가제를 함유하고 있으므로 코코넛 밀크를 구입할 때 이를 주의해야 한다. BPA(비스페놀-A)와 아황산염이 들어 있지 않고, 상온 보관 가능하며, 지방을 제거하지 않은 다양한 통조림 제품을 선택하면 된다. 한 마디 더하자면, 단맛을 첨가한 '코코넛 크림'과 코코넛 밀크를 혼동해서는 안된다. 나를 믿으시라. 그 둘은 같은 것이 아니다.

질감을 향상시키는 재료
TEXTURE BOOSTERS

애로루트 가루(Arrowroot powder), 타피오카 가루(Tapioca flour)와 감자 전분은 그레이비와 소스를 걸쭉하게 만들고 튀김 요리를 코팅할 반죽을 만들 때 유용하다.

이것들이 전부 뭔가요?

질감을 향상시켜 주는 이러한 재료들이 익숙하지 않을 수도 있다. 순수한 애로루트 가루는 글루텐을 함유하지 않은 전분으로, 애로루트의 덩이뿌리 과육으로 만들어진다. 타피오카 가루도 비슷하지만, 카사바 뿌리에서 얻는다. 감자 전분은 감자에서 추출한 녹말이다(24쪽에서 말했듯이, 감자는 적이 아니므로, 감자를 증오하는 사람들은 진정하길 바란다.). 나는 팔레오 친화적이지 않은 백밀가루와 옥수수 전분 대신 이 재료들로 음식을 걸쭉하게 만들고 재료를 코팅한다. 가장 좋아하는 단백질 겉면에 이 녹말을 가볍게 입히면, 튀김 요리를 할 때 얇고 바삭한 튀김 옷이 된다.
애로루트 가루와 타피오카 가루는 고온에서 점성을 잃을 수 있으므로 준비되는 대로 열기로부터 음식을 치우는 게 좋다.

이상하네요… 엄마가 피시 소스를 언급하는 걸 잊었나 봐요.

페이지를 넘길 때까지 조금 기다려 보렴!

분말류 + 감미료
FLOURS + SWEETENERS

맛있는 무-곡물 음식을 대접하는 기념 행사를 위해 밀가루 대체 재료인 아몬드, 카사바, 코코넛 가루로 눈을 돌렸고 천연 유기농 꿀, 코코넛 설탕, 메이플 시럽, 대추야자, 애플 소스나 과일즙 같은 천연 감미료에 손을 뻗었다.

피시 소스
FISH SAUCE

미셸: 진짜예요. 저는 항상 피시 소스의 미덕을 극찬하는데 거기엔 그럴 만한 이유가 있어요. 진짜로 마법 같거든요. 사람들이 피시 소스에 대한 인식이나 냄새 때문에 내켜 하지 않는다는 걸 알지만, 그들도 피시 소스가 가진 변신 능력을 안다면 저처럼 생각이 바뀔 거예요.

헨리: 피시 소스는 소금에 절여서 발효시킨 안초비(멸치과 생선)로 만들어요. 왜 많은 사람들이 피시 소스를 기피하는지 그것으로 설명이 될 거예요. 대부분의 미국인들은 안초비를 짜고 냄새가 나며 피하고 싶은 피자 토핑으로 생각해요.

미셸: 하지만 사람들이 선입견을 버리고 나면, 자신이 좋아하는 요리에 안초비가 얼마나 많이 들어 있는지 깨닫게 될 거예요. 예를 들자면, 세계 최고의 시저 샐러드 드레싱엔 다진 안초비가 포함돼 있고, 사람들이 좋아하는 우스터소스는 식초, 타마린드, 그리고 안초비로 만든다고요. 레스토랑 셰프들은 안초비가 감칠맛의 훌륭한 밑바탕이 된다는 것을 알고 있어요. 거의 모든 종류의 맛있는 요리에 깊이를 더하고 만족감을 주지요. 채식 식당에서만 외식하는 게 아니라면, 아마도 온갖 종류의 수프, 소스, 스튜와 곁들임 요리로 안초비를 먹었을 거예요 – 즐겁게 말이죠.

헨리: 어딘가에서 읽은 적이 있어요. 모든 사람들이 안초비를 좋아한대요 – 단지 그들이 모르고 있을 뿐이에요.

미셸: 중국 남부, 태국, 베트남, 인도네시아 요리법에서 맛을 내는 핵심 요인인, 안초비가 풍부하게 들어간 피시 소스도 마찬가지예요. 그것이 동남아 요리에서 독특한 풍미가 나는 이유이자 아시아에서 영감을 받은 저의 수많은 요리에 피시 소스가 들어가는 가장 큰 이유예요.

헨리: 하지만 피시 소스는 아시아 요리에만 쓰이는 식재료는 아니에요. 고릿한 향이 나는 짭짤한 맛은 이탈리아 요리, 아프리카 요리, 심지어 햄버거의 맛까지 향상시켜 줍니다. 로마 제국 시대의 많은 요리들은 생선과 소금을 발효하여 만든 '가룸(Garum)'이라는 피시 소스를 사용하는 특징이 있었고요. 이 고대 로마 소스의 현대적 버전은 '콜라투라 디 알리치(Colatura di alici)'라고 불리며 요즘 유행을 선도하는 이탈리아 요리 식당의 메뉴에서 점점 더 눈에 띄고 있어요.

미셸: 진정한 재료를 온전히 사용하여 레스토랑 수준의 음식을 만들겠다고 인생의 목표를 정했을 때, 팔레오 친화적인 피시 소스는 제 쇼핑 목록의 맨 위에 있었어요. 하지만 안초비와 소금만으로 만든 피시 소스를 찾으려고 아시아 식재료 상점에 갈 때마다 실망할 수밖에 없었어요. 선반 위의 모든 브랜드가 설탕과 방부제 및 기타 화학 첨가물을 함유하고 있었거든요. 설상가상으로 그중 많은 제품이 물이나 다른 액체로 인해 양은 늘어나고 맛은 희석되어 있었어요. 에휴.

헨리: 팔레오 친화적인 피시 소스를 찾지 못했는데 팔레오를 계속할 수 있어?

미셸: 감사하게도 그런 일은 일어나지 않았어. 2011년 초, 제 누이가 베트남의 섬 푸꾸옥(Phú Quốc) 시장에서 가족이 만든 장인 제품인 '레드 보트 피시 소스(Red Boat Fish Sauce)'에 대해 이야기해 주었어요. 거기엔 두 가지 재료만 들어 있어요. 갓 잡은 검은 안초비와 소금. 한 번 맛보고 난 뒤 저는 푹 빠져버렸죠.

얼마 전 우리는 베트남으로 여행을 가서 푸꾸옥 섬에 방문했다.

땀이 흠뻑

타이만에 자리잡고 있는 푸꾸옥은, 물속엔 물고기가 가득하고, 북적거리는 시장엔 신선한 해산물이 가득한 곳이다.

이 섬은 3가지로 유명하다: 후추나무, 멋진 해변…

… 그리고 피시 소스. 200년이 넘는 세월 동안 섬에서 잡힌 안초비는 세계 최고의 피시 소스를 만드는 데 사용되어 왔다.

우리가 도착한 직후, '레드 보트(Red Boat)'의 창립자인 쿠옹 팜(Cuong Pham)씨는 낚싯배 갑판 위에서 바로 소금에 절여지는 많은 양의 신선한 안초비를 보여 주기 위해 우리를 배로 데려갔다.

우리는 육지에서 몇 마일 떨어져 있었지만, 쿠옹씨는 염장을 즉시 시작해야 한다고 설명했다.

소금에 절인 안초비를 자루에 담아 쿠옹씨의 빨간색 작은 보트로 옮겼고, 우리는 그것들을 푸꾸옥 섬으로 다시 운반했다.

저장 나무통이 있는 레드 보트 건물에 도착하자마자, 안초비를 거대한 나무통에 넣기 전 조심스럽게 분류하여…

… 우리가 사랑하는 깊고 진한 풍미의 조미료로 천천히 발효되고 맛이 발현될 수 있도록 더 많은 소금을 덮었다.

그 결과, 요리사와 미식가 모두가 갈망하는, 감칠맛 풍부한 피시 소스가 탄생했다.

그렇다, 향기는 강력하지만 아무도 통에 기어올라 수영을 하진 않을 것이다. 이 피시 소스는 매우 농축되어 있기 때문에 적은 양으로도 여러분의 음식에 풍미를 가득 채울 것이다.

팔레오 친화적인 피시 소스는 훌륭한 요리를 만드는 핵심 요소 중 하나이므로, 항상 준비해 두도록 한다.

헨리: 그 이후로 우리는 두 가지 재료만을 사용하여 만들어진, 시중에서 판매되는 팔레오 친화적인 브랜드 몇 가지도 알게 되었어요. '손 피시 소스(Son Fish Sauce)'와 '3 미엔(3 Miên)' 같은 것들이죠.

미셸: 피시 소스는 강력한 녀석이란 걸 기억하세요. 마법의 호박색 액체 몇 방울만으로도 짭짤한 요리에 감칠맛이 크게 증폭돼요. 비린 맛 없이 말이에요. 이제 사러 갑시다!

하지만 이 책의 핵심으로 뛰어들기 전에, 여러분이 이 책에서 무엇을 보게 될지 먼저 설명해 드릴게요. 일반적인 요리책 포맷에 익숙한 사람에게 우리의 레시피는 조금 비정통적일 거예요. 그러니까, 만화책을 읽지 않는 분이라면 말이에요.

헨리: 맞아요! 우리 레시피는 만화책처럼 구성되어 있어요. 전작이었던 '놈놈 팔레오'는 항상 레시피와 함께 각 단계의 사진을 첨부했었지요. 익지 않은 재료가 먹을 수 있는 음식으로, 마법처럼 바뀌는 흥미진진한 요리의 순서를 공유하는 것보다 우리의 요리를 더 잘 보여 줄 수 있는 방법이 있을까요?

미셸: 레시피 진행 과정은 쉽게 살펴볼 수 있어요. 번호가 매겨진 각 사진의 설명 상자를 따라가기만 하면 되죠. 아래 사진과 같이 생겼답니다.

❶ 그다음 조리한 채소를 접시로 옮긴다. 한 겹으로 얇게 펼쳐서 실온으로 식힌다.

헨리: 각 레시피의 이름 아래에는 제공 분량을 제안한 정보도 볼 수 있어요. 제공 분량은 실제로 우리가 가족에게 제공하는 방법에 근거를 두었어요. 1인당 손바닥 크기의 단백질과 많은 양의 채소처럼요. 하지만 만약 운동 경기를 위해 음식을 먹어야 한다거나 배고픈 십대를 먹여야 한다면, 더 많이 만들어도 괜찮아요.

미셸: 제공 분량 정보 아래에는 각 조리법에 대해 예상되는 총 조리 시간이 있어요. 여기엔 기다리는 것 외엔 아무것도 할 필요가 없는 시간이 포함될 수 있어요. 이 경우, 우리는 실제로 작업하는 시간을 기록해 두었어요. 예를 들자면, 다음처럼요.

4인분
1시간(순수 조리 시간 30분)

헨리: 이 책에는 다양한 변형 레시피도 포함되어 있어요. 만드는 방법이나 재료를 조금 바꿔서 만들 수 있는 다양한 버전의 요리예요. 이러한 변형 레시피는 다음과 같이 2개의 회전 화살표가 있는 원형 기호로 표시했어요.

: 응용 요리 :
감칠맛 나는 청경채

미셸: 물론 각각의 레시피는 설명과 재료 준비에 대한 자세한 정보, 특별 노트 또는 명심해야 할 팁 등을 함께 실었어요. 대부분은 보관 방법 설명도 포함하고 있고요.

헨리: 우리는 때때로 아침 식사로 뭘 먹을지와 같은 흥미로운 주제에 불쑥 끼어들기도 할 거예요. 미셸, 레시피 시작 전에 다른 할 말은 없어?

미셸: 없어. 시작해 볼까!

아뇨…
하지만 먹을
준비는 되었어요!

THE RECIPES!

훈제향 라임 호박씨
SMOKY LIME PEPITAS

◇◇◇◇◇◇◇

1컵 분량(240ml)
20분(순수 조리 시간 5분)

간단한 것부터 시작해 보자.
견과류나 씨앗류를 구울 때, 실제 할 일이
많지는 않지만, 제대로 끝냈을 때의 결과
는 믿을 수 없을 정도로 훌륭하다. 이 '훈제
라임 호박씨'를 예로 들어 보자. 호박씨는
전혀 특별할 게 없지만 일단 굽고 나면, 풍
부하고 진한, 고기 같은 질감을 갖게 된다.
향신료, 칠리, 라임의 톡 쏘는 맛 사이에서
균형이 잘 잡힌 호박씨는 간식으로 완벽하
다. 저녁 식사 전 서로 어울려 담소를 나누
는 손님들을 위해 작은 그릇에 담아 두거
나, 197쪽에 소개된 '멕시코풍 수박 +
오이 샐러드'처럼 점심 식사를 위해 간단
하게 뚝딱 만든 샐러드 위에 뿌려 준다.

재료

볶지 않은 호박씨 1컵(240ml)

올리브 오일 또는 아보카도 오일 1작은술

소금 ¾작은술

훈제 파프리카 파우더 또는 앤초 칠리 파
우더 ½작은술

카이엔 페퍼 파우더 ¼작은술

라임즙(중간 크기 라임 1개분)

> 그거 아세요?
> 이 레시피는 아몬드나 캐슈넛 같은
> 견과류에도 잘 어울려요!

만드는 방법

1 오븐을 165℃로 예열하고 오븐 랙을 오븐의 가운데에 끼운다.

2 중간 크기의 볼에 호박씨, 올리브 오일, 소금, 파프리카 파우더, 카이엔 페퍼 파우더를 넣는다.

3 ❷에 라임즙을 더하고 잘 섞는다.

4 베이킹 팬에 유산지를 깔고 호박씨를 한 겹으로 넓게 편다.

5 예열된 오븐에 ❹를 넣고, 12~15분간 향이 나고 바삭해질 때까지 굽는다. 조리 시간 중반에 한 번 뒤적여 준다.

6 오븐에서 꺼내 실온으로 식힌다. 밀폐 용기에 담아 1주일간 보관할 수 있다.

'구운 양파 수프(104쪽)' 위에 뿌려도 좋다!

태국 감귤 드레싱
THAI CITRUS DRESSING

◇◇◇◇◇◇◇

1컵 분량(240ml)
5분

내가 최근 태국 샐러드에 집착하는 이유는, 이 만들기 쉬운 아시아 드레싱을 냉장고에 항상 보관하고 싶기 때문이다. 단맛, 짠맛, 매운맛, 신맛, 감칠맛의 다섯 가지 맛 모두가 이 드레싱에서 완벽하게 균형을 이룬다. 무엇보다도 태국 감귤 드레싱은 샐러드 외에 다른 음식에도 활용할 수 있다. 오븐에 구운 채소나 그릴에 구운 스테이크에 뿌려 보면 내가 무슨 말을 하는지 알 수 있을 것이다.

만드는 방법

❶ 모든 재료를 작은 볼이나 병, 중간 크기의 계량컵에 넣는다.

❷ 잘 휘저어 섞는다. 병을 이용해 드레싱을 만든다면 입구를 잘 막고 흔들어 섞는다. 맛을 보며 간을 더한다.

❸ 드레싱은 냉장고에 넣어 1주일까지 보관 가능하다. 사용 전 잘 흔들거나 저어 준다.

재료

엑스트라 버진 올리브 오일 3큰술

갓 짜낸 라임즙 3큰술

갓 짜낸 오렌지즙 3큰술

피시 소스 3큰술

코코넛 아미노 3큰술

꿀 2작은술(선택사항)

작은 마늘 1쪽 – 곱게 다지기

레드 페퍼 플레이크 ½작은술

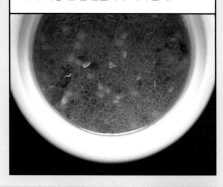

미리 만들어 둔 드레싱과 토핑만 있으면, 깜짝 놀랄 만큼 맛있는 샐러드를 손쉽게 만들 수 있다. 여기 '태국 감귤 드레싱'에 버무린 후 '훈제향 라임 호박씨'를 올린 간단한 샐러드가 있다!

'종이에 싸서 구운 닭고기(212쪽)'의 재움 양념 대신 이 드레싱을 이용할 수 있으며, '닭고기와 아보카도를 곁들인 동양풍 냉 주키니 국수 샐러드(191쪽)'의 대체 드레싱으로 사용할 수 있다. 또는 '라롯없이 만드는 미트볼(304쪽)'에 곁들일 수 있다.

녹색의 야수 드레싱

GREEN BEAST DRESSING

◇◇◇◇◇◇◇

2컵 분량(480ml)

15분

전통적으로 '그린 가디스 드레싱(Green Goddess Dressing)'은 사워크림과 마요 네즈, 차이브, 처빌, 안초비로 만든다. 여러분이 예상한 것처럼 1921년 '더 그린 가디스(The Green Goddess, 녹색의 여신)'라는 연극의 이름을 따서 지어진 것이다. 하지만 내가 이 푸릇푸릇한 소스를 내 식으로 새롭게 개발했을 때, 두 아들은 '좀 더 거칠게 들리는' 이름이 필요하다며 '녹색의 야수 드레싱'이라고 이름 붙였다. 처음에 나는 어리둥절했다. 누가 여신은 터프하지 않다고 말하던가? 하지만 심사 숙고한 끝에, 아이들이 선택한 이름에 동의했다. '녹색의 야수'가 여자라는 조건하에 말이다. 진짜 터프한 여자. 그녀의 이름을 딴 드레싱이 펀치 한 방을 입에 날려 여러분을 때려눕힐 것이다.

재료

중간 크기 아보카도 ½개 – 씨 제거하고 껍질 벗기기

이탈리안 파슬리 ½컵(120ml) – 다지기

바질 잎 ½컵(120ml)

다진 차이브 ¼컵(60ml)

마늘 1쪽 – 곱게 다지기

엑스트라 버진 올리브 오일 ¾컵(180ml)

물 ½컵(120ml) – 필요에 따라 추가

갓 짜낸 레몬즙 ¼컵(60ml) – 입맛에 따라 추가

타히니 2큰술

코셔 소금 1작은술

갓 갈아낸 흑후추 ¼작은술

만드는 방법

1 고속 믹서에 모든 재료를 넣는다.

2 부드러워질 때까지 간다.

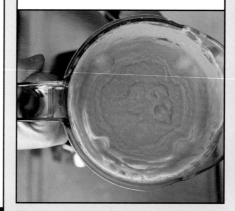

3 맛을 보며 필요하다면 간을 더한다. 원하는 것보다 드레싱이 걸쭉하다면 물을 조금 더 넣어 묽게 만들어 준다.

4 밀폐 용기에 담아 1주일까지 냉장 보관 가능하다. 사용 전에 열심히 휘저어 준다.

5 샐러드나 수프, 고기, 채소 위에 이 생기 넘치는 다용도 드레싱을 올린다.

예를 들자면, 사이드로 곁들이는 상추와 당근, 오이, 래디시, 피망, 마카다미아를 넣은 샐러드에 이 드레싱을 뿌린다. 아주 쉽지 않은가!

크리미한 양파 드레싱
CREAMY ONION DRESSING

◇◇◇◇◇◇◇

3컵 분량(720ml)
2시간(순수 조리 시간 15분)

그렇다. 나는 여러분이 간단한 비네그레트 (Vinaigrette, 기름에 산성 식재료인 식초나 레몬즙을 넣어 만든 드레싱. 풍미를 증진시키기 위해 소금, 허브, 향신료를 더해서 샐러드용 드레싱으로 사용)를 5분도 안 되어 만들 수 있다는 것을 안다. 어쨌든, 여차하면 식초에 기름, 머스터드 약간, 소금, 후추를 조금 넣어 괜찮은 기본 드레싱을 만들 수 있다. 하지만 양파 한 자루가 있고 시간이 널널하다면, 여러분은 이 드레싱을 만들 의무가 있는 것이다. 이미 여러분이 샐러드를 만드는 '마스터 요다'일지라도, 구운 양파와 마늘로 샐러드 경기를 한 단계 끌어올릴 수 있을 것이다.

재료

껍질을 벗기지 않은 마늘 6쪽
껍질을 벗기지 않은 중간 크기 양파 3개 (약 680g)
엑스트라 버진 올리브 오일 또는 아보카도 오일 1¼컵(300ml) – 1컵과 ¼컵으로 나눠서 준비
갓 짜낸 레몬즙 ¼컵(60ml)
애플 사이다 식초 ¼컵(60ml)
코셔 소금 1큰술
갓 갈아낸 흑후추 조금

만드는 방법

① 오븐을 220℃로 예열하고 오븐랙을 오븐의 가운데에 끼운다. 베이킹 용기에 마늘, 양파를 담고 올리브 오일 ¼컵(60ml)을 위에 뿌려 준다.

② 오븐에서 1시간 굽거나, 부드럽고 겉이 좀 그을 때까지 굽는다.

③ 구운 마늘과 양파를 꺼내 실온에서 식힌다.

④ 양파와 마늘의 겉껍질을 벗긴다. 양파의 뿌리 부분을 잘라내고 같은 크기로 큼직하게 썬다.

⑤ 양파, 마늘, 레몬즙, 식초를 믹서에 넣고 부드러워질 때까지 간다.

⑥ 믹서가 돌아갈 때 올리브 오일 1컵(240ml)을, 잘 섞일 때까지 천천히 부어 준다.

⑦ 소금과 후추를 넣는다. 원한다면 소금을 좀 더 넣는다. 냉장실에서 1주일까지 보관 가능하며 냉동하여 6개월까지 보관 가능하다.

팔레오 마요네즈
PALEO MAYO

◇◇◇◇◇◇◇

1컵 분량(240ml)
5분

나만의 마요네즈를 만들어 보자!

재료

큰 달걀 노른자 1개
갓 짜낸 레몬즙 1큰술
물 1큰술
디종 머스터드 1작은술
아보카도 오일 또는 마카다미아 오일 1컵
(240ml)
코셔 소금 조금

만드는 방법

① 마요네즈를 만드는 방법에는 여러 가지가 있지만, 나는 '시리어스 이트(Serious Eats)'의 '제이 켄지 로페즈-알트(J. Kenji López-Alt)'가 핸드 블렌더로 만드는 방법을 단연코 가장 좋아한다.

② 시작 전, 재료는 실온 상태여야 함을 명심한다. 그 후, 달걀 노른자, 레몬즙, 물, 머스터드를 좁은 모양의 핸드 블렌더 컵에 넣는다(주의: 너무 넓은 컵에선 잘 만들어지지 않는다.). 기름을 더한다.

③ 핸드 블렌더의 칼날 끝을 컵의 가장 밑부분으로 내려서 작동시킨다. 유화가 시작되어 재료가 엉기기 시작하면 마요네즈가 고루 섞이도록 핸드 블렌더의 끝부분을 조심스럽게 들어 올려 기울인다.

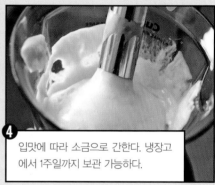

④ 입맛에 따라 소금으로 간한다. 냉장고에서 1주일까지 보관 가능하다.

잠시만…
아보카도 오일과 마카다미아 오일의 훌륭한 점은 무엇인가?

아보카도 오일, 마카다미아 오일은 둘 다 건강에 좋고 항산화 물질이 풍부하며 단일 불포화지방산 함량이 높은 지방이다. 연구 결과에 따르면 염증을 줄이고 심혈관 기능을 향상시키는 데 도움이 된다고 한다.

반면, 대부분의 시판 마요네즈에 사용되는 카놀라유와 콩기름은 최악의 요리유 중 하나이다. 42쪽에서 논의했듯이, 이 기름들은 불안정하여 실온에서도 산화될 가능성이 높다. 열은 산화를 가속시키는데, 이것은 신체의 건강한 세포를 공격하는 활성 산소의 형성을 촉진한다.

아보카도 오일과 마카다미아 오일을 선호하는 것은 건강을 위해서만이 아니다. 그것들은 부엌에서 아주 다재다능하다. 둘 다 높은 발연점(200℃ 이상)을 가지고 있어서 볶음 요리부터 베이킹까지 모든 방면에 훌륭하다. 그리고 마요네즈 만드는 데 있어서는, 씁쓸한 맛이 나게 하는 올리브 오일보다는 부드럽고 버터 맛이 나는 이 기름들이 훨씬 맛이 좋다.

> 나는 팔레오 마요네즈를 좋아해요. 하지만 미셸과는 달리 마요네즈를 만들어 먹기엔 너무 게을러요. 대신, 나는 좀 더 쉬운 길을 골랐어요. 좋은 기름을 사용하고 화학 첨가제를 넣지 않은 팔레오 친화적인 마요네즈를 구입하는 거예요!

> 다음 레시피는 팔레오 마요네즈로 무엇을 할 수 있는지 몇 가지 예를 보여 줄 거예요.

토나토 소스
TONNATO SAUCE

◇◇◇◇◇◇◇◇

2½컵 분량(600ml)
5분

이 고전적인 이탈리아 소스는 일반적으로, 물에 삶아 차게 식힌 송아지 고기 위에 부어서 피크닉 요리로 제공된다. 슬프게도 나는 집에서 삶은 송아지 고기를 먹어 본 적이 거의 없기 때문에, 신선한 토나토 소스를 잔뜩 만든 후, 크뤼디테(Crudités, 생채소로 만든 전채 요리) 또는 삶은 달걀, 슬라이스한 엘룸* 토마토, 삶거나 수비드로 조리한 닭고기나 찐 채소에 뿌려 먹는 것을 좋아한다. 아니면 이것들 전부 다와 함께.

* 엘룸(Heirloom) 획일종의 대규모 재배 작물과 배치되는 것으로, 소규모로 재배되는 다양한 종의 작물을 뜻하는 용어

만드는 방법

❶ 모든 재료를 믹서에 넣는다.

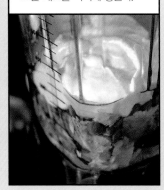

❷ 크림같이 부드럽고 걸쭉해질 때까지 간다.

재료

팔레오 마요네즈 ½컵(120ml, 58쪽)

올리브 오일에 담긴 통조림 참치 198g – 기름기 빼기

올리브 오일에 담긴 안초비 5마리 – 기름기 빼기

케이퍼 2큰술 – 물기 빼기

갓 짜낸 레몬즙 3큰술

엑스트라 버진 올리브 오일 ½컵(120ml)

코셔 소금 조금

갓 갈아낸 흑후추 조금

❸ 좋아하는 단백질 식품이나 채소에 토나토 소스를 곁들인다. 냉장고에서 4일까지 보관 가능하다.

오레곤주 포틀랜드에 위치한 '에이바 진(Ava Gene)'의 멋진 여름 샐러드에서 영감을 받아, 나는 신선한 텃밭 채소와 토나토 소스를 짝을 지어 먹기 시작했다. 한번 해 보시길!

구운 마늘 마요네즈

ROASTED GARLIC MAYONNAISE

◇◇◇◇◇◇◇

1컵 분량(240ml)
50분(순수 조리 시간 10분)

구운 마늘 마요네즈는 삶이다.
이것은 진리.

재료

마늘 1통

엑스트라 버진 올리브 오일 1큰술

갓 짜낸 레몬즙 1큰술

팔레오 마요네즈 1컵(240ml, 58쪽)

코셔 소금 조금

만드는 방법

1 오븐을 200℃로 설정한다. 마늘의 겉껍질을 벗기되, 각각의 마늘이 분리되지 않을 정도로 남겨둔다. 통마늘 윗부분을 1.2cm 정도 잘라낸다.

2 오븐 사용이 가능한 용기에 마늘을 넣고 올리브 오일을 뿌린다.

3 용기의 뚜껑을 덮고, 마늘이 부드러워지고 향이 날 때까지 40~45분 정도 오븐에서 굽는다.

4 구운 통마늘을 짜거나 밀어내거나 긁어내서 껍질에서 떼어낸 후 중간 크기 볼에 담는다. 레몬즙을 더하고 포크를 이용해 페이스트 형태로 으깬다.

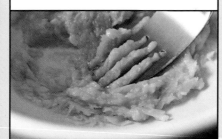

5 으깬 마늘에 마요네즈를 넣고 잘 섞는다. 입맛에 따라 소금으로 간한다. 구운 마늘 마요네즈는 냉장고에서 최대 1주간 보관 가능하다.

: 응용 요리 :
마늘맛 데빌드 에그

오래된 독자들은 내가 전통적인 데빌드 에그를 만들기엔 많이 게으르다는 것을 알고 있다. 나는 삶은 달걀 위에, 내가 가지고 있는 것을 되는 대로 올리는 것을 좋아한다. 여기 마늘맛 데빌드 에그가 있다. 달걀을 간단히 자르고, 반으로 자른 달걀에 '구운 마늘 마요네즈'를 듬뿍 바른다. 그리고 방울토마토, 올리브, 소금, 후추를 조금 뿌린다. 끝!

견과류 디종 비네그레트
NUTTY DIJON VINAIGRETTE

◇◇◇◇◇◇◇

1컵 분량(240ml)
20분

대부분의 상점에서 판매하는 샐러드 드레싱의 성분표를 확인해 본 적이 있는가? 스포일러 경고: 대부분의 성분이 좋지 않다. 나는 비네그레트를 직접 만드는 것을 선호하며 종종 기름, 식초 그리고 유화제 용도로 머스터드를 조금 사용한다. 하지만 좀 더 의욕이 넘칠 땐, 풍미와 질감을 향상시켜 줄 재료를 추가한다. 향기로운 구운 견과류, 생기 넘치는 녹색 허브, 그리고 달콤한 대추야자 같은 것들 말이다. 견과류는 음식을 상에 내기 전에 넣으면 바삭함을 유지할 수 있다. 하지만 그렇게 할 수 없더라도 속 끓일 필요는 없다.
이 드레싱은 독창적이고 다재다능하기 때문에, 푸짐한 고기 요리부터 섬세한 생선 요리, 채소 요리에 이르기까지 모든 요리와 아주 잘 어울린다.

재료

헤이즐넛 또는 아몬드 ¼컵(60ml)
곱게 다진 샬롯 ¼컵(60ml)
작은 마늘 1쪽 – 곱게 다지기
디종 머스터드 2큰술
셰리 식초 ¼컵(60ml)
엑스트라 버진 올리브 오일 ½컵(120ml)
메줄 대추야자 1개 – 씨를 제거한 후 곱게 다지기
코셔 소금 ½작은술
갓 갈아낸 흑후추 ¼작은술
곱게 다진 이탈리안 파슬리 ¼컵(60ml)
곱게 다진 차이브 2큰술

만드는 방법

1 오븐을 165℃로 예열하고 베이킹 팬에 견과류를 올린 후 10~15분간 굽거나 향이 날 때까지 굽는다. 속껍질이 있는 헤이즐넛을 사용한다면 깨끗한 행주로 비벼서 껍질을 제거한다.

2 견과류를 실온으로 식힌 후 굵직하게 다진다.

3 약 500ml 용량의 유리병에 샬롯, 마늘, 머스터드, 식초, 올리브 오일, 대추야자, 소금, 후추를 넣는다.

4 뚜껑을 닫고 드레싱이 잘 유화되도록 열심히 흔든다. 드레싱은 바로 냉장고에 보관하고 먹을 준비가 되었을 때 레시피를 마무리한다. 그렇지 않다면 계속한다!

5 병을 다시 한 번 흔든 후 맛을 본다. 필요하다면 식초나 올리브 오일, 소금이나 후추를 더한다. 다진 견과류와 허브를 넣어 섞는다.

6 완성된 비네그레트를 바로 상에 낸다. 냉장고에서 4일까지 보관할 수 있다.

XO 소스
XO SAUCE

◇◇◇◇◇◇◇◇

2컵 분량(240ml)
8시간(순수 조리 시간 45분)

1980년대 초 홍콩의 식당 주방에서 유래한, 건더기가 있는 이 핫 소스는, XO 등급 꼬냑의 명성이 떠오르도록 의도적으로 이름이 지어졌다. 맛을 추적하는 미사일 같은 소스로, 이 레시피는 시간과 노력이 많이 소요되지만 기다릴 만한 가치가 있다.

믿기 힘들 수도 있다. 하지만 볶음 요리나 채소 오븐 구이에 한 숟가락 넉넉히 넣어본다면 왜 감칠맛으로 가득한 이 풍미 강화 재료가 동쪽의 캐비어로 일컬어지는지 즉시 이해할 수 있을 것이다.

재료

말린 가리비 관자 42g

건새우 42g

프로슈토 57g – 굵직하게 다지기

아보카도 오일 1컵(240ml) – ½컵씩 나눠서 준비

마늘 4쪽 – 곱게 다지기

생강 1개(10cm 크기) – 껍질 벗겨서 곱게 갈기(약 ¼컵, 60ml)

레드 페퍼 플레이크 2큰술

코셔 소금 1작은술

피시 소스 1작은술

코코넛 아미노 1작은술

말린 가리비 관자와 새우를 어디서 구해야 할지 모르겠다고요? 주변의 아시아 식재료 가게나 온라인 상점을 확인해 보세요.

XO 소스를 이용해서 228쪽의 'XO 돼지고기 그린빈 볶음'을 만들 수 있어요!

만드는 방법

① 물을 담은 볼에 말린 가리비 관자와 새우를 넣어 하룻밤 불린다. 물기를 빼고 작은 크기로 마구 다진다.

② 푸드 프로세서에 다진 새우와 관자, 프로슈토를 넣고 짧게 끊어 가면서…

③ … 잘게 분쇄될 때까지 작동시키되 가루가 되진 않도록 한다.

④ 중간 크기 냄비에 기름 ½컵을 붓고 중불로 가열한다.

⑤ 마늘과 생강을 기름에 30초간 튀긴다. 또는 향이 나고 바삭하면서 노릇해질 때까지 튀긴다. 타지 않도록 한다!

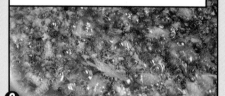
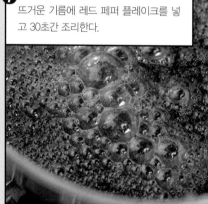

⑥ 고운 체, 또는 구멍이 있는 요리 스푼으로 바삭하게 튀겨진 재료를 건져서 덜어 둔다.

⑦ 뜨거운 기름에 레드 페퍼 플레이크를 넣고 30초간 조리한다.

⑧ 불을 세게 올린 후 고추 향이 스민 뜨거운 기름에 **③**을 넣는다. 소금, 피시 소스, 코코넛 아미노를 넣고 부드럽게 저어 준다.

⑨ 잘 저어 주며 1분간 볶는다.

⑩ 튀긴 마늘과 생강을 다시 냄비에 넣고 잘 섞이도록 저어 준다.

⑪ 남은 기름 ½컵을 붓고 약한 불에서 뭉근하게 끓인다.

⑫ 자주 저어 주면서 약 30분간 조리한다. 또는 재료의 풍미가 기름에 모두 스밀 때까지 조리한다.

⑬ 불에서 소스를 내려 식힌 후 밀폐 용기에 담는다. XO 소스는 1개월간 냉장고에 보관할 수 있다.

냠냠 스리라차
NOM NOM SRIRACHA

◇◇◇◇◇◇◇

2½컵 분량(600ml)
20분

나의 팔레오에서 받아들인 매콤한 소스가 여기에 있다. 누군가에게는 '아시아의 케첩' 또는 '세계 최고의 조미료'로 알려진 스리라차 소스다. 매운맛과 감칠맛을 증가시키기 위해, Whole 30 친화적이며 입술을 따끔거리게 만드는 이 소스를 요리에 꼬박꼬박 안배하고 있다. 직접 만들기 귀찮다면 식료품점에 가서 스리라차 소스를 구입하면 된다. 하지만 그렇게 한다면 나는 여러분을 못마땅하게 바라볼 것이다. …농담이다. 나는 여러분을 실제로 볼 수도 없으니.

만드는 방법

❶ 고속 믹서나 푸드 프로세서에 모든 재료를 넣고 부드러워질 때까지 간다.

❷ 중간 크기 냄비에 ❶을 붓고 센 불에서 끓인다. 끓어 오르면 불을 줄인 후, 약한 불에서 5~10분간 보글보글 끓인다. 중간중간 저어준다.

재료

빨간 할라피뇨 고추 680g – 씨, 꼭지 제거 후 굵직하게 다지기

중간 크기 마늘 8쪽 – 껍질을 벗겨 으깨기

애플 사이다 식초 ¼컵(60ml)

토마토 페이스트 3큰술

말린 메줄 대추야자 1개 – 씨 제거하기

피시 소스 2큰술

코셔 소금 1½작은술

❸ 필요하다면 맛을 보며 간을 더한다. 식고 나면 1주일간 냉장 보관할 수 있으며 냉동하여 6개월까지 보관 가능하다.

할라피뇨를 자르거나 다룰 땐 항상 장갑을 끼세요. 또한, 스리라차 소스가 식으면 얼음틀에 얼리세요. 그러면 필요할 때 1회 사용 분량을 해동해서 사용할 수 있겠죠!

아니면 저처럼 가게에서 스리라차 소스를 사세요. 제대로 된 재료를 온전히 사용하고, 이상한 화학 물질이 없는 것을 찾으세요.

당신 지금 사람들에게 내 레시피를 건너뛰라고 말하는 거야? 지금 장갑을 끼고 있어서 잠재적 범죄 현장에서 내 지문을 찾을 수 없을 텐데.

어… 다시 생각해 보니, 여러분은 미셸의 레시피를 만들어야겠어요!

스리라차 랜치 드레싱
SRIRACHA RANCH DRESSING

◇◇◇◇◇◇◇

1컵 분량(240ml)
10분

나의 첫 번째 요리책에 실린 팔레오식 랜치 드레싱은 아이들에게 인기가 좋지만, 나는 여기에 매운맛을 더해 이 소스를 즐긴다. 아이들의 점심 도시락을 싼 후 남은 랜치 드레싱에 스리라차 소스 몇 큰술을 넣고 '올리의 바사삭 치킨(286쪽)'이나 '플랭크 스테이크 슈퍼 샐러드(200쪽)'와 함께 곁들인다. 스리라차 랜치 드레싱은 닭고기, 생선, 또는 다른 무엇이든, 위에 듬뿍 얹어 먹기에 아주 좋다. 이 다재다능한 드레싱은 냉장고에서 1주일간 보관할 수 있다. 하지만 그전에 다 먹게 될 것이라고 장담한다.

재료

팔레오 마요네즈 ½컵(120ml, 58쪽)

지방을 제거하지 않은 코코넛 밀크 ¼컵(60ml)

냠냠 스리라차(64쪽) 또는 시판 스리라차 소스 2큰술

갓 짜낸 레몬즙 1큰술

곱게 다진 이탈리아 파슬리 1큰술

곱게 다진 차이브 1큰술

양파 가루 1작은술

곱게 다진 딜 1작은술 또는 말린 딜 ½작은술

코셔 소금 1작은술

매콤하고 얼얼한 랜치 드레싱의 팬이 아니라면, 이 레시피에서 스리라차 소스를 뺀다. 그러면 유제품이 함유되어 있지 않으면서도 아이들도 먹을 수 있는 팔레오 랜치 드레싱을 만들 수 있다.

만드는 방법

1 중간 크기 볼에 재료를 모두 넣는다.

2 부드러워질 때까지 저어 준다.

3 좀 더 걸쭉하길 원한다면, 차려내기 전 냉장고에 1시간가량 넣어 둔다.

4 스리라차 랜치 드레싱은 냉장고에서 1주일까지 보관 가능하다.

나는 맵고 크리미한 디핑 소스와 함께 나온 생채소를 수십억 배는 더 좋아한다!

무-견과류 매콤 타이 소스

SPICY THAI NO-NUT SAUCE

◇◇◇◇◇◇◇

1컵 분량(240ml)
5분

이 레시피는 헨리가 가끔 직장에서 휘리릭 만드는 간식에서 영감을 받았다. 내 남편은 배가 고파지면 회사 탕비실을 습격해서 스리라차 소스와 견과류 버터로 재빨리 소스를 만들어 미리 조리한 닭고기에 곁들인다.

내 방식대로 만든 이 매콤한 소스는 어느 모로 보나 맛있으면서도 간단하다. 그것도 견과류를 넣지 않고서 말이다. 그리고 이것을 만들기 위해 사무실에 갈 필요도 없다!

재료

해바라기씨 버터 ½컵(120ml)

냠냠 스리라차(64쪽) 또는 시판 스리라차 소스 3큰술

라임즙(라임 2개분, 약 ¼컵, 60ml)

물 2큰술 – 필요에 따라 추가

코셔 소금 1작은술

: 응용 요리 :
치킨 사테 꼬치

이 소스로 치킨 사테 꼬치를 만들어 보자! 갓 짜낸 라임즙 2큰술, 피시 소스 1큰술, 코코넛 아미노 ½큰술, 곱게 다진 생강 ½큰술, 고춧가루 ¼작은술, 그리고 마늘 2쪽을 곱게 다져 섞는다. 껍질을 벗겨 얇게 저민 닭 넓적다리살 또는 사선으로 길게 자른 닭 가슴살 453g을 앞서 만든 양념에 2시간 동안 재운다. 그 후, 닭고기를 꼬치에 끼워 중불의 그릴에 올리고, 한 면당 3~4분간 잘 굽는다. '무-견과류 매콤 타이 소스'와 참깨를 뿌려 상에 낸다!

만드는 방법

① 핸드 블렌더용 컵에 재료를 모두 넣는다.

② 핸드 블렌더로 곱게 간다…

③ …부드럽고 걸쭉한 소스 형태가 될 때까지. 너무 걸쭉하다면 물을 좀 더 넣는다.

④ 이 불타는 소스를 주키니 국수에 뿌리거나, 버거 위에 듬뿍 얹거나, 찍어 먹는 용도로 사용한다. 냉장고에서 1주일까지 보관할 수 있다.

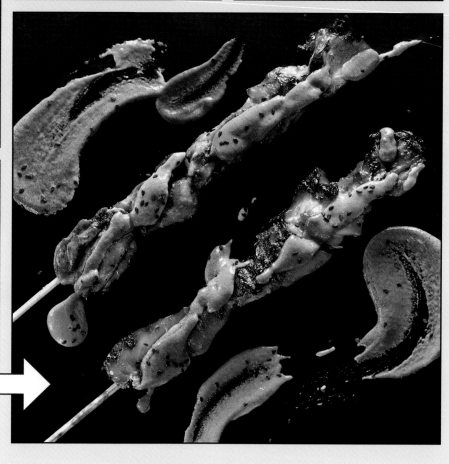

해바라기씨 버터 호이신 소스
SUNBUTTER HOISIN SAUCE

◇◇◇◇◇◇◇

¾ 컵 분량(180ml)
15분

수 세기 전에 만들어진 중국식 바비큐 소스인 호이신 소스는 확실히 정의 내리기가 어렵다. 광택을 내거나 조미료로 사용되는 진하고 깊은 맛의 소스인 호이신의 사전적 의미는, 광둥어로 '해산물'이라는 뜻이다. 실제로 해산물이 전혀 들어가지도 않고 일반적으로 해산물과 함께 먹지 않지만 말이다. 서양 자두나 건포도 둘 다 전혀 들어가지 않지만, 서양에선 이 짱하고 달콤한 소스를 서양 자두 소스나 건포도 소스로 잘못 인식하는 경우가 있다.

게다가 광장히 다양한 호이신 소스가 있으며, 각각의 제품들은 미묘하게 다른 맛을 가지고 있다. 그렇다면 어떤 호이신 소스를 선택해야 할까?

정답은 바로 이 소스를 선택하는 것이다. 몇 주간의 테스트를 거쳐, 팔레오 친화적인 재료를 사용하여 풍부한 맛을 낼 수 있는 환상적인 방식을 생각해냈다. 내가 만든 '해바라기씨 버터 호이신 소스'는 대두, 밀가루, 설탕, 방부제 없이도, 고전적인 복합성과 풍미를 제공한다.

재료

말린 메줄 대추야자 4개 – 씨 제거하기

해바라기씨 버터 ¼ 컵(60ml)

코코넛 아미노 ¼ 컵(60ml)

물 ¼ 컵(60ml)

쌀식초 2큰술

숙성 발사믹 식초 1큰술

중국의 오향 파우더 ½작은술

참기름 ½작은술

코셔 소금 ¼작은술

만드는 방법

1 대추야자가 걸쭉하고 끈적이는 치약 농도같이 될 때까지 칼을 이용해 곱게 다지고 으깬다.

2 작은 냄비에 재료를 모두 넣고 중불에서 가열한다.

3 5~7분간 저어 주면서 조리하거나, 소스가 짙은 색이 나고 걸쭉해질 때까지 조리한다.

4 소스를 불에서 내린 후, 좀 더 고운 질감을 위해 핸드 블렌더를 이용해 덩어리 없이 간다.

5 식혀서 상에 낸다. 완성된 소스는 냉장고에서 1주일까지 보관 가능하다(너무 굳어 있다면 1~2큰술 정도의 물을 넣어 재가열한다.).

모조 고추장
FAUXCHUJANG

◇◇◇◇◇◇

2컵 분량(480ml)
15분

고추장은 발효된 대두와 찹쌀, 소금, 한국의 고춧가루를 넣어 전통적으로 만든, 매운맛이 강한 페이스트다. 입안에서 매운맛이 폭발한 후, 부드러운 달콤함과 짭짤한 맛의 물결, 그리고 풍부한 감칠맛이 뒤따른다. 고추장은 한국 요리에서 아주 흔히 사용된다. 스리라차 소스같이 일반적인 마무리 소스처럼 사용되기도 하지만, 음식을 재우는 양념에 넣거나 요리 자체의 풍미와 섞이기도 한다.

아시아 식재료 상점에 가면 통에 든 고추장을 쉽게 찾을 수 있다. 하지만 팔레오 친화적 재료만을 사용한 것을 찾기는 불가능하다. 그것이 내가 글루텐, 대두, 정제 설탕을 넣지 않으면서 고추장에 근접한 레시피를 생각해낸 이유이다. 그리고 이 레시피는 만드는 데 단 몇 분밖에 걸리지 않는다!

그건 그렇고, 모조 고추장은 한국 음식에 활력을 불어넣기 위한 용도만 있는 게 아니다. 꿀을 좀 섞어 바비큐 소스를 만들거나, 그릴에 굽기 전에 스테이크를 재우는 데 사용할 수 있다. 타코에 뿌리고 버거에 듬뿍 얹어도 좋다. 매콤함을 좋아한다면 이 레시피에 감사하게 될 것이다!

재료

애플 소스 ½컵(120ml)

고춧가루 ¼컵(60ml)

코코넛 아미노 2큰술

꿀 1큰술

피시 소스 2작은술

코셔 소금 1작은술

쌀식초 ½작은술

만드는 방법

1 애플 소스, 고춧가루, 코코넛 아미노, 꿀, 피시 소스, 소금을 작은 냄비에 넣어 섞는다.

2 중불에서 3~4분간 저어 주며, 뜨거워지고 거품이 날 때까지 조리한다.

3 냄비를 불에서 내리고 쌀식초와 물 2큰술을 넣고 잘 섞는다. 맛을 보며 필요하다면 소금을 더 넣는다.

4 좀 더 부드러운 질감을 위해 핸드 블렌더로 갈아 준다(필요하다면 물을 좀 더 넣어도 된다.).

5 완전히 식힌다.

6 모조 고추장은 냉장고에서 2주간 보관 가능하며 냉동하면 6개월까지 보관 가능하다!

매콤 김치
& 윔치(백김치)
SPICY KIMCHI
& WIMPCHI

◇◇◇◇◇◇◇◇

약 1.42kg
3일(순수 조리 시간 20분)

나는 한국 전통 김치에 집착한다. 그리고 발효된 이 좋은 음식을 어떤 것이든 함께 먹으려고 노력한다. 매운맛을 견디기 힘든 사람들을 위해 맵지 않은 백김치를 만드는 방법도 실었다. 내 친구 엠마는 그것을 '윔치(Wimpchi)'라고 부르는데, 왜냐하면 그것은 겁쟁이(Wimp)들을 위한 김치이기 때문이다!

재료

배추 1통(약 1.1kg) – 5×2.5cm 크기로 자르기

코셔 소금

대파 6대 – 다듬어서 5cm 길이로 자르고 흰 부분과 녹색 부분을 따로 놓기

생강 1개(5cm 크기) – 껍질을 벗기고 얇게 슬라이스하기

중간 크기의 배 또는 사과 1개 – 껍질을 벗기고 씨를 제거한 후 굵게 다지기

피시 소스 2작은술

고춧가루 2큰술(매콤 김치용)

큰 당근 1개 – 6mm 두께로 둥글게 썰기

작은 홍피망 1개 – 길게 채썰기

마늘 3쪽 – 껍질 벗겨 얇게 편썰기

흑임자 2작은술(선택사항)

재미있는 사실:
한국 사람들은
한 해 평균
18kg의 김치를 먹어요!

❶ 큰 볼에 배추를 담고 소금 2큰 술을 뿌린 후 손으로 버무린다.

❷ 절여지도록 1시간 동안 놔둔다.

❸ 배추를 체에 옮겨 찬물에 헹군다. 물기가 완 전히 빠질 때까지 체에 밭쳐 두거나 채소 탈 수기로 물기를 제거한다.

❹ 대파의 흰 부분, 생강, 배, 피시 소스, 소금 2 작은술을 믹서 또는 푸드 프로세서에 넣는다.

❺ 부드러워질 때까지 간다.

❻ 매콤 김치를 만들 거라면 ❺를 볼에 담 고 고춧가루를 넣어 섞는다(백김치가 더 취향에 맞다면 고춧가루는 뺀다!).

❼ 큰 볼에 물기를 뺀 배추, 대파의 녹색 부분, 당근, 홍피망, 마늘을 넣어 섞는다.

❽ ❻을 부어 손으로 잘 섞는다. 현명한 조언: 매 콤 김치를 만든다면 장갑을 사용할 것!

❾ 950ml 용기 두 개에 김치를 담되 윗 부분에 2.5cm가량 빈 공간을 남겨 둔다.

❿ 용기를 꽉 닫는다.

⓫ 베이킹 팬에 용기를 올린 후 그늘진 곳에서 3~7일간 실온에 둔다. 기간은 새콤한 맛을 어느 정도 좋아하는지에 따라 다르다(맛 보 기!). 그 후, 냉장고에 3개월까지 보관할 수 있 다.

⓬ 원한다면 먹기 전에 흑임자를 뿌린다.

김치 애플 소스
KIMCHI APPLESAUCE

✧✧✧✧✧✧✧

2컵 분량(480ml)
5분

왜 김치와 애플 소스를 함께 섞는 걸까? 왜냐면 만들기도 쉽고 맛도 끝내주기 때문이다. 그게 이유다.

재료

매콤 김치(70쪽) 또는 시판 김치 1½ 컵 (360ml)

큰 사과 1개(후지종) – 껍질과 씨를 제거한 후 다지기

코셔 소금 ¼작은술

만드는 방법

① 김치를 만들거나 산다(김치를 구입한다면 좋은 식재료를 사용한 것을 고르고 화학 방부제가 든 것은 될 수 있다면 피한다.).

② 재료를 모두 믹서에 넣는다.

③ 부드러워질 때까지 간다.

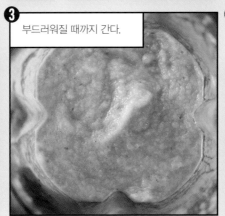

④ 완성된 김치 애플 소스는 소스통에 담아 1주일 간 냉장 보관 가능하다.

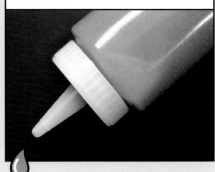

로메스코 소스
ROMESCO SAUCE

◇◇◇◇◇◇◇◇

1½ 컵 분량(360ml)
5분

스페인 카탈루냐에 뿌리를 둔 로메스코 (Romesco)는 아몬드와 홍피망을 기본으로 하는 소스로, 스페인 북동부 어민들은 해산물과 함께 즐긴다. 내 버전의 로메스코 소스는 빵을 넣지 않으며 진하고 마늘 맛이 난다. 원래 해산물과 함께 즐기는 음식이라고 해서, 구운 닭고기부터 그릴에 구운 양고기에 이르기까지 다른 많은 음식과 함께 이 소스를 차려내지 못할 이유는 없다. 또한, 오븐에 구운 채소를 찍어 먹는 용도로도 환상적이다.

만드는 방법

❶ 마늘을 준비하기 위해, 작은 냄비에 마늘을 30초간 데친 후 건져낸다.

❷ 모든 재료를 믹서에 넣고 부드러워질 때까지 간다.

❸ 밀폐 유리병에 담아서 1주일간 냉장 보관 가능하며, 냉동하여 6개월까지 보관할 수 있다.

재료

작은 마늘 1쪽
구운 칼 아몬드 ½컵(120ml)
구운 홍피망 병조림 1통(340g) – 물기 빼기
갓 짜낸 레몬즙 2큰술
엑스트라 버진 올리브 오일 ¼컵(60ml)
토마토 페이스트 1큰술
코셔 소금 1작은술
갓 갈아낸 흑후추 조금

이 소스는 '카탈루냐 새우구이(204쪽)'를 더 맛있게 만들어 준다!

생강 참깨 소스
GINGER
SESAME SAUCE

◇◇◇◇◇◇◇

1¼ 컵 분량(300ml)
15분

재료

참깨 또는 타히니 1큰술

엑스트라 버진 올리브 오일 ½컵(120ml)

쌀식초 ¼컵(60ml)

갓 짜낸 오렌지즙 ¼컵(60ml)

코코넛 아미노 2큰술

마늘 2쪽 - 곱게 다지기

곱게 다진 생강 2큰술

참기름 1작은술

코셔 소금 조금

만드는 방법

1 150℃로 예열한 오븐에 참깨를 넣고 8~10분간 굽는다. 타지 않도록 자주 확인한다. 또는 타히니 소스를 이용한다.

2 고속 믹서 또는 푸드 프로세서에 모든 재료를 넣고 부드러워질 때까지 간다.

이 크리미한 드레싱은 내가 가장 좋아하는 초밥 식당에서 차가운 채소 요리에 뿌려 나오는 것을 보고 영감을 받았다. 하지만 채소만이 이 소스와 잘 어울리는 것은 아니다. 이 소스와 함께 빠르게 샐러드를 차려낼 수 있지만, 오븐에 구운 고기나 가금류, 생선 위에 따뜻하게 데워 내어도 똑같이 환상적이다. '당근 오븐 구이(188쪽)'와 함께 먹어 보는 것도 잊지 말 것!

3 입맛에 따라 소금으로 간한다. 바로 사용하거나 밀폐 유리병에 담아서 1주일까지 냉장 보관할 수 있다.

↻ : 응용 요리 :
생강 참깨 브로콜리
오븐 구이

브로콜리에 '생강 참깨 소스'를 사용해 보자! 베이킹 팬에 올리브 오일을 뿌리고(또는 선호하는 녹인 지방) 브로콜리를 작은 송이로 잘라서 얹은 후 위에 소금을 뿌린다. 컨벡션 오븐은 200℃로, 일반 오븐은 220℃로 예열한 후 20~25분간 굽는다. 또는 브로콜리가 갈색으로 익기 시작할 때까지 굽는다. '생강 참깨 소스'와 구운 참깨를 뿌려서 상에 올린다.

중요한 깜짝 퀴즈: 이 빠르고 쉬운 볶음 요리의 공통점은 무엇일까?

무라고요?!?
아무도 퀴즈가 있을 거라고
말해 주지 않았다고요!

정답:

다목적 볶음 소스
ALL-PURPOSE STIR-FRY SAUCE

◇◇◇◇◇◇◇

2컵 분량(480ml)
10분

만드는 방법

❶ 모든 재료를 작은 병에 넣는다.

❷ 뚜껑을 꽉 닫고 사용 전에 잘 섞이도록 흔든다.

재료

갓 짜낸 오렌지즙 ½컵(120ml)

코코넛 아미노 1컵(240ml)

쌀식초 2큰술

피시 소스 ¼컵(60ml)

마늘 가루 2작은술

생강 가루 2작은술

참기름 1작은술(선택사항)

어머니의 부엌에서 커가면서, 나는 아시아 볶음 요리가 유사시에 준비할 수 있는 가장 빠르고 쉬운 식사 중 하나라는 것을 잘 알게 되었다. 엄마는 볶음 요리에 얼마나 간을 해야 하는지 눈으로 보고 느껴서 감지하셨지만, 나는 엄마가 아니다. 한낱 필멸자로서, 가능한 한 즉석에서 쉽게 요리를 만들기 위해 미리 섞어둔 볶음 소스를 사용하는 것을 선호한다.

❸ 이 소스는 냉장고에서 2주간 보관 가능하다. 사용 전 반드시 흔드는 것을 잊지 말도록!

크랜-체리 소스
CRAN-CHERRY SAUCE

◇◇◇◇◇◇◇

2컵 분량(480ml)
30분(순수 조리 시간 15분)

달콤함과 새콤함은 내가 가장 좋아하는 맛 조합이다. 이 사실이 나의 오래된 독자들에겐 그리 놀라운 일은 아닐 것이다. 결국, 그것은 달콤하지만 새콤한 면도 있는 내 성격을 완벽하게 묘사한다. 그래서 시댁에서 매년 열리는 추수감사절 행사에 참석하기 전까지는 크랜베리 소스를 맛본 적이 없었지만, 나는 바로 이 소스에 푹 빠지게 된 것이다.

슬프게도 팔레오식으로 먹기 시작하면서 크랜베리 소스를 완전히 건너뛰어야 한다는 사실을 알게 되었다. 어쨌든, 대부분의 레시피들이 정제 설탕을 몇 톤이나 써서 단맛을 낸다는 것을 알았다.

그래서 나는 어린 시절 섞어 마시던 주스에서 영감을 받아서 팔레오 친화 버전의 크랜베리 소스를 만들기로 결심했다. 크랜베리 그 자체는 견딜 수 없을 정도로 시고 쓸 수도 있다. 하지만, 체리와 짝지어 사과 주스에 넣어 끓여 줌으로써, 입안이 오므라드는 크랜베리의 신맛에 자연적인 단맛으로 맞설 수 있었다. 좀 더 달콤한 소스를 선호한다면 꿀을 조금 넣는 것이 비결이다.

재료

냉동 크랜베리 170g
냉동 체리 170g
사과 주스 ¾컵(180ml)
곱게 다진 생강 ½작은술
코셔 소금 조금
꿀 2큰술(선택사항)

만드는 방법

❶ 작은 냄비에 크랜베리와 체리를 담는다.

❷ 사과 주스와 생강, 소금 한 꼬집을 더한다.

❸ 센 불에서 끓이다가 불을 줄여 약한 불에서 뭉근하게 끓인다.

❹ 8~10분간 조리하거나, 소스가 걸쭉해지고 과일이 뭉그러질 때까지 조리한다.

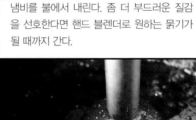

❺ 냄비를 불에서 내린다. 좀 더 부드러운 질감을 선호한다면 핸드 블렌더로 원하는 묽기가 될 때까지 간다.

❻ 맛을 보고 필요하거나 원한다면 꿀을 더한다.

❼ 실온에서 식힌다. '미리 오븐에 굽는 닭 가슴살(92쪽)', '추수감사절 간식(214쪽)', 또는 다른 음식에 곁들인다. 이 소스는 냉장실에서 1주일까지, 냉동실에서 6개월까지 보관 가능하다.

76

감칠맛 그레이비
UMAMI GRAVY

◇◇◇◇◇◇

3컵 분량(720ml)
1시간 30분
(순수 조리 시간 30분)

이것은 다른 어떠한 것도 섞이지 않은 순수한 감칠맛이다. 얼음틀에 얼릴 것을 추천한다. 그러면 항상 1회 사용분의 그레이비가 준비 완료된다. 그리고 정말로, 누가 항상 그레이비를 필요로 하지 않겠는가?

재료

말린 포르치니 버섯 14g

기 2큰술

중간 크기 양파 2개 – 다지기

토마토 페이스트 1작은술

피시 소스 ½작은술

갈색 양송이버섯 225g – 채썰기

마늘 3쪽 – 곱게 다지기

뼈 육수(84쪽) 또는 닭 육수 4컵(960ml)

타임 3줄기

코셔 소금 조금

갓 갈아낸 흑후추 조금

만드는 방법

1 작은 볼에 물을 담고 말린 버섯을 넣어 30분간 불리거나 부드러워질 때까지 불린다. 물에서 꺼내 대충 썰어서 잠시 둔다.

2 중간 크기 냄비에 기를 넣고 중불에서 녹인다. 양파를 넣고 10~15분간 부드러워질 때까지 볶는다. 토마토 페이스트와 피시 소스를 더한다.

3 고루 섞이도록 저어 준다.

4 채썬 양송이버섯을 넣고 8~10분간 볶거나, 버섯에서 수분이 나와서 다 졸아들 때까지 볶는다. 마늘을 넣고 향이 날 때까지 30초간 볶는다.

5 ❶의 불린 버섯과 뼈 육수 또는 닭 육수를 넣는다.

6 타임 줄기를 넣는다. 불을 세게 올리고 그레이비를 끓인다.

7 중약불로 줄여 30분간 바글바글 끓이거나, 그레이비가 절반 정도로 줄어들 때까지 끓인다.

8 냄비를 불에서 내린다. 타임 줄기를 빼낸 후 소금, 후추로 간한다. 핸드 블렌더 또는 일반 믹서를 이용해 그레이비가 부드러워질 때까지 간다.

9 상에 내거나 저장한다. 냉장실에서 4일, 냉동실에서 6개월까지 보관 가능하다.

과일 + 아보카도 살사
FRUIT + AVOCADO SALSA

◇◇◇◇◇◇◇

3컵 분량(720ml)
10분

인정한다, 과일 샐러드는 지루하다는 것을. 회사 야유회와 생일 파티의 고정 메뉴지만, 단지 싸고 쉬워서 그럴 뿐이다. 포트럭 식사(여러 명의 사람들이 각자 음식을 조금씩 가져와서 나눠 먹는 식사)를 하러 가는 길에 말라서 퍼석퍼석한 과일 샐러드 팩을 집어 드는 자신을 발견한다면, 여러분은 알아야 한다. 여러분이 완전히 최소한의 노력을 기울이는 것에 대해 감사할 사람은 아무도 없다는 것을.

그러니 스스로를 불명예에서 구해내고, 파티에서 화제가 될 만한 생기 넘치고 풍미 가득한 과일 살사를 만들기 위해, 하루 10분만 시간을 내도록 하자. 달콤한 맛의 제철 과일을 골라서 깍둑썬 아보카도, 허브와 섞어 간을 한 후, 굶주린 군중이 여러분의 홈메이드 살사에 달려드는 것을 감상하는 것이다.

과일 샐러드를 아예 안 만드는 것보다 살사로 영웅이 되자는 것이 이 레시피의 교훈이다.

재료

잘 익은 천도복숭아 또는 망고, 파인애플, 수박 깍둑썬 것 2컵(480ml)

중간 크기 해스 아보카도 1개 – 깍둑썰기

잘게 다진 적양파 ½컵(120ml)

곱게 다진 고수 ¼컵(60ml)

엑스트라 버진 올리브 오일 2큰술

코셔 소금 조금

갓 갈아낸 흑후추 조금

레드 페퍼 플레이크 ¼작은술

라임즙(라임 1개분)

만드는 방법

1 큰 볼에 자른 과일을 담는다(여기서 나는 천도복숭아를 사용했지만, 좋아하는 과일을 자유롭게 섞어도 된다.).

2 아보카도, 양파, 고수, 올리브 오일을 더한다.

3 소금 한 자밤을 넣어 간하고 후추와 레드 페퍼 플레이크를 넣는다.

4 라임즙을 짜 넣는다.

5 잘 섞는다. 맛을 보고 필요하다면 간을 더한다.

: 응용 요리 :

그린 플랜틴 튀김과
천도복숭아 살사

이건 생각할 필요도 없다. '그린 플랜틴 튀김(106쪽)'을 잔뜩 만들고 천도복숭아 살사를 큰 그릇에 담아내는 것이다. 시판하는 살사와 토르티야 칩을 구입하는 것보다 백만 배 더 낫고 여러분의 건강에도 백만 배는 더 좋다.

살사 아우마다
SALSA AHUMADA

◇◇◇◇◇◇

1½컵 분량(360ml)
20분

이 훈제향 가득한 토마토 살사는 정말 엄청나다. 적은 양으로도 심심한 달걀 요리를 매콤한 스크램블로, 먹다 남은 고기 요리도 화끈한 타코 필링으로 순식간에 탈바꿈시킨다. 가장 좋은 점은, 살사 소스를 한 번 만들어 두면 냉장고에서 1주까지 보관 가능하고, 뚜껑을 덮은 얼음틀에 얼리면 6개월까지 보관 가능하다는 것이다.

재료

아보카도 오일 또는 기 2큰술
중간 크기 마늘 3쪽 – 껍질 벗기기
작은 양파 1개 – 큼직하게 다지기
칠레 데 아르볼 고추(멕시코 고추) 6개 – 꼭지 제거(좀 덜 매운 살사가 좋다면 씨는 털어내기)
애플 사이다 식초 2큰술
직화 구이 다이스 토마토 통조림 1통(411g)
코셔 소금 ½작은술

만드는 방법

1 큰 프라이팬에 기름을 넣고 중불에서 가열한다. 몹시 뜨거워지면 마늘과 양파를 넣는다.

2 양파와 마늘을 자주 저어 주면서, 향이 나고 부분적으로 갈색빛이 돌 때까지 3~5분간 볶는다.

3 고추를 넣고 1~2분간 저어 주면서 볶는다(매운 맛이 자신 없다면 고추를 덜 넣어도 된다.).

4 식초와 토마토 통조림을 국물까지 넣고 끓인다.

5 중약불로 줄이고 토마토가 으스러지기 시작할 때까지 약 8~10분 뭉근하게 끓인다.

6 불을 끄고 내용물을 믹서에 옮겨 담는다.

7 믹서 안의 재료에 소금을 더한다.

8 부드러워질 때까지 간다. 필요하다면 작동을 멈추고 가장자리에 묻은 재료를 긁어내린다. 맛을 보고 필요하다면 소금을 조금 더 넣는다.

9 추가 자극이 필요한 어떤 것과도 함께 차려내면 된다.

선 드라이
토마토 페스토
SUN-DRIED
TOMATO PESTO

◇◇◇◇◇◇◇

¾ 컵 분량(180ml)
30분(순수 조리 시간 10분)

클래식한 녹색 페스토도 매우 훌륭하지
만 빨간색은 내가 제일 좋아하는 색이다.
게다가 햇볕에 말린 토마토는 감칠맛이
매우 풍부해서, 조리하지 않고 만드는 남
부 이탈리아 소스에 훨씬 더 깊은 맛을 더
해 준다. 구운 고기나 가금류, 채소에 좋
은 맛이 나는 이 소스를 한 숟가락 올려
보면, 왜 진홍색이 나의 최애 페스토 색인
지 알게 될 것이다.

재료

선 드라이 토마토 ½컵(40g) − 기름에 절
이지 않은 것

볶은 잣 ¼컵(60ml)

말린 오레가노 또는 마조람 1작은술

물기를 뺀 케이퍼 1큰술

큰 마늘 1쪽 − 껍질 벗기기

레드 페퍼 플레이크 ¼작은술

코셔 소금 ½작은술

엑스트라 버진 올리브 오일 ½컵(120ml)

저도
이 빨간 페스토가
좋아요. 그리고 다른 건
다 싫어요!

만드는 방법

① 중간 크기의 볼에 선 드라이 토마토를
넣고 뜨거운 물을 부어 20분간 불리거
나 부드러워질 때까지 불린다.

② 토마토를 볼에서 꺼내 물기를 꼭 짠다.

③ 불린 토마토와 볶은 잣, 오레가노, 케이퍼, 마
늘, 레드 페퍼 플레이크, 소금, 올리브 오일을
믹서나 푸드 프로세서에 넣는다.

④ 페스토가 되도록 간다.

⑤ 페스토는 1주일까지 냉장 보관 가능하며, 냉동하여 6개월까지 보관 가능하다.

냉장고 오이 피클

FRIDGE-PICKLED CUCUMBERS

◇◇◇◇◇◇◇

1컵 분량(240ml)
35분(순수 조리 시간 5분)

매콤하게 절인 오이 피클은 내가 가장 좋아하는 먹거리 중 하나이다. 이 신선하고 톡 쏘면서 아삭한 간식은 만들기도 진짜 간단하다. 그러니, 냉장고 안에서 시들어 가는 여분의 채소가 있다면 이제 그것들을 잘라서 소금물을 붓자. 여러분은 아삭아삭 씹어 먹을 수 있는 기막힌 풍미 강화제를 30분 안에 얻게 될 것이다.

재료

커다란 청오이 ½개 – 얇게 슬라이스하기
사과 주스 ½컵(120ml)
쌀식초 ½컵(120ml)
피시 소스 ½작은술
코셔 소금 ½작은술
레드 페퍼 플레이크 ½작은술(선택사항)

만드는 방법

1 500ml 크기 유리병에 슬라이스한 오이를 담는다.

2 컵에 사과 주스, 쌀식초, 피시 소스, 소금을 넣고, 매콤한 맛의 피클을 좋아한다면 레드 페퍼 플레이크를 넣는다. 소금이 완전히 녹을 수 있도록 잘 저어 준다.

3 ❷를 유리병에 붓는다. 오이가 확실히 모두 잠겨야 한다.

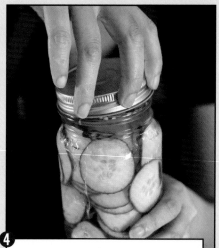

4 뚜껑을 덮고 최소 30분 동안 냉장 보관한다. 최대 3주까지 보관 가능하다.

냉장고 오이 피클에서 멈추지 마세요. 모든 종류의 채소로 신속하게 피클을 만들 수 있어요. 막대 모양의 당근과 무, 슬라이스한 수박무, 적양파 같은 채소들로 말이에요!

'절인 오이'만 피클이라고 부르는 거 아니었어요?

5 이 피클은 어떤 요리에도 곁들일 수 있으며 다음 날 맛이 더욱 좋아진다.

뒥셀
DUXELLES

◇◇◇◇◇◇◇

3컵 분량(720ml)
30분

버섯과 허브가 섞인 이 감칠맛 풍부한 혼합물은 17세기의 요리사가 그의 고용주인 '마르키스 뒥셀(Marquis d'Uxelles)'의 이름을 따서 지었다는 것을 아는가? 그렇다. 가금류부터 미트볼에 이르기까지 모든 것에 사용할 수 있는 맛있는 필링은 사장에게 아부하기 위해 발명된 것이다.

재료

갈색 양송이버섯 907g – 기둥을 떼어내고 닦은 후 4등분하기

기 또는 엑스트라 버진 올리브 오일 2큰술

다진 샬롯 ½컵(120ml)

중간 크기 마늘 3쪽 – 곱게 다지기

코셔 소금 1작은술

갓 갈아낸 흑후추 조금

타임 3줄기(또는 말린 타임 1작은술)

셰리 식초 2큰술

곱게 다진 차이브 또는 파슬리 ¼컵(60ml, 선택사항)

갈색의 곤죽처럼 보일 수도 있지만 아침 식사용 오믈렛으로 끝내줘요!

만드는 방법

1 푸드 프로세서에 버섯 절반을 넣는다.

2 버섯이 곱게 다져질 때까지 10~15번 정도 짧게 끊어 기계를 작동시킨다. 내용물을 볼에 덜어 놓은 후, 남은 버섯을 모두 넣고 같은 과정을 반복한다.

3 큰 프라이팬에 기를 넣고 중불에서 녹인다. 샬롯을 넣고 투명해질 때까지 볶는다. 마늘을 넣고 30초간 저어 주며 볶는다.

4 버섯, 소금, 후추, 타임 줄기를 프라이팬에 넣는다.

5 수분이 모두 증발할 때까지 15~20분간 자주 저어 주며 조리한다.

6 타임 줄기를 뺀다. 식초, 신선한 허브를 넣고 입맛에 따라 소금, 후추로 간한다. 뒥셀은 밀폐 용기에 넣어 1주일까지 냉장 보관할 수 있으며 6개월까지 냉동 보관할 수 있다.

뼈 육수
BONE BROTH

◇◇◇◇◇◇◇

8컵 분량(약 1.92L)
1~24시간
(순수 조리 시간 15분)

브로스, 스톡, 수프, 기적의 물약 – 솔직히 나는 여러분이 뭐라고 부르고 싶어 하는지 전혀 신경 쓰지 않는다. 단지, 마시거나 요리에 사용하기 충분하도록 만들어 두는 것을 잊지 말았으면 한다.

여러분의 어머님이 옳았다. 수프는 영혼에 좋고 이 천상의 육수는 여러분의 몸에도 좋다. 아이들이 우울할 때면 나는 아이들을 위해 언제나 이 육수를 만든다. 그러면 아이들은 바로 기운을 되찾는다. 플라시보 효과라고? 아마 그럴지도 모른다. 하지만 효과가 있는 한, 누가 신경 쓰겠는가?

나는 많은 레시피에서 뼈 육수를 사용하지만, 비상시엔 시판 육수나 스톡을 사용해도 된다. 언제나 그렇듯, 온전하고 진정한 재료를 사용하고, 화학 첨가제나 이상한 것들을 넣지 않고 만든 것을 선택한다. 맞다, 질 좋은 육수엔 더 많은 비용이 들어가긴 하지만, 이 페이지에 책갈피를 끼워 두고 나만의 뼈 육수를 만드는 것은 특별한 보너스가 될 것이다. 홈메이드는 항상 최고다!

재료

갖가지 소고기 부위나 닭, 돼지 뼈 중 택일하거나 모두 사용하여 1.36kg

작은 양파 1개 – 껍질 벗겨서 2등분하기

당근 1개 – 껍질 벗겨서 2등분하기

말린 표고버섯 3개 – 물에 헹구기(선택사항)

생강 1개(2.5cm 크기) – 껍질 벗겨서 두툼하고 둥글게 썰기(선택사항)

마늘 3쪽 – 껍질 벗겨서 으깨기(선택사항)

피시 소스 1큰술

코셔 소금 조금

만드는 방법

① 뼈를 좀 집어 온다. 최상의 결과를 위해 살이 붙은 뼈와 관절 부위를 사용한다. 기억해 둘 것: 항상 여분의 뼈를 냉동실에 보관한다. 그러면 즉시 뼈 육수를 만들 수 있다.

② 커다란 육수 냄비(최소 5.6L) 또는 슬로우 쿠커나 압력솥에 뼈와 채소를 넣는다.

③ 뼈와 채소가 모두 잠기도록 8~10컵(1.9~2.4L) 정도의 물을 냄비에 붓는다. 압력솥을 사용한다면 최대용량 표시선 위로는 물을 채우지 않는다.

④ 피시 소스를 넣고 다음 방법을 따라 조리한다.

❺

육수 냄비를 사용한다면!

뚜껑을 덮고 센 불에서 끓인다. 거품을 건져내고 불을 줄여 약한 온도를 유지하며 뭉근하게 끓인다. 12~24시간가량 뚜껑을 덮고 조리하거나 뼈가 물러질 때까지 조리한다. 조리하는 동안 육수를 살펴봐야 한다.

슬로우 쿠커를 사용한다면!

낮은 온도로 설정한 후 8~24시간 동안 뚜껑을 덮어 조리한다. 슬로우 쿠커를 사용한다는 것은, 육수를 만들 때 옆에 달라붙어 살펴볼 필요가 없다는 의미이다. 하지만 단점이라면 진득하게 인내심을 가지고 육수가 조리될 때까지 기다려야 한다는 것이다.

직화 압력솥을 사용한다면!

최고 압력에 도달할 때까지 센 불에서 조리한다. 그리고 나서 가능한 한 즉시 불의 세기를 가장 약하게 줄이되 고압이 유지되도록 한다. 최소 45분간 육수를 조리한다. 그 후, 불을 끄고 압력을 줄인다.

전기 압력솥을 사용한다면!

최소 45분간 고압에서 조리한다. 나머지는 기계가 알아서 할 것이다. 육수가 완성되면 사용 설명서에 따라 압력을 낮추거나 자연적으로 낮아지도록 한다. 얼마나 빨리 육수가 필요한지에 따라 조절한다.

❻
육수를 아주 고운 체나 면보를 씌운 체에 내려 건더기를 걸러낸다. 육수를 요리에 사용하기보다는 바로 마실 거라면 소금, 피시 소스 중 택일하거나 두 가지 모두를 이용해 간을 한다.

❼
육수가 식고 나면 4일까지 냉장 보관할 수 있다. 더욱 좋은 방법은 사용하기 편리한 용량으로 얼리는 것이다. 나는 실리콘 얼음틀에 육수를 얼리는 것을 좋아한다. 얼린 육수 조각은 6개월까지 보관 가능하며 즉석에서 사용할 수 있다.

❽
'아메리카 테스트 키친'에서 배운 팁: 얼린 육수 덩어리를 다음에 새로 만든 육수를 식힐 때 사용한다. 이렇게 하면 육수가 식을 때까지 몇 시간이나 기다릴 필요가 없다.

무-곡물 토르티야
GRAIN-FREE TORTILLAS

◇◇◇◇◇◇◇

토르티야 12개 분량
20분

토르티야를 우적우적 먹는 게 그리운가? 눈물을 닦으시라. 밀가루나 옥수수 없이도 카사바 가루와 애로루트 가루를 사용하여 다양한 음식을 싸 먹을 수 있는 토르티야를 집에서 만들 수 있다. 파티 피플들이여, 그렇다. 타코 화요일이 예정대로 돌아왔다!

재료

카사바 가루 2컵(270g)
애로루트 가루 ¾컵(96g)
코셔 소금 1작은술
기 또는 올리브 오일이나 라드 ¼컵(60ml)
뜨거운 물 1¼컵(300ml)

: 팁 :
TIP

카사바 가루와 타피오카 가루를 혼동하지 않는다. 둘 다 카사바 뿌리에서 나오지만 카사바 가루는 뿌리 전체의 껍질을 벗겨 말리고 갈아서 만든다. 반면, 타피오카 전분이라고도 하는 타피오카 가루는 젖은 카사바 뿌리의 과육에서 농축시킨, 전분기 있는 액체를 말려서 만든다. 타피오카 가루는 훌륭하지만 이 레시피에선 잘 기능하지 못한다. 만약 여러분이 매우 끈적거리는 토르티야를 애정하는 괴짜가 아니라면 말이다.

만드는 방법

1 큰 볼에 카사바 가루, 애로루트 가루, 소금을 섞는다. 기름을 넣고 완전히 뭉쳐질 때까지 손가락으로 반죽한다. 물을 넣고 공 모양이 될 때까지 반죽한다.

2 반죽을 12조각으로 동일하게 나눈다. 반죽을 굴려서 공 모양으로 만들고 반죽이 마르지 않도록 덮어 둔다. 여러분, 반죽을 촉촉하게 유지해 주세요!

3 공 반죽을 하나씩 유산지나 비닐 랩 사이에 넣고, 밀대나 토르티야 프레스를 이용해 평평하게 만든다. 또는 무거운 책 몇 권을 사용한다.

4 마른 프라이팬 또는 그리들 팬을 중강불로 가열한다. 평평하게 만든 토르티야를 뜨거운 팬 위에 올리고…

5 … 1분간 굽거나 표면에 기포가 볼록 올라올 때까지 굽는다. 토르티야를 뒤집고 1분간 더 굽거나 양면이 약간 노릇해질 때까지 굽는다.

6 조리가 끝나면 접시에 토르티야를 옮기고 먹을 준비가 될 때까지 깨끗한 주방 타월로 덮어 둔다.

7 잔뜩 먹는다.

8 유산지 사이에 토르티야를 끼워서 6개월까지 냉동 보관할 수 있다.

대자연 토르티야

NATURE'S TORTILLAS

◇◇◇◇◇◇◇◇

4인분
1분

인정한다. 이건 사실 진짜 레시피가 아니다. 팔레오 친화적인 토르티야가 맛있는 음식이긴 하지만, 상추를 씻어서 좋아하는 음식을 쉽게 싸 먹는 데에 비할 순 없다는 걸 상기시키는 내 방식일 뿐이다.
내가 항상 K.I.S.S - 간단하게 하라고, 바보야(Keep It Simple, Silly.) - 라고 말하지 않았던가. 조리하지 않아도 되고 설거지할 그릇도 없다는 것이 이 요리의 보너스다.
순수한 쌈 역량을 보자면 버터헤드 상추와 로메인 상추가 가장 좋다. 하지만 자유롭게 실험해도 좋다. 다른 방법으로 양배추나 엔다이브, 속을 털어낸 피망 또는 얇게 썬 로스트비프 안에 남은 음식을 채워 보자.

재료

버터헤드 상추, 청상추 또는 로메인 상추
1송이

만드는 방법

1 상추를 사용한다면 잎을 한 장씩 떼어내서 씻는다. 키친타월로 두드려 물기를 닦거나 채소 탈수기로 물기를 뺀다.

2 음식을 잎에 싸서 먹는다. 나는 '소금 + 후추 포크 찹 튀김(132쪽)'을 필링으로 이용했다.

3 '대자연 토르티야'는 다른 모양으로 만들 수도 있다. 예를 들자면, 나는 '압력솥을 이용한 살사 치킨(298쪽)'을 피망에 채워서 타코를 만들었다.

콜리 라이스
CAULI RICE

◇◇◇◇◇◇◇◇

6인분
15분

그렇다. 나는 다른 모든 팔레오 요리책에 이미 콜리플라워 라이스 레시피가 있다는 것을 알고 있다(내 첫 번째 책을 포함해서)… 그러니 왜 전통을 거부하겠는가? 게다가, 이 단순하고 맛있는 사이드 요리는 사실상 이 책의 모든 짭짤한 맛의 요리들과 환상적으로 잘 어울리며, 기적같이 얼리고 재가열할 수 있다.

재료

중간 크기 콜리플라워 1송이 – 일정한 크기로 자르기

기 2큰술

코셔 소금 조금

만드는 방법

1 푸드 프로세서에 콜리플라워를 넣고 쌀알 크기가 될 때까지 짧게 끊어 가면서 간다.

2 큰 프라이팬에 기를 넣고 중불에서 녹인다. 콜리플라워를 넣는다.

3 5~10분간 저어 주며 볶거나 부드러워질 때까지 볶는다. 입맛에 따라 소금으로 간한다.

4 바로 먹거나, 나중을 위해 용기에 넣어 둔다. 4일까지 냉장 보관 가능하며 2개월까지 냉동 보관 가능하다.

콜리 라이스는 이전의 '팔레오' 규정에서 제외되었던 '흰쌀'의 훌륭한 대안이에요.

하지만 요즘은 흰쌀과 그 외 '안전한 녹말'이 점차 팔레오 기준의 일부로 받아들여지고 있어요.

개인적으로, 저는 식단에 녹말이 포함되는 게 더 좋아서 가끔 밥을 먹어요. 반면 헨리는 저탄수화물식을 더 잘 먹고요.

만약 흰쌀이 잘 맞지 않는다면 걱정하지 말고 대신 콜리 라이스를 만드세요!

커민, 고수를 넣은 라임 라이스

CUMIN CILANTRO LIME RICE

◇◇◇◇◇◇◇◇

6인분
30분

뭐라고? 이전에 만든 보통의 콜리 라이스는 너무 하~암… 지루하다고? 여러분의 가짜 쌀밥에 향신료와 활기가 좀 더 필요한가? 그렇다면 소매를 걷어 붙이고 이 레시피를 만들면 된다!

재료

올리브 오일 또는 취향껏 선택한 기름 2큰술

작은 양파 1개 – 잘게 다지기

마늘 3쪽 – 곱게 다지기

중간 크기 콜리플라워 1송이 – 쌀알 크기로 다지기(또는 다져서 냉동한 콜리플라워 566g)

코셔 소금 1½작은술

커민 1작은술

곱게 다진 고수 ½컵(120ml)

라임 제스트와 라임즙(라임 2개분)

갓 갈아낸 흑후추 조금

흰쌀처럼, 콜리 라이스도 무엇을 첨가하든 그 풍미를 취하게 될 거예요. 그러니 열정적으로 맛을 더해 보세요!

만드는 방법

1 큰 프라이팬에 올리브 오일을 붓고 중불로 가열한다. 올리브 오일이 일렁이면 다진 양파를 넣는다.

2 8~10분간 자주 저어 주면서 양파를 볶거나, 부드러워질 때까지 볶는다. 곱게 다진 마늘을 넣고 향이 날 때까지 30초간 볶는다.

3 쌀알 크기로 다진 콜리플라워를 넣는다.

4 소금, 커민을 넣어 간하고 잘 저어 준다.

5 뚜껑을 덮어 5분간 조리하거나, 부드럽되 곤죽이 되지는 않을 정도로 조리한다.

6 고수, 라임 제스트와 라임즙을 넣는다. 맛을 보며 소금, 후추를 더해 간하고 차려낸다. 남은 것은 4일까지 냉장 보관할 수 있으며, 냉동하면 2개월까지 보관할 수 있다.

압력솥 없이 완숙 달걀을 만들려면 찌는 방법이 있다. 냄비에 물을 2.5cm 높이로 붓고 안에 찜 용기를 넣는다. 센 불로 끓이고 달걀 6개를 찜 용기 안에 넣는다. 뚜껑을 덮고 12분간 찐다. 마지막으로, 껍질을 벗기기 전 5분간 얼음물에서 차게 식힌다.

완숙 달걀은 비상 단백질의 완벽한 예라고 할 수 있어요. 저는 항상 냉장고에 넉넉히 보관하려고 노력해요. 그러면 정신없이 바쁠 때 가방에 던져 넣거나, 너무 바빠서 적당한 식사를 요리할 수 없어 굶주릴 때 입에 바로 넣을 수 있거든요.

압력솥으로 삶은 달걀
PRESSURE COOKER HARD 'BOILED' EGGS

◇◇◇◇◇◇◇

달걀 8개분
20분(순수 조리 시간 5분)

첫 번째 요리책에서 나는 삶은 달걀을 불 위에서 완벽하게 조리하는 법을 선보였다. 하지만 최근에, 나는 더 쉬우면서도 완벽한 결과를 만들어내는 압력솥 조리법을 선호하게 되었다.

재료

달걀 8개

만드는 방법

1 압력솥에 물 1컵(240ml)을 붓는다.

2 찜 용기를 압력솥에 넣는다.

3 달걀을 찜 용기 안에 한 층으로 조심스럽게 넣는다.

4 압력솥 뚜껑을 덮는다.

5 6분간 고압에서 조리한다. 압력솥이 고압에 도달할 때까지 10분 정도 소요될 것이다. 그리고 나면 6분을 추가하여 조리를 마무리한다.

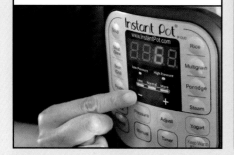

6 큰 볼에 물과 얼음을 채운다.

7 달걀 조리가 완료되면, 설명서에 나온 대로 압력을 줄인다.

8 찜 용기를 꺼내 얼음물에 달걀을 넣는다. 최소 5분간 얼음물에서 달걀을 식힌다.

9 달걀은 껍질을 벗기지 않은 채로 1주일까지 보관할 수 있다. 먹을 준비가 되면 껍질을 깐다. 껍질은 꽤 쉽게 벗길 수 있을 것이다.

10 보이는가? 유황 냄새를 풍기거나 가장자리에 녹회색 얼룩이 없는, 완벽한 노란색의 노른자가!

미리 오븐에 굽는 닭 가슴살
ROAST-AHEAD CHICKEN BREASTS

◇◇◇◇◇◇◇

6컵 분량(1.44L)
1일(순수 조리 시간 10분)

브라보 TV의 앤디 코헨(Andy Cohen)에게 장난삼아서 가슴과 허벅지 중 무엇을 더 좋아하는지 트위터로 물어본 적이 있다. 물론 닭고기에 적용되는 이야기다. 그는 간단명료했다: "가슴"

헌신적인 허벅지녀인 나로서는 실망스러울 수밖에 없었다. 하지만 그의 답변은, 많은 사람들이 닭 가슴살을 좋아한다는 것, 그리고 닭 가슴살은 다용도로 사용 가능하며 미리 준비할 수 있는 예비 단백질로, 맛있는 수프나 샐러드, 랩 샌드위치, 볶음 요리에 첨가할 수 있다는 사실을 상기시켜 주었다. 잘게 찢은 닭고기를 '훈제향 밤 사과 수프(100쪽)', '레드 페스토 오이 국수(193쪽)', '레프타코(220쪽)', 또는 '페르시아풍 콜리플라워 라이스(272쪽)', 아니면 채소 샐러드에 추가해 보자.

촉촉하고 풍미 가득한 가슴살의 열쇠는 건식 염장이므로, 적어도 하루 전에 소금을 뿌려 둔다. 또한 가슴살이 완벽히 요리됐는지 확인할 수 있는 고품질의 육류용 온도계에 투자하는 것도 좋은 생각이다. 어쨌든, 앤디 코헨씨가 저녁 식사를 위해 여러분을 불시에 방문한다면, 그가 깨달음을 얻어 허벅지 팀에 합류할 수 있도록, 말라서 퍼석퍼석한 닭 가슴살을 대접해 준다면 나는 크게 감사할 것이다.

재료

껍질과 뼈가 있는 통 닭 가슴살 2개(각 680g)

코셔 소금 1큰술

아보카도 오일 또는 취향껏 선택한 녹인 기름 2큰술

만드는 방법

1 굽기 1~3일 전에 닭 가슴살 껍질 밑과 위를 포함해 전체에 소금을 문지른다. 뚜껑이 있는 용기에 넣고 1~3일간 냉장 보관한다.

2 조리 준비가 되면 오븐을 200℃로 예열하고 오븐 랙을 오븐의 가운데에 끼운다. 냉장고에서 가슴살을 꺼내고 키친타월로 두드려 수분을 흡수해 표면이 마르도록 한다.

3 베이킹 팬에 와이어 랙을 올리고, 닭 껍질이 위로 오고 2개의 닭 가슴살이 서로 반대 방향을 향하도록 하여 올린다. 아보카도 오일을 껍질에 바른다.

4 30~45분간 오븐에서 굽는다. 조리 시간 중반에 베이킹 팬의 앞뒤가 바뀌도록 한 번 돌려서 다시 넣어 준다. 닭 가슴살의 가장 두꺼운 부분을 육류용 온도계로 측정했을 때 65℃에 이르면 조리가 다 된 것이다.

5 실온으로 식히고 껍질을 벗긴다.

6 원한다면 나중을 위해 가슴살을 찢거나 칼로 자른다. 가슴살은 밀폐 용기에 담아 3일까지 냉장 보관 가능하며, 1개월까지 냉동 보관할 수 있다.

이 책의 많은 레시피들은 와이어 랙 위에서 굽거
나 베이킹 하라고 한다. 이유는 뜨거운 공기가 음
식 밑으로 순환할 수 있어서 음식이 고르게 노릇
해지고 균일하게 조리되도록 보장하기 때문이다.

이 기본 요소들로
무엇을 해야 할지 모르겠다고요?
서로 조합해 빠르고 쉽게
요리를 만들어 보세요!

멕시 치킨 샐러드
MEXI-CHICKEN SALAD

'미리 오븐에 굽는 닭 가슴살(92쪽)'을 깍둑썰거나 찢어서, 깍둑썬 아보카도와 '살사 아우마다(80쪽)' 한 덩이, 녹색 채소와 버무린다. '훈제향 라임 호박씨(54쪽)'를 위에 뿌린다.

그린 콥 샐러드
GREEN COBB SALAD

깍둑썬 샐러드 채소로 큰 접시나 샐러드 볼을 채우고, 잘 익은 토마토를 깍둑썰어 일렬로 얹는다. 바삭한 베이컨 조각, 깍둑썬 '미리 오븐에 굽는 닭 가슴살(92쪽)'과 아보카도, 슬라이스한 '압력솥으로 삶은 달걀(91쪽)'을 일렬로 얹는다. '녹색의 야수 드레싱(56쪽)'을 재료 위에 뿌린다.

참치 샐러드 점심 도시락
LUNCHBOX TUNA SALAD

'팔레오 마요네즈(58쪽)' 또는 '구운 마늘 마요네즈(60쪽)'를 깍둑썬 '냉장고 오이 피클(82쪽)' 약간, 그리고 수분을 제거한 통조림 참치와 버무린다. 참치를 으깨고 입맛에 따라 소금, 후추로 간한다. 그리고 도시락 용도로 달콤한 피망을 반으로 잘라 참치 버무린 것을 채운다. 신선한 딜이나 레몬 제스트를 위에 올린다.

토나토 접시
TONNATO PLATE

얇게 썬 로스트비프 또는 잘게 찢은 '미리 오븐에 굽는 닭 가슴살(92쪽)'을 접시 위에 한 겹으로 담는다. '토나토 소스(59쪽)'를 뿌리고 신선한 파슬리 잎, 셀러리 잎, 필러로 얇게 깎아낸 펜넬, 케이퍼, 얇게 슬라이스한 래디시를 위에 올리고 소금과 통후추를 갈아서 뿌린다.

모조 쌀국수 국물
FAUX PHỞ BROTH

큰 머그잔이나 수프 볼에 아주 뜨거운 '뼈 육수(84쪽)'를 담고 입맛에 따라 피시 소스로 간한다. 얇게 슬라이스한 양파와 대파, 할라피뇨 고추, 타이 바질 잎 또는 고수를 택일해서 넣거나 함께 위에 올린다. 시나몬 가루를 뿌려서 섞고 신선한 라임즙을 짜 넣는다.

태국풍 쌈
THAI'D UP + ROLLED UP

로스트비프를 얇게 썰어서 '대자연 토르티야(87쪽)'라고도 부르는 버터헤드 상추 위에 올리고 그 위에 얇게 슬라이스한 오이, 당근, 아보카도를 얹는다. 돌돌 만다(원한다면 차이브로 상추를 돌돌 말아 묶는다.). '태국 감귤 드레싱(55쪽)'에 찍어 먹는다.

XO 면
XO NOODLES

주키니 호박 또는 오이 한 묶음을 스파이럴라이저로 길게 채썬다. '미리 오븐에 굽는 닭 가슴살(92쪽)'을 잘게 찢어서 채소 국수와 버무린다. 따뜻한 'XO 소스(62쪽)'를 올리고 대파를 썰어 넉넉하게 뿌린다. 바로 차려낸다.

레드 페스토 새우
RED PESTO PRAWNS

'카탈루냐 새우구이(204쪽)'의 요리 방법을 이용해 오븐 팬에 새우를 올리고 소금, 후추를 뿌려 오븐에 굽는다. '선 드라이 토마토 페스토(81쪽)'에 버무리고 '콜리 라이스(88쪽)' 위에 올려서 차려낸다.

종이에 싸서 구운 로메스코 생선
ROMESCO FISH PACKETS

야생 버섯을 다지고 흰살 생선 필레에 소금, 후추를 뿌린다. '꿀과 하리사를 넣은 연어(280쪽)'의 요리 방법을 따라 유산지 봉투를 만들어 생선과 버섯, '로메스코 소스(73쪽)'를 넣고 오븐에 굽는다.

치킨 해시 + 그레이비
CHICKEN HASH + GRAVY

큰 프라이팬에 채썬 고구마와 남아 있는 '미리 오븐에 굽는 닭 가슴살(92쪽)'을 굽는다. 소금, 후추, 양파 가루로 간하고 '감칠맛 그레이비(77쪽)'와 함께 낸다. 그레이비 먹을 기분이 아니라면 '크랜-체리 소스(76쪽)'로 바꿔서 즐기도록 한다.

오븐 구이 양파 치킨
ROASTED ONION CHICKEN

'크리미한 양파 드레싱(57쪽)' 1컵(240ml)과 코셔 소금 한 자밤, 레드 페퍼 플레이크 한 꼬집을 잘 섞고, 여기에 뼈와 껍

질이 붙어 있는 닭 넓적다리 8개를 최소 2시간에서 24시간까지 재운다. 그 후, 여분의 재움 양념을 털어내고 200℃ 오븐에서 40분간 굽는다. 또는 닭 껍질이 황갈색이 되고 모두 익을 때까지 굽는다.

스리라차 꿀 재움 양념
SRIRACHA HONEY MARINADE

볼에 '냠냠 스리라차(64쪽)' 또는 '모조 고추장(69쪽)'을 넣고 코코넛 아미노, 꿀, 신선한 라임즙을 섞어서 좋아하는 단백질 식품을 위한 간단 재움 양념으로 사용한다. 나는 이 양념을 꼬치나 갈비에 바르는 것도 좋아한다.

태국 돼지고기 안심
THAI PORK TENDERLOIN

돼지고기 안심에 소금, 후추를 뿌린다. 120℃의 낮은 온도의 오븐에서 45분간(돼지고기 크기에 따라 조절), 육류용 온도계로 측정했을 때 고기 내부 온도가 60℃가 될 때까지 굽는다. 그러고 나서 '무-견과류 매콤 타이 소스(66쪽)'를 넉넉히 얹어 오븐의 브로일러 기능(구이 기능)을 이용해 갈색이 될 때까지 몇 분간 굽는다.

간단 타코
EASY TACOS

큰 프라이팬에 다진 소고기 453g과 다진 양파를 넣고 갈색이 되도록 굽는다. 소금, 후추로 간하고 고춧가루를 뿌린다. 고기의 붉은빛이 사라지면 '살사 아우마다(80쪽)'를 넣고 풍미가 스며들 때까지 뭉근하게 끓인다. '무-곡물 토르티야(86쪽)' 또는 '대자연 토르티야(87쪽)'를 곁들이고 '과일 + 아보카도 살사(78쪽)'를 올려서 낸다.

좋은 요리의 비결 중 하나는 요리하면서 맛을 보는 거예요. 그래서 이 레시피 아이디어에는 구체적인 용량을 제시하지 않았어요. 대신, 자신의 입맛에 맞게 맛과 향을 실험하며 만들어 갔으면 해요!

READY!

요리 체계가 갖춰졌을 때
미리 준비해 두는 레시피

준비가
되었다는 건 무슨 뜻인가?

여러분은 주말에 어떤 일을 하고 싶은가? 잠자기? 운동? 친구나 가족들과 어울리기? 책 읽기? 맛있는 음식 먹기? 이 모든 일 전부 다? 나도 마찬가지다. 하지만 또한 요리할 시간도 만들어야 한다. 주말은 '일시 정지' 버튼을 누르기에 가장 완벽한 시간이다. 그래서 신선한 물건들을 가득 채우기 위해 식료품점이나 시장으로 향한다. 그리고 가장 좋아하는 창의적 일을 하려고 노력하곤 한다. 바로 정신이 나갈 정도로 맛있는 뭔가를 요리하는 것 말이다.

주말 요리는 다양한 형태를 취할 수 있다. 어떤 사람들은 일주일, 심지어 한 달 동안 먹을 모든 음식을 만들기 위해, 하루를 꼬박 비워 두고 다양한 음식을 한꺼번에 잔뜩 만든 후, 먹기 좋은 양으로 나누어 놓는다. 어떤 사람들은 굶주린 가족들을 위해 요리하는 평소에는 매달리기 힘든, 복잡하고 시간이 오래 걸리는 레시피에 초점을 맞춘다.

이 모든 접근법의 공통점은 준비 상태이다. 오후에 여러 가지 음식을 만들거나 새로운 레시피를 실험하려고 할 때는 육체적으로나 정신적으로 요리할 준비가 되어 있기 때문에 그 일을 하는 것이다. 그리고 나서, 부엌에서 이룬 것들을 한 걸음 물러서서 보고 감탄할 때, 비로소 앞으로 일주일과 그 이후도 준비되었다고 확신할 수 있다. 우리는 요리할 시간이 있을 때 식탁 위에 맛있고 영양가 있는 식사를 올릴 수 있다는 것을 알고 있다. 그리고 운이 좋다면 나중을 위해 음식을 비축할 수도 있다.

그러니 여러분이 요리할 준비가 되었다면 지금 이 부분을 펼치면 된다. 이 파트는 미리 만들어 두는 요리와 많은 노력을 쏟아부을 가치가 있을 만한 화려한 요리들로 채웠다. 그리고 주말엔 용도를 바꿔서 먹을 수도 있다. 대부분 이러한

요리들은 미리 준비할 수 있고 식사 준비가 되었을 때 완성하거나 데울 수 있다.

이 책의 다른 파트의 레시피에 비해, 이 요리들은 시작부터 완성까지 준비 시간이 조금 더 오래 걸린다. 하지만 어떤 레시피도 재료를 준비하는 데 한 시간 이상 걸리진 않는다. 더 많은 공을 들여야 하지만 그에 대한 보상으로, 이 요리들은 까다로운 시댁 식구들부터 새로운 직장 상사에 이르기까지 모두를 감동시킬 것이다.

이 책에서 디저트를 찾고 있다면 또한 여기서 찾아볼 수 있다. 나를 지지하는 남냠 몬스터들은 단 음식에 대한 나의 입장을 알고 있다. 디저트는 매일 즐기는 사치가 아니다. 그러므로 달콤한 음식을 만들어 즐길 거라면, 굉장히 놀랄만큼 맛있어야 한다. 여기에 내가 좋아하는 디저트를 몇 개 포함시켰다. 만드는 데 시간이 좀 들지만 여러분의 인내심은 보상받게 될 것이다.

훈제향 밤 사과 수프
SMOKY CHESTNUT APPLE SOUP

◇◇◇◇◇◇◇

6인분
1시간(순수 조리 시간 30분)

향기로운 구운 밤은 나를 아늑한 부엌 식탁에서 어린 시절 저녁으로 데려간다… 부드러운 밤 알맹이에서 뜨겁고 들쭉날쭉한 껍질과 뽀송한 내피를 벗겨내려고 미친 듯이 고군분투하던 때로 말이다. 어휴, 나는 정말 밤 껍질 까는 게 싫었다. 그럼에도 불구하고, 추운 날을 위한 이 맛있고 부드러운 수프는 특별히 공들일 만한 가치가 있다. 특히 시판하는, 미리 조리한 밤을 사용한다면 말이다. 지름길이 좋지 않은가?

재료

두툼한 베이컨 슬라이스 4장 – 1.2cm 폭으로 썰기

중간 크기 펜넬 1개 – 얇게 슬라이스하기

당근 2개 – 껍질 벗기고 5mm 폭으로 둥글게 썰기

중간 크기 양파 1개 – 다지기

코셔 소금 조금

구운 밤 280g – 깍둑썰기

중간 크기 사과 1개(후지, 브레번, 코틀랜드, 엠파이어 또는 맥킨토시종) – 껍질을 벗기고 씨를 제거한 후 깍둑썰기

뼈 육수(84쪽) 또는 닭 육수 4컵(960ml)

타임 2줄기

갓 갈아낸 흑후추 조금

셰리 식초 2작은술

펜넬 잎(가니시)

① 큰 냄비를 중불로 가열하고 베이컨을 10~15분간 조리한다.

② 베이컨 조각이 바삭해지면 구멍이 있는 요리 스푼으로 키친타월을 깐 접시에 베이컨을 옮겨 담는다.

③ 냄비에 남아 있는 베이컨 기름에 펜넬, 당근, 양파, 소금 ½작은술을 넣는다.

④ 3~5분간 저어 주며 조리하거나 채소가 부드러워질 때까지 조리한다.

⑤ 밤과 사과를 넣는다.

⑥ 뼈 육수를 붓는다.

⑦ 타임을 넣고 불을 세게 올려 수프를 끓인다.

⑧ 불을 약하게 줄이고 뚜껑을 덮어 30분간 뭉근하게 끓이거나 채소가 부드러워질 때까지 끓인다.

⑨ 수프 조리가 끝나면 불을 끄고 타임 줄기를 뺀다.

⑩ 핸드 블렌더로 수프를 갈거나 믹서에 넣고 간다. 뜨거운 국물이 튀지 않도록 한다!

⑪ 후추를 갈아 넣는다. 간을 보고 필요하다면 소금을 조금 더 넣는다. 셰리 식초를 넣고 섞는다.

⑫ 수프는 4일까지 냉장 보관 가능하며 냉동하여 6개월까지 보관 가능하다. 하지만 지금 먹을 거라면 볼에 담아 펜넬 잎과 ❷의 베이컨을 올린다.

허니듀 라임 가스파초
HONEYDEW LIME GAZPACHO

◇◇◇◇◇◇◇

4인분
4시간(순수 조리 시간 20분)

고대부터 가스파초는 토마토와 묵은 빵으로 만들었다. 그러나 언제부터 내가 전통을 신경 썼던가?

대신, 나는 현대식으로 변화를 준, 이 차가운 스페인 수프에 완전히 빠져 버렸다. 달콤한 허니듀 멜론과 새콤한 라임, 매콤한 할라피뇨, 신선한 민트의 조합은 다른 곳에선 볼 수 없는 맛의 돌풍을 일으킨다. 그리고 생생한 색감은 눈 또한 즐겁게 한다. 이 레시피는 특별한 조리가 필요하지 않으며, 준비하는 데 단 몇 분밖에 걸리지 않는다. 그리고 일단 가스파초를 만들면 냉장고에 며칠간 보관할 수 있기 때문에, 식욕이 밀려올 때마다 후루룩 마실 수 있다.

재료

중간 크기 허니듀 멜론 ½통 – 씨 제거하고 큼직하게 깍둑썰기(또는 썰어 놓은 멜론 907g)

중간 크기 오이 2개(약 453g) – 껍질을 벗기고 씨 제거 후 굵직하게 다지기

할라피뇨 고추 ½개 – 씨 제거 후 굵직하게 다지기

큰 샬롯 1개 – 굵직하게 다지기

민트 잎 2큰술

엑스트라 버진 올리브 오일 2큰술

라임 제스트와 라임즙(라임 2개분)

코셔 소금 1작은술

갓 갈아낸 흑후추 조금

1 후추를 제외한 모든 재료를 힘이 좋은 믹서에 넣는다(매운맛을 선호하는 정도에 따라 할라피뇨는 가감한다.).

3 믹서의 뚜껑을 덮어 냉장고에 4시간 동안 넣어 두거나 완전히 차가워질 때까지 넣어 둔다(이틀을 넘기지 않는다.).

2 부드러워질 때까지 간다. 맛을 보며 소금이나 라임즙 둘 다 넣거나 택일하여 조금 더 넣는다.

4 냉장고에서 재료 간에 층이 생길 수 있으므로, 상에 내기에 앞서 고루 섞이도록 재빨리 다시 갈아 준다.

5 통후추를 갈아 넣어 간하고 그릇에 부어서 상에 낸다.

구운 양파 수프
ROASTED ONION SOUP

◇◇◇◇◇◇◇

4인분
1시간 30분(순수 조리 시간 15분)

57쪽에 나온 '크리미한 양파 드레싱'을 기억하는가? 그 조리법을 시험했을 때 부엌을 가득 채운 구운 양파와 마늘의 향기는 사람을 취하게 만들었다. 그 향에 취해서, 나는 향기롭고 강렬한 풍미를 이용할 다른 방법을 찾기로 결심했다. 이 저렴하면서도 따스한 수프가 그 결과이다.

전문가의 팁: 양파와 마늘을 오븐에 굽는 데에는 시간이 다소 걸릴 수 있으므로 베이킹 용기에 조금 더 많은 양을 던져 넣는 것이 좋다. 이 방법으로 '크리미한 양파 드레싱'도 잔뜩 만들 수 있는데, 편리한 재움 양념 용도로 쓸 수 있다. 게다가 다른 요리의 맛을 돋우기 위해 여분의 구운 마늘과 양파를 갖춰 놓는 걸 누가 좋아하지 않겠는가?

(정답: 흡혈귀)

재료

껍질을 벗기지 않은 중간 크기 양파 3개

껍질을 벗기지 않은 마늘 6쪽

올리브 오일 또는 아보카도 오일이나 녹인 기 ¼컵(60ml)

뼈 육수(84쪽) 또는 닭 육수 2컵(480ml) – ½컵과 1½컵으로 나눠서 준비

타임 2줄기

코셔 소금 조금

갓 갈아낸 흑후추 조금

차이브 조금

숙성 발사믹 식초 조금

엑스트라 버진 올리브 오일 조금

만드는 방법

1
오븐을 220℃로 예열하고 오븐 랙을 오븐의 가운데에 끼운다. 베이킹 용기에 양파와 마늘을 담고 올리브 오일을 위에 뿌린다.

2
오븐에 넣고 1시간 굽거나, 양파와 마늘이 살짝 그을고 매우 부드러워질 때까지 굽는다.

3 양파 껍질을 벗기고 뿌리와 꼭지는 잘 라낸다. 마늘도 껍질을 벗긴다.

4 구운 양파를 굵직하게 썬다.

5 믹서에 양파와 마늘을 넣 는다.

6 육수 ½컵(120ml)을 넣고 부 드러워질 때까지 간다.

7 커다란 냄비에 **6**을 붓는다.

8 남은 육수 1½컵(360ml)과 타임 줄기를 더하 고 센 불에서 끓인다.

9 불을 줄이고 약한 불에서 5~10분간 뭉근하 게 끓이거나 맛이 깊어질 때까지 끓인 후, 타 임 줄기를 건져낸다.

10 소금, 후추로 간하고 볼에 수프를 담는다. 냉 장실에서 4일까지, 냉동실에서 6개월까지 보 관 가능하다.

11 상에 내기 전에 차이브를 올린다. 숙성 발사 믹 식초를 뿌리고 올리브 오일 몇 방울을 뿌 린다.

그린 플랜틴 튀김
FRIED GREEN PLANTAINS

⬦⬦⬦⬦⬦⬦⬦⬦

12조각 분량
45분

우리가 코스타리카에 있을 때 모든 식당에서 주문했던 요리가 있다. 손바닥 크기의 그린 플랜틴 튀김이다. 한쪽 끝부터 다른 쪽 끝까지 만족스러운 바삭한 식감을 가진 우리의 최애 그린 플랜틴 튀김은 에스테릴로스(Esterillos)에 있는 로스 알멘드로스(Los Almendros) 식당에서 만드는 것이었다. 어떤 사람들은 튀기기 전에 플랜틴을 소금물에 절이는 반면 어떤 사람들은 그것을 더 작고 두껍게 만든다. 나는 소금물 없이 얇게 반죽하여 2번 튀긴, 로스 알멘드로스의 방법을 이용한 나의 그린 플랜틴 튀김을 좋아한다.

그린 플랜틴 튀김은 그 자체로도 좋지만, 토르티야나 빵을 대신하기에도 좋다. 이 음식을 이용해 샌드위치를 만드는 방법을 알고 싶다면 '히바리토(218쪽)'를 확인하면 된다.

재료

코코넛 오일 또는 아보카도 오일, 기, 라드, 탤로 4컵(960ml)

그린 플랜틴 4개(907g)

코셔 소금 조금

스페인어를 사용하는 국가에서도 그린 플랜틴 튀김은 다른 많은 이름으로 통한다. 푸에르토리코, 과테말라, 온두라스와 니카라과(그리고 도미니카 공화국과 쿠바, 베네수엘라의 일부 지역)에서는 토스토네스(Tostones)로 알려져 있다. 하지만 콜롬비아, 파나마, 페루, 베네수엘라, 코스타리카, 에콰도르에서는 파타코네스(Patacones), 쿠바에서는 타치노스(Tachinos), 도미니카 공화국에선 프리토스 베르데스(Fritos Verdes)라고 불린다.

매우 녹색을 띠는 플랜틴을 사용해야 해요. 익어서 노랗고 갈색 반점이 있는 플랜틴밖에 구할 수 없다면, 안면이 있는 점원에게 뒤편에 녹색 플랜틴도 있냐고 물어 보세요. 종종 그렇게 하거든요.

바삭!

1 큰 주물 냄비에 기름을 붓고 주방 온도계로 쟀을 때 165℃가 될 때까지 중불로 가열한다.

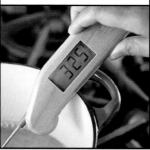

2 플랜틴의 끝부분을 잘라낸다. 날카로운 칼로 각각의 껍질에 길이를 따라 얕은 선을 긋는다. 각각의 플랜틴을 약 5cm 길이로 3등분한다.

3 껍질을 깐다.

4 기름 온도가 165℃에 이르면 뜨거운 기름에 플랜틴을 넣는다. 가끔 뒤집어 주면서 노릇해질 때까지 3~5분간 튀긴다.

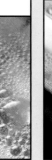

5 키친타월을 깐 접시에 튀긴 플랜틴을 옮겨 여분의 기름이 빠지도록 한다.

6 다음으로, 으깰 시간이다. 튀긴 플랜틴을 유산지나 비닐 랩 사이에 놓고…

7 …고기 망치나 작은 주물 프라이팬으로 6mm 두께의 패티 형태가 될 때까지 눌러 으깬다.

8 플랜틴이 여러분의 공격성을 모두 없애 줄 때까지 반복한다.

9 요리를 지금 끝낼 게 아니라면, 유산지 사이에 패티를 쌓고 밀폐 용기에 담아 6개월까지 냉동 보관할 수 있다.

10 하지만 지금 먹을 준비가 되었다면, 기름 온도를 175℃로 높이고 플랜틴을 기름에 넣고 바삭해질 때까지 5~7분가량 튀긴다.

11 냄비 안이 꽉 차는 걸 피하기 위해 한 번에 2~3조각 이상 튀기지 않는다. 손가락으로 두드렸을 때 단단하면서도 속이 빈 것 같은 소리가 나면 다 된 것이다.

12 철제 식힘망 위에 옮긴 후 굵은 소금을 위에 뿌리고 바로 상에 낸다.

버팔로 콜리플라워
BUFFALO CAULIFLOWER THINGS

◇◇◇◇◇◇◇

4인분
1시간(순수 조리 시간 15분)

때때로, 팔레오 식이요법을 하지 않는 친구들이 내가 붉은색 고기만 먹는다고 생각한다는 느낌을 받는다. 하지만, 그것은 정말 사실이 아니다. 나는 채소를 좋아해서 기회가 있을 때마다 잔뜩 먹는다. 완벽하게 맛있는 고기 요리 레시피를 가지고 있더라도 종종 채식 요리로 바꿔서 만든다. 재미로 하는 것이기도 하지만, 아이들이 실제로 식물성 음식을 먹을 수 있도록 하기 위해서이기도 하다. 그 좋은 예가 바로 반죽을 입혀서 오븐에 구운 콜리플라워로, 이 요리는 기가 막히도록 매콤 새콤한 맛이 난다. 이 요리는 곁들임용 채소 요리로 완벽하다. 아니면 뭔가 변화를 주고 싶을 때 '버팔로 윙(110쪽)'을 대체하기에도 좋다.

재료

중간 크기 콜리플라워 1송이(약 1.13kg) – 일정한 크기로 자르기

큰 달걀 흰자 2개

애로루트 가루 또는 타피오카 가루 ½컵 (120ml)

마늘 가루 1작은술

코셔 소금 ¾작은술

버팔로 소스

기 ¼컵(60ml)

카이엔 페퍼 소스 ½컵(120ml, 저자 추천: 프랭크 레드 핫 소스(Frank's Red Hot Sauce))

사과 주스 1½큰술

갓 짜낸 레몬즙 1큰술

만드는 방법

1 오븐을 컨벡션 모드에서 200℃로 설정한 후 오븐 랙을 오븐의 가운데에 끼운다. 오븐에 컨벡션 모드가 없다면 오븐을 220℃로 예열 하고, 조리하는 도중에 콜리플라워를 담은 오 븐 팬을 좀 더 자주 돌려 가며 굽는다.

2 큰 볼에 달걀 흰자를 담고, 거 품이 많이 생길 때까지 거품기 로 저어 준다.

3 애로루트 가루, 마늘 가루, 소금을 더한다. 부 드럽고 끈적한 반죽 형태가 될 때까지 저어 준다.

4 콜리플라워를 반죽에 넣고 고루 코팅되도록 손가락으로 버무린다.

5 여분의 반죽은 털어낸다. 베이킹 팬 위에 기 름칠을 한 와이어 랙을 얹고, 콜리플라워 송 이를 와이어 랙 위에 올린다.

6 20분간 오븐에 굽는다. 콜리플라워를 뒤집고, 팬의 앞뒤를 돌린다. 15~20분간 좀 더 굽거 나 황갈색으로 바삭해질 때까지 굽는다.

7 콜리플라워를 굽는 동안 소스를 만든다. 약한 불에서 작은 냄비에 기를 녹인다. 핫 소스, 사 과 주스, 레몬즙을 넣고 섞는다. 냄비를 불에 서 내린다.

8 콜리플라워 조리가 끝나면 소스에 버 무린다.

9 상에 낸다!

버팔로 윙
BUFFALO WINGS

◇◇◇◇◇◇◇◇

4인분
1시간(순수 조리 시간 30분)

버팔로 콜리플라워를 만들어 봤으니 이
제 진짜를 만들어야 할 시간이라고 생각
하지 않는가?

재료

타르타르 크림(주석산) 1큰술

코셔 소금 2작은술

베이킹 소다 2작은술

애로루트 가루 또는 타피오카 가루 1작은술

닭 봉 또는 윙 중 택일하거나 둘 다 사용하
여 1.8kg

랙에 칠해줄 기 조금

소스

기 ½컵(120ml)

카이엔 페퍼 소스 ¾컵(180ml, 저자 추
천: 프랭크 레드 핫 소스(Frank's Red Hot
Sauce))

사과 주스 3큰술

갓 짜낸 레몬즙 2큰술

랜치 드레싱

팔레오 마요네즈 ½컵(120ml, 58쪽)

지방을 제거하지 않은 코코넛 밀크 ¼컵
(60ml)

갓 짜낸 레몬즙 1큰술

곱게 다진 이탈리안 파슬리 1큰술

곱게 다진 차이브 1큰술

양파 가루 1작은술

곱게 다진 딜 1작은술 또는 말린 딜 ½작은술

코셔 소금 1작은술

좀 더 매콤한 디핑 소스를 원한다면,
대신 '스리라차 랜치 드레싱(65쪽)'
을 만들면 된다.

버팔로 물소가
어떻게 이렇게
작은 날개로 날 수 있지?

순수한 정신력 그리고
제트 엔진이 엉덩이에
있는 거지. 확실히.

① 오븐에 컨벡션 모드가 있다면
200℃로 설정하고 오븐 랙 1개는 오븐의 중·상단에, 다른 1개는 중·하단에 끼운다.

② 오븐에 컨벡션 모드가 없다면? 오븐을 220℃로 설정한다. 그리고 조리 과정 중 닭고기를 좀 더 자주 뒤집어 주고 베이킹 팬의 앞뒤를 수시로 바꿔 줘야 한다는 걸 기억하자.

③ 타르타르 크림, 소금, 베이킹 소다, 애로루트 가루를 작은 볼에 넣고 잘 섞는다.

④ 큰 볼에 닭고기와 **③**의 가루를 넣고 잘 섞는다. 닭고기에 가루들이 고루 묻도록 한다.

⑤ 기를 칠해준 와이어 랙 2개를 베이킹 팬 2개 위에 각각 올리고 와이어 랙 위에 닭고기를 얹는다. 너무 가득 올리지 않도록 한다.

⑥ ⑤를 오븐 안의 랙 위에 각각 올리고 20분간 굽는다.

⑦ 그 후, 닭고기를 뒤집어 주고 위아래에 있는 오븐 팬의 위치도 바꾸어 준다.

⑧ 20~25분간 더 굽거나, 닭고기가 바삭하고 노릇해질 때까지 굽는다.

⑨ 그동안 버팔로 소스와 랜치 드레싱을 만든다. 약한 불에서 작은 냄비에 기를 녹인다.

⑩ 핫 소스, 사과 주스, 레몬즙을 더한다. 고루 데워지도록 저어 주며 조리한다. 불을 끄고 잠시 옆에 둔다.

⑪ 다음으로 랜치 드레싱을 만든다. 볼에 팔레오 마요네즈, 코코넛 밀크, 레몬즙, 파슬리, 차이브, 양파 가루, 딜, 소금을 넣고 잘 섞는다.

⑫ 닭고기가 준비되면 큰 볼에 옮겨 담고 버팔로 소스를 더한다. 닭고기에 소스가 고루 묻도록 버무린다.

⑬ 버팔로 윙에 랜치 드레싱을 곁들여서 낸다.

만드는 방법

111

목목윙
MOK MOK WINGS

◇◇◇◇◇◇◇◇

4인분
1시간(순수 조리 시간 30분)

만약 여러분이 나만큼 피시 소스의 강렬한 짠맛을 좋아한다면, 이 달콤하면서도 쫀득한 닭 날개도 좋아하게 될 것이다. 팁이 있다면, 닭 날개는 220℃의 일반 오븐에서도 구울 수 있지만, 태국에서 영감을 받은 이 레시피는 200℃ 컨벡션 모드에서 조리하는 것이 가장 효과적이라는 것이다. 순환하는 뜨거운 공기가 균일하게 노릇하면서도 바삭한 껍질이 만들어지도록 해 준다.

재료

기 2큰술 – 1큰술씩 나눠서 준비

닭 봉 또는 윙 중 택일하거나 둘 다 사용하여 1.8kg

타르타르 크림(주석산) 1큰술

코셔 소금 2작은술

베이킹 소다 2작은술

애로루트 가루 또는 타피오카 가루 1작은술

소스

기 1큰술

큰 샬롯 1개 – 곱게 다지기

마늘 2쪽 – 곱게 다지기

레드 페퍼 플레이크 ½작은술

꿀 ¼ 컵(60ml)

피시 소스 ¼ 컵(60ml)

라임즙(라임 1개분)

가니시

볶은 참깨 2큰술

슬라이스한 대파 ¼ 컵(60ml)

만드는 방법

1 오븐을 컨벡션 모드로 설정하고 200℃로 예열한다(일반 오븐은 220℃). 오븐 랙 1개는 중·상단에, 1개는 중·하단에 끼운다.

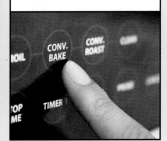

2 작은 볼에 타르타르 크림, 소금, 베이킹 소다, 애로루트 가루를 넣고 섞는다.

3 닭고기를 큰 볼에 담고 **2**의 가루를 닭고기 위에 붓는다.

4 가루가 닭고기에 고루 묻도록 손을 이용해 섞는다.

5 기를 칠한 와이어 랙을 베이킹 팬 위에 올리고, 와이어 랙 위에 닭고기를 올린다(날개가 과도하게 몰려 있으면 바삭해지지 않기 때문에, 모든 닭고기를 와이어 랙 2개에 나눠서 올리는 게 좋다.).

6 오븐 랙에 ❺를 올리고 20분간 굽는다.

7 닭고기를 뒤집고, 위아래 베이킹 팬의 위치를 바꿔 준다.

8 닭고기가 바삭하고 노릇해지도록 20~25분간 더 굽는다.

9 닭고기를 조리하는 동안 소스를 만든다. 중불에서 작은 냄비에 기를 녹인다. 샬롯을 넣고, 부드러워지도록 3~5분간 볶는다.

10 마늘, 레드 페퍼 플레이크를 더한다. 30초간 볶거나 향이 날 때까지 볶는다.

12 불을 줄이고 소스가 걸쭉해질 때까지 8~10분간 뭉근하게 끓인다.

13 불을 끄고 라임즙을 짜서 넣는다.

11 꿀, 피시 소스를 넣고 끓인다.

14 소스를 큰 믹싱 볼에 담고 구운 닭고기를 넣는다.

15 닭고기를 소스에 버무린다.

16 닭고기를 그릇에 담고 참깨와 대파를 올린다.

디종 머스터드와 타라곤을 곁들인 로스트 치킨
ROASTED DIJON TARRAGON CHICKEN

◇◇◇◇◇◇◇◇

8인분
1시간 30분(순수 조리 시간 20분)

닭을 한 마리 구우려고 한다면 오븐에 두 마리를 넣는 것이 낫다. 그러면 오늘 저녁 식사로 충분하면서도 허기가 밀려올 때 더 먹을 수도 있다. 요컨데, 여러분은 이 맛 좋은 로스트 치킨을 한 번 먹는 것에 만족하지 못할 것이다. 허브와 머스터드를 넣어 만든 재움 양념은 고기를 부드럽고 향기롭게 유지시킨다. 이것이 바로 별 볼일 없는 남은 음식을 놀랍도록 맛있게 변화시키는 열쇠다. 한 가지 팁 더. 먹고 난 닭 뼈와 연골 따위는 모아서 '뼈 육수(84쪽)'를 만든다.

재료

디종 머스터드 1컵(240ml)

엑스트라 버진 올리브 오일 ¼컵(60ml)

곱게 다진 타라곤 잎 2큰술

마늘 12쪽 – 곱게 다지기

코셔 소금 1큰술

통닭 2마리(각 1.8kg) – 내장 제거한 것

: 응용 요리 :
오렌지 주스와 디종 머스터드를 곁들인 닭고기

타라곤이 없다면 오렌지 디종 치킨을 만들면 된다! 볼에 디종 머스터드 ¾컵(180ml), 갓 짜낸 오렌지즙 ¼컵(60ml), 엑스트라 버진 올리브 오일 2큰술, 코셔 소금 1큰술, 마늘 6쪽을 곱게 다져서 섞은 후 과정 ❷부터 따라 하면 된다.

❶ 머스터드, 올리브 오일, 타라곤, 마늘, 소금을 작은 볼에 담아 잘 섞는다.

❷ 키친타월로 닭고기를 두드려 수분을 흡수한다. ❶을 닭고기 위에 펴 바르고…

❸ … 닭고기 배 속의 빈 구멍에도 잘 바른다.

❹ 손가락을 이용해 닭 가슴살 부위의 껍질과 살을 주머니 형태로, 조심스럽게 분리한다.

❺ 고기와 껍질 사이의 주머니에도 양념을 넣어 바른다.

❻ 닭고기를 커다란 용기에 담고 뚜껑을 덮어 하룻밤 냉장고에 넣어 둔다(양념에 재울 시간이 없다고 하더라도 맛은 끝내줄 것이다.).

❼ 요리할 준비가 되었다면 닭고기를 냉장고에서 꺼낸다. 오븐을 190℃로 예열하고 오븐 랙을 오븐의 가운데에 끼운다.

❽ 닭 날개를 등 뒤로 밀어 넣어 오븐에 굽는 동안 타지 않도록 하고, 닭 다리는 주방용 실로 함께 묶는다.

❾ 로스팅 팬 위에 V자 형태의 랙을 올리고 기름칠을 한다. 랙 위에 닭을 올리는데, 닭 가슴살이 위로 오도록 하고 닭 다리가 각각 반대 방향을 보도록 하며, 닭 사이를 띄워서 놓는다.

❿ 40분간 닭을 굽는다. 조리 중반에 팬의 앞뒤를 돌리고 오븐 온도를 230℃로 올린다.

⓫ 20~30분간 더 굽거나, 육류용 온도계로 측정했을 때 닭 가슴살의 온도가 65℃, 닭 다리가 73℃에 이를 때까지 굽는다.

⓬ 오븐에서 닭고기를 꺼낸 후 자르기 전에 20분간 레스팅한다. 여러 명에게 대접한다면 두 마리를 다 차려내고, 아니라면 한 마리는 나중을 위해 남겨 둔다. 냉장고에서 3일까지 보관 가능하다.

생강 대파 페스토 닭 가슴살
CHICKEN BREASTS WITH GINGER SCALLION PESTO

◇◇◇◇◇◇◇

4인분
1시간(순수 조리 시간 30분)

재료

실온의 부드러운 오리 기름이나 기 또는 취향껏 선택한 기름 ¼컵(60㎖)

얇게 슬라이스한 대파 ½컵(120㎖, 대파 3대 분량)

강판에 간 생강 1큰술

코셔 소금 조금

뼈와 껍질이 있는 닭 가슴살 4개(각 280~340g)

녹인 오리 기름이나 기 또는 취향껏 선택한 기름 1큰술

닭 가슴살은 종종 수분기 없이 퍼석퍼석하게 조리되지만, 이 레시피로는 항상 부드럽고 촉촉한 닭고기 요리를 만들 수 있다.

1 오븐을 230℃로 예열하고 오븐 랙을 오븐의 가운데에 끼운다.

2 작은 볼에 기름, 대파, 생강, 소금 2작은술을 넣는다.

3 잘 섞는다.

4 손가락을 이용해 주머니 형태가 되도록 닭고기와 껍질을 조심스럽게 분리한다.

5 닭 껍질과 닭고기 사이의 주머니 공간에, 닭 가슴살 1개당 **3**의 페스토를 1큰술씩 넣는다.

6 조심스럽게 껍질을 누르고 비벼서 페스토가 잘 퍼지도록 한다.

7 이때, 닭고기 조리를 계속할 수도 있고 하루 동안 냉장 보관했다가 나중에 오븐에 구울 수도 있다.

8 베이킹 팬에 쿠킹 포일을 깔고 그 위에 와이어 랙을 올린 후 껍질이 위로 오도록 닭고기를 놓는다.

9 녹인 기름을 껍질 위에 바르고 소금으로 간한다.

10 30~35분간 오븐에서 굽거나 육류용 온도계로 측정했을 때 가장 두꺼운 부분의 온도가 65℃에 도달할 때까지 굽는다.

11 5~10분간 레스팅한 후 뼈를 발라내고 잘라서 차려낸다. 고기가 남았다면 3일까지 냉장 보관 가능하다.

베이컨
랩 치킨 + 레몬
대추야자 소스
BACON-
WRAPPED CHICKEN
+ LEMON-DATE SAUCE

〉〉〉〉〉〉〉

6인분
1시간(순수 조리 시간 45분)

이 레시피는 로스앤젤레스에 위치한 브라질 스테이크 하우스인 '라 브레아(La Brea)'의 '오디스 + 페넬로페(Odys + Penelope)' 메뉴에서 영감을 받았다. 그 식당의 육즙 많고 달콤 짭짤한 베이컨 랩 치킨을 한입 먹고 난 후, 내 식으로 만들고 싶어졌다. 훈제향 나는 바삭바삭한 베이컨 리본 아래에 있는 부드러운 닭고기 생각을 도저히 멈출 수가 없었다. 그래서 집에 도착하자마자 어설프게 만들어 보았다. 결과는? 놀랍도록 맛있고, 간절히 바랄 만한 가치가 있는 요리가 나왔다.

재료

뼈와 껍질을 제거한 닭 넓적다리살 12개

코셔 소금 조금

갓 갈아낸 흑후추 조금

베이컨 슬라이스 12장

큰 샬롯 1개 – 슬라이스하기

곱게 다진 생강 1큰술

마늘 3쪽 – 곱게 다지기

뼈 육수(84쪽) 또는 닭 육수 1컵(240ml)

메줄 대추야자 5개 – 씨 제거 후 채썰기
(3개는 소스용, 2개는 가니시로 나눠서 준비)

갓 짜낸 레몬즙 3큰술

다진 이탈리안 파슬리 ¼컵(60ml)

냉장고에 베이컨 랩 치킨이 남아 있다면. 다시 먹을 준비가 되었을 때 둥근 모양이 되도록 썰고, 중불로 가열한 프라이팬에 굽는다. 채소 위에 치킨을 올리고, 가지고 있는 아무 소스라도 함께 곁들이면 된다.

만드는 방법

1 오븐을 200℃로 예열하고 오븐 랙을 오븐의 가운데에 끼운다.

2 다리살 위에 소금, 후추를 넉넉하게 뿌린다.

3 다리살을 원통 모양으로 말고, 베이컨으로 감싼다. 이쑤시개로 베이컨을 고정시킨다.

4 바닥이 두껍고 큰 프라이팬을 중강불로 가열한다. 베이컨으로 감싼 다리살 6개를 조심스럽게 프라이팬 위에 올리고 조리한다.

5 한 면당 5분씩 굽거나 갈색이 될 때까지 굽는다.

6 프라이팬에 남은 기름은 남겨 둔다. 베이킹 팬에 쿠킹 포일을 깔고 와이어 랙을 올린 후 그 위에 다리살을 옮긴다. 남은 닭고기도 같은 방법으로 조리한다.

7 예열된 오븐에 닭고기를 25~30분간 굽거나 육류용 온도계로 측정했을 때 다리살의 온도가 73℃가 될 때까지 굽는다. 다리살을 접시에 옮기고 쿠킹 포일로 덮어 둔다.

8 닭고기를 오븐에 굽는 동안 소스를 만든다. 가스레인지의 불을 중불로 낮추고 베이컨 기름이 남아 있는 프라이팬에 샬롯을 넣는다. 2~3분가량 볶거나 샬롯이 부드러워질 때까지 볶는다.

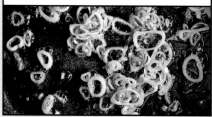

9 생강, 마늘을 넣는다. 30초간 볶거나 향이 날 때까지 볶는다.

10 육수를 붓고 대추야자 3개를 채썰어서 넣는다.

11 센 불에서 소스를 끓인다. 끓어 오르면 중약불로 줄이고, 5분간 뭉근하게 끓이거나 소스가 조금 걸쭉해지고 대추야자가 부드러워질 때까지 끓인다. 소금, 후추로 간한다.

12 소스를 핸드 블렌더 컵이나 믹서에 옮겨 담고 레몬즙을 넣은 후 부드러워지도록 간다. 맛을 보며 간을 추가한다.

13 닭고기를 슬라이스한다. 소스, 이탈리안 파슬리, 나머지 채썬 대추야자와 함께 낸다. 남은 것은 3일까지 냉장 보관 가능하다.

중국풍
닭고기 냄비 요리
CHINESE
CHICKEN IN A POT
◇◇◇◇◇◇◇◇

4인분
2시간(순수 조리 시간 30분)

내가 할머니와 살 적에 할머니는 가끔 대파, 생강, 표고버섯의 향이 스민 육수에 통닭을 넣어 요리하셨다. 요리를 자주 하진 않으셨기 때문에, 알맞게 조리되어서 더할 나위 없이 부드러운 닭고기 요리를 만들어 주실 때마다 음미하며 먹곤 했다. 안타깝게도 할머니가 돌아가시기 전에 레시피를 터득하지 못했지만, 끈기와 눈물 나는 노력 덕분에 할머니의 닭고기 요리를 재현하고 심지어 맛을 좀 더 농후하게 만들 수 있었다.

재료

통닭 1마리(1.8kg) – 내장 제거한 것
코셔 소금 2작은술
갓 갈아낸 흑후추 ¼작은술
기 1큰술
생표고버섯 113g – 기둥을 떼고 4등분하기
대파 3대 – 다듬어서 5cm 길이로 썰기
중간 크기 마늘 3쪽 – 껍질 벗겨서 다듬기
생강 1개(2.5cm 크기) – 껍질 벗겨서 5mm 두께로 둥글게 썰기
라임즙(라임 1개분)
참기름 ½작은술
고수 또는 슬라이스한 대파 ¼컵(60ml)

만드는 방법

① 오븐을 120℃로 예열하고 오븐랙을 오븐의 하단에 끼운다. 키친타월로 닭고기의 수분을 제거하고 닭고기 겉과 안 전체에 소금과 후추를 뿌린다.

② 커다란 냄비, 또는 주물 냄비를 중불로 가열하여 기를 녹인다. 버섯, 대파를 넣고 1~2분간 조리하거나 부드러워질 때까지 조리한다.

③ 마늘, 생강을 넣고 30초간, 또는 향이 날 때까지 볶는다. 볶던 채소는 냄비 가장자리로 밀고 중간을 비워 둔다.

④ 닭 날개를 등 뒤로 밀어 넣고 닭 가슴살이 밑으로 오도록 조심스럽게 냄비 중앙에 닭고기를 놓는다. 5분간 조리하거나 닭 가슴살이 노릇해질 때까지 조리한다.

⑤ 닭 가슴살이 위로 오도록 뒤집고 6~8분간, 또는 채소가 갈색빛이 날 때까지 조리한다.

⑥ 불을 끄고 쿠킹 포일을 크게 찢어서 냄비 위쪽을 덮은 후 뚜껑을 덮는다. 뚜껑 가장자리로 포일을 접어 올린다.

⑦ 오븐에서 60~75분간 굽거나, 육류용 온도계를 닭 가슴살에 찔러 넣어 측정했을 때 65℃, 닭 다리가 73℃가 될 때까지 조리한다. 큰 닭고기라면 90분까지 걸릴 수 있다.

⑧ 접시로 닭고기를 옮기고 쿠킹 포일을 덮어서 10분간 레스팅한다.

⑨ 그동안 버섯을 접시에 건져서 잠시 둔다.

⑩ 냄비에 남은 것들을 고운 체에 걸러 수분을 모으고, 체에 남은 건더기를 눌러 수분을 짜낸다.

⑪ 건더기는 버리고, **⑩**에서 걸러낸 육수를 냄비에 담아 약한 불에서 뭉근하게 끓인다.

⑫ 라임즙과 참기름을 넣고 섞는다.

⑬ **⑨**의 표고버섯을 넣는다.

⑭ 닭고기 살을 저며낸다.

⑮ 고수 또는 대파로 장식하고 **⑬**의 소스와 함께 낸다.

남은 것은 3일까지 냉장 보관 가능하다.

: 응용 요리 :
슬로우 쿠커를 이용한 중국풍 닭고기

이 레시피는 슬로우 쿠커로도 만들 수 있어요. 과정 **❷**와 **❸**까지 프라이팬을 이용해 채소를 조리해요. 그리고 닭 가슴살이 밑으로 오도록 슬로우 쿠커에 닭고기를 넣고, 주위에 채소를 둘러 넣어 주세요. 4~8시간가량 낮은 온도에서 조리하거나, 닭고기가 고르게 익을 때까지 조리하면 돼요. 그 후 과정 **❽**부터 따라 하면 된답니다.

압력솥을 이용한 중국풍 닭고기
CHINESE CHICKEN IN A PRESSURE COOKER

◇◇◇◇◇◇◇◇

4인분
1시간(순수 조리 시간 30분)

나의 중국풍 닭고기 레시피를 오븐과 슬로우 쿠커로 조리하는 방법을 알았으니, 압력솥으로 만드는 방법도 공유하는 것이 좋을 것 같다.

중요 사항: 1.8kg 또는 무게가 조금 덜 나가는 닭고기를 사용한다. 무게가 더 나갈 경우 조리가 제대로 되지 않을 위험이 있다. 살모넬라는 우리의 친구가 아니다.

재료

코셔 소금 2작은술

갓 갈아낸 흑후추 ¼작은술

통닭 1마리(1.8kg) – 내장 제거한 것

기 2큰술 – 1큰술씩 나눠서 준비

생표고버섯 113g – 기둥을 떼고 4등분하기

대파 3대 – 손질하여 5cm 길이로 썰기

중간 크기 마늘 3쪽 – 껍질 벗겨서 다듬기

생강 1개(2.5cm 크기) – 껍질 벗겨서 5mm 두께로 둥글게 썰기

라임즙(라임 1개분)

참기름 ½작은술

고수 또는 슬라이스한 대파 ¼컵(60ml)

만드는 방법

1 닭고기 겉과 안에 소금과 후추를 고루 뿌린다.

2 닭 날개를 등 뒤로 밀어 넣는다.

3 압력솥에 기 1큰술을 넣고 압력솥의 '굽기(sauté)' 기능을 누른다(직화 압력솥의 경우 중강불에서 조리한다.).

4 기름이 일렁이면 버섯과 대파를 넣고 1~2분간 조리하거나 채소가 부드러워질 때까지 조리한다.

5 마늘, 생강을 넣고 30초간 볶거나 향이 날 때까지 볶는다.

6 솥 가장자리로 채소를 밀고 가운데를 비워 둔다. 남은 기 1큰술을 중앙의 비어 있는 공간에 넣는다.

7 닭 가슴살이 아래로 오도록 솥 중앙에 닭고기를 놓고 5분 동안 굽거나 노릇해질 때까지 굽는다.

8 닭 가슴살이 위로 오도록 뒤집고, 5분간 더 조리하거나 갈색빛이 날 때까지 조리한다. 압력솥의 굽기 기능을 끈다(직화 압력솥을 사용한다면 가스레인지의 불을 끈다.).

9 닭고기를 접시에 옮긴 후 솥에 물 ½컵(120ml)을 붓는다. 바닥에 갈색으로 눌어붙은 것들을 긁어낸다.

10 압력솥 안에 찜 용기를 넣고, 그 위에 닭 가슴살이 위로 오도록 닭고기를 놓는다.

11 압력솥의 뚜껑을 덮고 고압에서 20분간 조리하고 압력솥을 끈다(직화 압력솥을 사용한다면 압력솥을 불에서 내린다.). 곧장 압력을 줄인다.

12 뚜껑을 열고 접시나 도마로 닭고기를 옮긴 후 쿠킹 포일로 덮어서 10분간 레스팅한다.

13 압력솥 안의 내용물을 고운 체에 거르고 버섯은 골라내서 잠시 둔다. 체에 남은 건더기를 눌러 짜서 수분을 모아 둔다.

14 걸러진 육수 위에 뜬 기름을 걷어낸다. 라임즙, 참기름을 넣어 섞고, 맛을 보며 간을 더한다. 버섯을 다시 넣는다.

15 닭고기 살을 발라내 접시에 담는다. 고수 또는 대파를 위에 뿌리고 **14**의 소스와 함께 낸다. 닭고기는 3일까지 냉장 보관 가능하다.

손쉬운 치킨 팅가
EASY
CHICKEN TINGA

◇◇◇◇◇◇◇◇

8인분
50분(순수 조리 시간 30분)

찬장 속에 있는 재료로 만들 수 있는 간단한 저녁을 원하는가? '손쉬운 치킨 팅가' 레시피는 구하기 어려운 신선한 고추와 잘 익은 토마토 대신, 치폴레 고춧가루와 토마토 통조림이 있으면 된다. 이런 수월한 방법으로 전통적인 멕시코 요리의 정통적인 맛을 손상시키지 않으면서도 손쉬운 조리가 가능하다. 입술을 열렬하게 만드는 치폴레 소스에 부드러운 닭고기와 양파를 넣고 끓여서 만든 이 원팟 요리는 광장한 맛의 돌풍을 담고 있다. 그리고 식탁 위에 올리는 데 채 1시간도 걸리지 않는다.

재료

뼈와 껍질을 제거한 닭 넓적다리살 1.3kg

갓 갈아낸 흑후추 ½작은술

코셔 소금 조금

기 또는 라드 2큰술

작은 양파 1개 – 잘게 다지기

토마토 페이스트 1큰술

중간 크기 마늘 6쪽 – 곱게 다지기

말린 오레가노 2작은술 – 멕시코산 선호

치폴레 칠리 파우더 2작은술

월계수 잎 2장

직화 구이 다이스 토마토 통조림 1통(793g) – 물기 빼기

애플 사이다 식초 2큰술

뼈 육수(84쪽) 또는 닭 육수 2컵(480ml)

좀 더 화려했으면 한다고요? 치킨 팅가 위에 신선한 고수와 잘게 다진 양파, 얇게 슬라이스한 래디시나 아보카도를 올려 장식해 보세요.

아니면 그냥 '공룡' 처럼 옷을 입거나요!

❶ 큰 볼에 닭고기, 후추, 소금 2작은술을 넣고 버무린다.

❷ 중불로 가열한 큰 냄비에 기름을 녹이고, 기름이 뜨겁게 일렁이면 양파, 토마토 페이스트, 소금 ½작은술을 넣는다. 양파가 부드러워질 때까지 저어 주며 조리한다.

❸ 마늘, 오레가노, 치폴레 파우더, 월계수 잎을 넣고 30초 정도 볶거나 향이 날 때까지 볶는다.

❹ 물기를 뺀 토마토와 애플 사이다 식초, 뼈 육수를 넣는다.

❺ 잘 섞이도록 젓고 닭고기를 넣는다. 불을 세게 올리고 모든 재료를 끓인다.

❻ 육수가 끓기 시작하면 불을 줄여 뭉근하게 끓인다. 뚜껑을 덮고 15~20분간 끓이거나 닭고기가 고르게 익을 때까지 끓인다.

❼ 익은 닭고기를 접시로 옮기고 잠시 둔다. 불을 세게 올리고 소스를 끓인다.

❽ 소스가 조리되는 동안 닭 넓적다리살을 찢는다(뜨거우니 조심!).

❾ 소스가 절반으로 졸아들면(10분 정도 소요), 불을 끄고 월계수 잎을 뺀다.

❿ 핸드 블렌더로 소스가 부드러워질 때까지 간다. 맛을 보고 필요하다면 소금, 후추를 더한다.

⓫ ❽의 닭고기를 다시 냄비에 담은 후 잘 섞이도록 젓는다.

⓬ 상추를 컵처럼 하여 치킨 팅가를 차려내거나, '무—곡물 토르티야(86쪽)'와 함께 낸다. 4일까지 냉장 보관 가능하며 6개월까지 냉동 보관 가능하다.

모조 오리 콩피

DUCK CONFAUX

◇◇◇◇◇◇◇◇◇

4인분
1일(순수 조리 시간 30분)

수 세기나 된 프랑스의 오리 콩피 요리는 준비하는 방법이 매우 어려울 수 있다. 며칠간 염지를 거친 후에 고기를 기름에 담가 천천히 삶아야 한다. 그러고 나서 수분이 제거되고 먹을 준비가 될 때까지 오리고기를 지방으로 감싸 둔다.

하지만 어느 누가 그런 준비를 할 시간과 인내심이 있단 말인가? 그리고 주변에 누가 오리 기름을 95리터씩 가지고 있겠는가? 내 방식의 이 고전 레시피는 다음과 같은 요지에 잘 맞는다: 오리 기름에 재산을 쏟아붓거나, 조리하는 동안 오리고기 옆에 달라붙어 있지 않아도, 바삭하고 껍질이 노릇하며 녹아내릴 듯 부드러운 오리고기를 맛볼 수 있다.

재료

오리 다리 4개 – 키친타월로 수분 제거

코셔 소금 1½작은술

오렌지 제스트(오렌지 1개분) – 채소 필러로 껍질 긁어내기

흑후추 1작은술 – 굵직하게 으깨기

주니퍼 베리 1작은술 – 굵직하게 으깨기

중간 크기 마늘 4쪽 – 으깨서 껍질 벗기기

타임 4줄기

말린 월계수 잎 2장 – 반으로 찢기

오리 기름 2큰술 – 녹이기

오리 기름 2작은술 – 구이용

만드는 방법

1 오리 다리를 소금으로 문지르고 접시에 한 겹으로 얹는다. 각각의 다리살에 오렌지 제스트, 흑후추, 주니퍼 베리, 마늘, 타임, 월계수 잎을 올린다.

2 접시를 랩으로 감싸고 12~24시간 동안 냉장고에 넣어 둔다.

3 요리할 준비가 되면 슬로우 쿠커에 녹인 오리 기름을 넣는다. 슬로우 쿠커 안에 오리 다리의 껍질이 밑으로 가도록 하여, 위에 얹은 재료들과 함께 담는다(냄비 안에 잘 맞게 넣으려면 오리 다리 테트리스를 해야 할 것이다.).

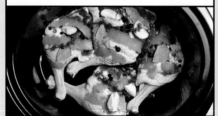

4 슬로우 쿠커 뚜껑을 덮고 낮은 온도에서 8시간 조리로 설정한다.

5 접시에 오리 다리를 옮긴다(위에 얹은 재료는 그대로 둔다.). 여기서 조리를 멈추고 오리고기를 밀폐 용기에 담아 나중을 위해 보관할 수 있다. 4일까지 냉장 보관 가능하며 6개월까지 냉동 보관 가능하다.

6 무쇠팬을 중강불로 달구고, 뜨거워지면 오리 기름 2작은술을 넣는다. 오리고기의 껍질이 밑으로 오도록 하여 기름이 지글거리는 팬에 조심스럽게 올린다.

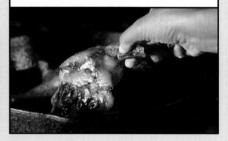

7 껍질이 찢어질 수 있으니 건드리지 않고, 2분간 조리한다. 또는 황갈색으로 바삭해질 때까지 조리한다. 그 후, 뒤집어서 다른 면도 2분간 조리한다.

8 오리고기를 와이어 랙 위에 옮기고 껍질이 바삭한 상태를 유지하도록 한다.

9 남은 오리고기도 과정 **6**~**8**을 반복하고 접시에 담는다.

나는 어린 시금치를 볶아서 그릇에 담은 후, 바삭한 오리 다리를 그 위에 올려 차려낸다. 하지만 샐러드나 '콜리 라이스(88쪽)', 스파이럴라이저로 채썬 주키니(일명 주키니 국수) 또는 오븐에 구운 뿌리채소 위에 올려서 차려내도 맛있게 먹을 수 있다.

슬로우 쿠커를 이용한 단호박 + 생강 돼지고기

SLOW COOKER KABOCHA + GINGER PORK

◇◇◇◇◇◇◇◇

8인분
10시간(순수 조리 시간 15분)

육즙이 풍부한 돼지고기와 일본 호박으로 만든 편안한 식사는 미리 만들어 두는 나의 식사 목록에서 중요한 자리를 차지하고 있다. 냉동과 해동이 매우 잘 되고, 남은 음식은 하루가 지나면 맛이 더 좋아지기까지 한다.

재료

기 1큰술

뼈를 제거한 돼지고기 어깨 부위 1.3kg – 5cm 크기로 깍둑썰기

코셔 소금 1작은술

갓 갈아낸 흑후추 ½작은술

표고버섯 113g – 기둥을 떼고 2등분하기

껍질을 벗기고 씨를 제거한 단호박 4컵 (960ml) – 2.5cm 조각으로 자르기

소스

기 1작은술

작은 샬롯 1개 – 곱게 다지기(약 ¼컵, 60ml)

마늘 3쪽 – 곱게 다지기

강판에 간 생강 1큰술

갓 짜낸 오렌지즙 ½컵(120ml)

코코넛 아미노 ¼컵(60ml)

쌀식초 2큰술

피시 소스 1작은술

가니시

대파 2대 – 얇게 슬라이스하기

단호박은 일본의 겨울 호박으로, 구운 밤과 같은 질감을 가지고 있고 고구마처럼 달아요!

: 응용 요리 :
압력솥을 이용한 단호박 + 생강 돼지고기

긴 조리 시간을 기다리기 힘들다고? 압력솥을 가지고 있다면, 여러분은 운이 좋은 것이다. 옆 페이지의 과정 ❶부터 ❾까지 따라 하되, 대신 압력솥에 재료를 넣는다. 그 후, 과정 ❿에서 뚜껑을 덮고 돼지고기를 고압에서 45분간 조리한다.

① 기를 프라이팬에 넣고 센 불에서 가열한다. 깍둑썬 돼지고기를 넣고 소금, 후추를 뿌린다. 몇 차례에 나누어 모든 면이 노릇해지도록 1~2분간 굽는다.

② 돼지고기를 슬로우 쿠커로 옮긴다.

③ 비어 있는 **①**의 프라이팬에 버섯을 넣고 중강불로 줄인다.

④ 3~5분간 저어 주며 조리하거나 수분이 빠져 나올 때까지 조리한다.

⑤ 버섯을 슬로우 쿠커로 옮긴다.

⑥ 단호박도 슬로우 쿠커에 담는다.

⑦ 소스를 만들기 위해, 기 1작은술을 작은 냄비에 넣고 중불에서 녹인다. 샬롯, 마늘, 생강을 넣고 향이 날 때까지 30초간 저어 주며 조리한다.

⑧ 오렌지즙, 코코넛 아미노, 쌀식초, 피시 소스를 넣는다. 약한 불로 뭉근하게 끓인 후 냄비를 불에서 내린다.

⑨ 슬로우 쿠커 안의 버섯, 단호박, 돼지고기 위에 **⑧**을 붓는다.

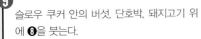

⑩ 뚜껑을 덮고 낮은 온도에서 8~10시간, 또는 부드러워질 때까지 조리한다.

⑪ 대파를 얹어서 장식하고 차려낸다. 냉장실에서 4일, 냉동하여 6개월까지 보관 가능하다.

베이컨, 사과를 듬뿍 얹은 포크 찹

BACON APPLE SMOTHERED PORK CHOPS

◇◇◇◇◇◇◇◇

4인분
1시간(순수 조리 시간 30분)

크리올(Creole, 서인도 제도나 남미 초기 정착민의 후예)에서 영감을 받은 이 요리는 진심으로 마음이 편안해지는 음식이다. 구운 양파와 걸쭉하고 짭짤한 그레이비의 담요를 덮어 쓴, 부드럽고 풍미가 가득한 포크 찹.

과일과 양파의 달콤함은 훈제향 가득한 그레이비에 완벽한 균형을 잡아 준다. 그리고 현실을 직시해 보자. 사과보다 포크 찹과 더 잘 어울리는 것은 없다. 하루 사과 1개는 의사와 멀어지게 하고, 이 포크 찹을 '맛있는 음식'에서 '엄청나게 맛있는 음식'이 되도록 해 준다.

*포크 찹(Pork Chop) 돼지고기의 척추에서 수직으로 썰어져 나온 고기 부위로, 보통 갈비뼈나 척추의 일부가 포함되는 등심 부위이다.

재료

두툼한 베이컨 슬라이스 3장 – 5mm 폭으로 썰기

애로루트 가루 2큰술

뼈 육수(84쪽) 또는 닭 육수 1½ 컵(360ml)

피시 소스 1작은술

뼈가 있는 포크 찹 5개 – 2cm 두께로 자른 것

코셔 소금 조금

갓 갈아낸 흑후추 조금

기 1큰술

큰 양파 1개 – 얇게 슬라이스하기

중간 크기 사과 1개 – 껍질과 씨 제거 후 반으로 잘라 얇게 슬라이스하기

중간 크기 마늘 2쪽 – 곱게 다지기

타임 2줄기

곱게 다진 이탈리안 파슬리 ¼ 컵(60ml)

나를 숨막히게 하지 마!

만드는 방법

1 베이컨 지방을 녹이는 것으로 시작한다. 베이컨을 냄비에 넣고 중약불에서 굽는다.

2 베이컨 조각이 바삭해지면 숟가락을 이용해 키친타월을 깐 접시로 옮겨 기름기를 뺀다.

3 냄비에 2큰술 정도의 지방이 남아 있어야 한다. 중약불에서 애로루트 가루를 베이컨 기름에 넣어 부드러운 '루(Roux, 걸쭉한 소스에 사용하는, 밀가루와 지방을 섞은 것을 프랑스 말로 멋지게 부르는 것)' 형태가 되도록 한다.

4 요리하면서 계속 거품기로 저어 준다. 루가 황갈색으로 변하면…

130

5 … 육수와 피시 소스를 넣고 잘 섞일 때까지 저어 준다. 중강불로 올리고 소스를 끓인다.

6 약 3분간 가끔 저어 주면서 그레이비가 걸쭉해질 때까지 조리한다. 맛을 보며 간을 더하고, 뚜껑을 덮어 잠시 둔다.

7 조리 과정 중 포크 찹 가장자리가 말려서 오그라드는 걸 방지하기 위해, 고기 가장자리 경계 부분의 지방을 작게 절개한다.

8 포크 찹 양면에 소금과 후추를 넉넉히 뿌려 간한다.

9 기를 큰 프라이팬에 넣고 중강불로 가열한다. 돼지고기를 넣고 양면을 각각 1분간 굽거나 황갈색이 될 때까지 굽는다. 고기가 팬 위에서 너무 붐비지 않도록 몇 차례에 나눠서 굽는다.

10 고기를 접시로 옮긴다. 비어 있는 프라이팬에 양파, 사과를 넣고 소금을 뿌린다.

11 양파 가장자리가 노릇해질 때까지 약 5분간 자주 저어 주며 조리한다. 프라이팬 바닥에 갈색의 돼지고기 조각을 최대한 긁어낸다.

12 곱게 다진 마늘을 넣고 30초간 볶거나 향이 날 때까지 볶는다.

13 돼지고기를 다시 프라이팬에 옮긴다(고기에서 나온 육즙도 함께). 조리한 양파와 사과로 돼지고기를 덮는다.

14 모아둔 소스를 고기 위에 붓는다.

15 타임 줄기를 넣고 센 불에서 소스를 끓인다. 불을 약하게 줄이고 프라이팬에 뚜껑을 덮는다. 30분간 또는 돼지고기가 부드러워질 때까지 뭉근하게 끓인다.

16 타임 줄기를 제거한다. 접시에 돼지고기를 담고 그레이비와 베이컨 조각, 이탈리안 파슬리를 올린다.

소금 + 후추
포크 찹 튀김
SALT + PEPPER
FRIED PORK CHOPS

◇◇◇◇◇◇

4인분
1시간

매콤한 양념을 입혀서 가볍게 튀겨낸 황금빛의 완벽함. 얇게 저며서 소금과 후추를 뿌린 포크 찹은 접시 위로 내려온 천국과도 같다. 포크 찹에 가볍고 바삭한 튀김옷을 만드는 나의 비결은 다목적 밀가루와 옥수수 전분을 입히는 전통적인 방법 대신 감자 전분을 사용하는 것이다. 그렇다, 내가 'P'로 시작하는 단어(Potato)를 말했다. 24쪽에서 설명했듯이, 감자는 팔레오에 대한 나의 접근법에 잘 맞는, 진정 건강에 유익한 뿌리채소이다. 감자와 감자 전분은 식이 방법을 새롭게 바꾸는 'Whole 30'에서도 공인되었다. 만약 여러분이 여전히 강력하게 감자를 반대한다면, 이 레시피에서 감자 전분을 애로루트 가루로 바꿀 수 있다. 다만 유의할 점은 포크 찹의 튀김옷이 그다지 바삭하지 않을 것이란 점이다. 그리고 부족함 없이 만족스러운 바삭함이 포크 찹 튀김의 가장 중요한 점이 아닐까?

재료

뼈를 제거한 포크 찹 8개(약 680g) – 얇게 슬라이스한 것

코코넛 아미노 2½큰술

라드 또는 오리 기름이나 기, 코코넛 오일 1½컵(360ml)

감자 전분 ½컵(120ml)

코셔 소금 1작은술

백후춧가루 또는 갓 갈아낸 흑후추 ¼작은술

마늘 3쪽 – 얇게 편썰기

매운 고추 4개 – 얇게 슬라이스하기

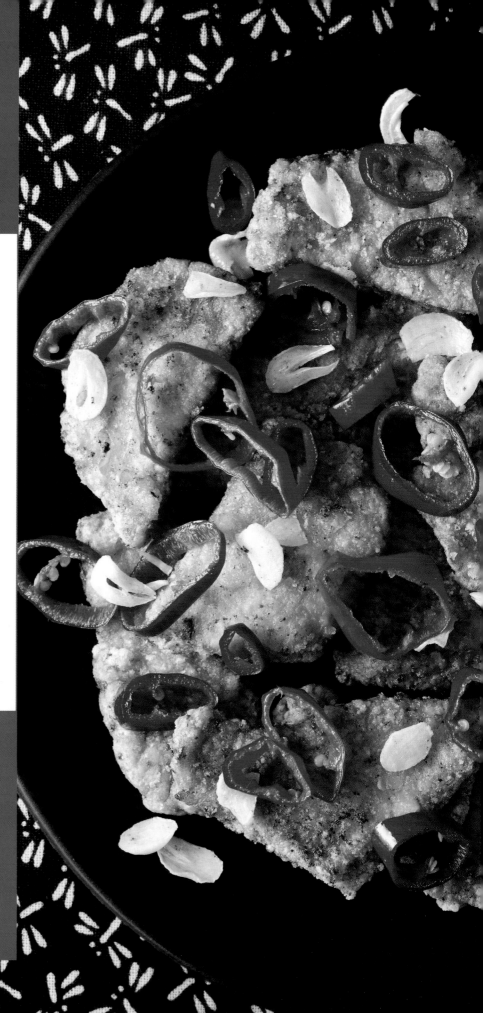

1 주방 가위나 칼을 이용해 포크 찹의 지방을 손질하고 각각의 포크 찹을 절반으로 자른다.

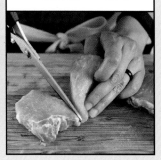

2 고기가 5mm 두께가 될 때까지 고기 망치로 누른다.

3 중간 크기 볼에 고기를 옮기고 코코넛 아미노를 더한 후 고기 표면에 잘 바른다. 최소 10분 또는 하루 동안 고기를 재운다.

4 깊은 냄비 또는 튀김 냄비에 준비한 요리유를 넣는다(냄비 옆면에 약 1.2cm까지 올라와야 한다.). 육류용 온도계로 측정했을 때 190℃에 다다를 때까지, 중불에서 가열한다.

5 그동안, 감자 전분, 백후추, 소금을 크고 얕은 볼에 넣고 섞는다.

6 **5**에 돼지고기 조각을 조금씩 넣어 버무려 코팅한 후 여분의 가루는 털어낸다.

7 기름이 뜨거워지면 조심스럽게 **6**을 넣는다. 한꺼번에 너무 많이 넣지 않도록 한다. 바삭한 튀김을 만들려면 튀기기 바로 직전까지 가루를 입히지 않도록 한다.

8 고기의 한 면당 2~3분간 튀기거나, 또는 황갈색이 되고 바삭하고 고르게 조리될 때까지 튀긴다.

9 키친타월로 고기의 기름을 가볍게 제거하고 와이어 랙 위에 고기를 옮긴다. 나머지 돼지고기도 과정 **6**~**8**을 반복하여 튀긴다.

10 중약불로 줄이고 편으로 썬 마늘과 고추를 기름에 넣는다.

11 1분간 튀기거나 마늘이 옅은 황갈색이 되고 고추가 밝은 빛이 될 때까지 튀긴다. 구멍이 있는 요리 스푼으로 튀긴 마늘과 고추를 기름에서 건진다.

12 튀긴 포크 찹을 접시에 담고 튀긴 마늘과 고추를 위에 올린 후 상에 낸다.

코코넛 워터에 브레이징한 돼지고기
BRAISED PORK IN COCONUT WATER

◇◇◇◇◇◇◇

6인분
2시간(순수 조리 시간 30분)

이 브레이징한 돼지고기는 '콜리 라이스 (88쪽)'와 함께라면 아주 좋아요!

'팃코따우(Thit Kho Tau)'는 캐러멜화된 돼지고기 뱃살을 코코넛 워터에 브레이징한 요리로, 베트남에서 전통적으로 음력 설인 '뗏(Tet)' 기간에 먹는 음식이다. 하지만 푸짐한 스튜의 풍부한 맛을 왜 일년에 한 번만 즐겨야 하는가? 여기, 일 년 내내 즐길 수 있는 간소화된 주말 저녁 버전이 있다.

재료

코코넛 오일 또는 기 1큰술

뼈를 제거한 돼지고기 어깨살 907g(목살, 어깨 등심, 목심 부위) – 5cm 크기로 깍둑썰기

코셔 소금 1작은술

얇게 슬라이스한 샬롯 ¼컵(60ml)

당근 3개 – 껍질을 벗기고 5cm 조각으로 썰기

표고버섯 110g – 기둥을 떼고 2등분하기 (버섯이 크다면 4등분)

생강 3조각 – 껍질을 벗겨서 동전 크기로 슬라이스한 것

마늘 4쪽 – 으깨서 껍질 벗기기

코코넛 워터 2컵(480ml)

피시 소스 ¼컵(60ml)

고수 잎 ½컵(120ml)

대파 3대 – 얇게 슬라이스하기

: 응용 요리 :
슬로우 쿠커 / 압력솥으로 코코넛 워터에 브레이징한 돼지고기

슬로우 쿠커나 압력솥을 이용한다면? 코코넛 워터의 양을 1컵(240ml)으로 줄인다. 그리고, 슬로우 쿠커를 낮은 온도로 설정하고 8시간 조리한다. 압력솥은 고압에서 40분간 조리하고 자연적으로 압력을 줄인다. 압력솥을 사용한다면 과정 ❶에서 소금을 넣지 않는다. 조리가 끝날 때까지 기다린다.

1 큰 냄비에 중강불로 기름을 가열한다. 돼지고기에 소금을 뿌려 버무린다.

2 기름이 일렁이면, 몇 차례에 나눠서 돼지고기 조각의 양면이 노릇해지도록 굽는다.

3 돼지고기를 접시에 옮겨 잠시 둔다.

4 불을 중불로 줄이고 샬롯, 당근, 표고버섯을 비어 있는 냄비에 넣는다.

5 3~5분간 조리하거나 샬롯이 부드러워질 때까지 조리한다.

6 생강, 마늘을 넣고 30초간 볶거나 향이 날 때까지 볶는다.

7 돼지고기를 접시에 모인 육수와 함께 냄비에 다시 넣는다.

8 코코넛 워터를 붓는다(재료의 ⅔ 높이까지 붓는 것이 가장 좋다.).

9 피시 소스를 넣는다.

10 불을 세게 하고 냄비의 재료를 끓인다.

11 재료가 끓으면, 뭉근하게 끓을 정도로만 불을 줄인다. 뚜껑을 덮고 돼지고기가 부드러워질 때까지 1시간 30분간 뭉근하게 끓인다(잘 끓는지 주기적으로 확인한다.).

12 맛을 보고 필요하다면 소금을 더한다. 돼지고기는 4일까지 냉장 보관 가능하며 6개월까지 냉동 보관 가능하다. 먹을 준비가 되면 재가열하고, 신선한 고수와 대파를 위에 얹는다.

압력솥을 이용한
칼루아 피그
PRESSURE COOKER KALUA PIG

◇◇◇◇◇◇

8인분
2시간(순수 조리 시간 15분)

* **칼루아 피그(Kalua Pig)** 하와이 전통 음식. 소금 뿌린 돼지고기를 땅 속에 만든 오븐에서 오랫동안 익힌 요리.

나는 수년간 슬로우 쿠커로 칼루아 피그를 만들었다. 소금을 뿌려 천천히 조리한 이 간단하고 전통적인 하와이의 돼지고기 요리는, 매번 나를 열대 지방에 있는 제2의 고향으로 데려간다. 하지만 솔직히 말해서 9시간이나 걸리는 조리 시간은 항상 나를 미치게 했다. 심지어 땅을 파서 만든 큰 구멍에 칼루아 피그를 요리하는 전통적인 조리 방법조차 시간이 덜 걸리는데 말이다.

압력솥 얘기를 해보자. 나는 맛있는 실험을 수차례 진행한 뒤, 시간이 아주 적게 걸리는 칼루아 피그 요리법을 생각해냈다. 심지어 슬로우 쿠커로 만든 것보다 더 맛있었다. 이 방법은 명백히 압력솥이 필요하다. 따라서 만약 여러분이 압력솥을 가지고 있지 않다면, 시간을 절약하고 삶을 변화시키는 이 도구에 투자할 시간이 온 것이다.

항상 여분의 칼루아 피그를 만들어 둔다. 4일까지 냉장 보관 가능하고 6개월까지 냉동 보관할 수 있다.

재료

두툼한 베이컨 슬라이스 3장

뼈가 있는 돼지고기 어깨살 2.26kg(목살, 어깨 등심, 목심 또는 전지 부위)

껍질 깐 마늘 5쪽(선택사항)

입자가 굵은 하와이안 알레아 레드(Alaea Red) 바다 소금 1½큰술(또는 가는 입자로 ¾큰술)

양배추 1통 – 심지를 제거하고 6조각 웨지형으로 자르기

↻

: 응용 요리 :
슬로우 쿠커를 이용한 칼루아 피그

압력솥이 없다면 슬로우 쿠커로 이 요리를 만든다. 슬로우 쿠커 바닥에 베이컨 슬라이스 3장을 깔고 과정 ❸부터 ❻까지 따라 한다. 액체류는 넣지 않는다. 낮은 온도로 설정한 후 8~10시간 조리한다. 또는 돼지고기가 부드럽고, 쉽게 찢어질 때까지 조리한다. 그 후, 고기를 커다란 볼에 옮겨 잘게 찢는다. 슬로우 쿠커 안에 남은 액체의 맛을 보며 소금 간을 한다.

만드는 방법

1 두툼한 베이컨 조각을 압력솥 바닥에 깐다.

2 전기 압력솥에 굽기 기능이 있다면 이것을 이용해 베이컨을 5분간 굽는다. 조리 시간 중반쯤 한 번 뒤집는다. 직화 압력솥을 이용한다면 중불로 베이컨을 굽는다.

3 동시에, 돼지고기를 같은 크기로 3등분한다.

4 날카로운 페어링 나이프로 돼지고기에 칼집을 몇 개 내고 칼집에 마늘을 넣는다.

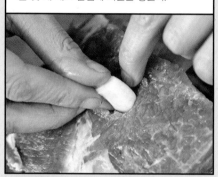

5 돼지고기에 알레아 소금을 뿌린다.

6 압력솥의 베이컨 위에 돼지고기를 한 겹으로 얹는다.

7 물을 1컵(240ml) 붓는다.

8 뚜껑을 덮고 고압에서 90분간 조리한다. 직화 압력솥은 고압에 도달할 때까지 센 불에서 조리하다가, 불을 낮춰 고압이 유지되도록 75분간 조리한다. 조리가 완료되면 솥을 불에서 내린다.

9 자연적으로 압력이 낮아지도록 한다(대략 15분 소요). 고기는 쉽게 찢어질 정도로 부드러워야 하며, 만약 그렇지 않다면 5~10분가량 더 고압에서 조리한다.

10 조리된 돼지고기를 큰 볼에 옮긴다. 솥 안에 남은 액체의 맛을 보고 필요에 따라 물이나 소금을 더한다.

11 솥 안의 액체에 양배추를 넣는다.

12 뚜껑을 덮고 고압에서 3~5분간 조리한다. 압력 밸브를 조절해 빠르게 압력을 낮춘다.

13 돼지고기를 찢어서 그릇에 나눠 담고 위에 양배추를 올려 상에 낸다.

남은 칼루아 피그를 바삭해지도록
데우는 제일 좋은 방법은
중불로 달군 프라이팬에 5~8분간 데우거나,
황갈색이 될 때까지 데우는 거예요.

압력솥을 이용한
보쌈
PRESSURE COOKER
BO SSÄM

◇◇◇◇◇◇◇

6인분
12시간(순수 조리 시간 30분)

만약 여러분이 돼지고기가 당긴다면, 여기 안성맞춤인 것이 있다. 보쌈은 한국의 전통 요리로, 여러분의 손님과 여러분의 배 속을 채워 줄 것이다.

데이빗 창(David Chang)이 이스트 빌리지(East Village)에 모모후쿠 쌈 바(Momofuku Ssäm Bar)를 차렸을 때부터 보쌈에 대한 그의 놀라운 시도는 미식가들의 마음을 사로잡았고, 충분히 그럴 만한 이유가 있었다. 보쌈은 그저 소금에 절이고 양념하여 구운 커다란 고깃덩어리가 아니다. 천천히 조리하여 바삭한 겉과 매콤한 양념, 김치, 절임 채소와 밥, 이것들을 모두 상춧잎에 싸 먹는, 모둠 패키지인 것이다. 사실 보쌈의 문자 그대로의 의미는 '감싸다', 또는 '싸다'라는 의미이다. 캐러멜화된 돼지 어깨살과 곁들임 음식들의 생생하고 매콤하게 톡 쏘는 맛은 환상적인 균형을 이룬다.

하지만 모모후쿠 쌈 바는 한 군데뿐이다. 여러분이 뉴욕에 있지 않고, 저녁 식사에 수백 달러를 쏠 수 있는 게 아니라면, 또 팔레오 친화적인 버전의 보쌈을 찾고 있다면 수월하게 만들 수 있는 내 방식을 시도하면 된다. 압력솥으로 보쌈을 만들면 준비 시간을 최소화하면서 현기증이 생길 만큼 맛있는 서사시의 향연으로 마무리할 수 있을 것이다.

재료

뼈를 제거한 돼지고기 어깨살 1.58kg – 정육점 실로 묶인 것(목살, 어깨 등심, 목심 또는 전지 부위)

코셔 소금 1큰술

코코넛 설탕 1큰술

기 또는 라드 1큰술

대파 3대 – 손질하여 7.5cm 길이로 자르기

마늘 6쪽 – 껍질 벗기기

생강 1개(2.5cm 크기) – 껍질 벗겨서 5mm 폭으로 둥글게 썰기

버터헤드 상추 또는 청상추나 로메인 상추 2송이 – 씻어서 물기를 뺀 후 잎 분리하기

콜리 라이스(88쪽) 2컵(480ml)

매콤 김치, 웜치(70쪽) 중 택일하거나 둘 다 사용하여 1컵(240ml)

냉장고 오이 피클(82쪽) 1컵(240ml)

모조 고추장(69쪽) ½컵(120ml)

: 응용 요리 :
슬로우 쿠커를 이용한 보쌈

슬로우 쿠커로 보쌈을 만들려면, 커다란 무쇠 프라이팬에서 중강불로 고기의 겉면을 갈색빛으로 구워요. 그 후, 대파, 생강, 마늘과 함께 슬로우 쿠커에 넣고, 낮은 온도로 설정한 후 (액체 불필요) 9~12시간 조리하거나 돼지고기가 부드러워질 때까지 조리해요. 마지막으로 과정 ⓬부터 따라 하면 된답니다.

만드는 방법

① 키친타월로 돼지고기 표면의 수분을 제거한다.

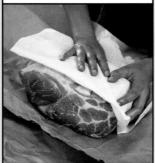

② 소금, 코코넛 설탕을 작은 볼에 넣고 섞는다.

③ ❷를 돼지고기에 구석구석 문지른다. 모든 틈새와 구멍에도 잘 바른다.

④ 큰 볼에 돼지고기를 넣고 윗부분을 덮지 않은 채 냉장고에 최소 8시간에서 3일까지 넣어 둔다.

⑤ 조리할 준비가 되면 돼지고기를 냉장고에서 꺼내 표면의 수분을 제거한다.

⑥ 전기 압력솥에 기 1큰술을 넣고 '굽기' 기능으로 설정한다. 직화 압력솥을 사용한다면 중강불에 솥을 데워 기를 녹인다.

⑦ 기름이 일렁이면 돼지고기의 세 면이 갈색이 되도록 굽고(고기는 건드리지 말고 한 면당 약 2분간 굽는다.) 지방이나 껍질이 있는 윗부분은 굽지 않고 둔다.

⑧ 대파, 마늘, 생강, 물 ½컵(120ml)을 넣고 뚜껑을 덮어 고압에서 2시간 조리한다. 직화 압력솥의 경우 물 1컵(240ml)을 넣고 고압에서 1시간 30분간 조리한다.

9 압력솥의 전원을 끄고(직화 압력솥이라면 불에서 내리고), 압력이 자연히 줄어들도록 둔다. 15분이 지나도 압력이 줄지 않는다면 설명서에 나온 방법대로 압력을 줄인다.

10 뚜껑을 열고 포크가 들어갈 정도로 고기가 부드러운지 확인한다. 만약 그렇지 않다면 고압에서 30분 더 조리하고 **9**에 나온 대로 압력을 줄인다.

11 오븐의 브로일러 기능(또는 구이 기능)을 높은 온도로 설정하고 오븐 랙을 오븐의 중·하단에 끼운다. 베이킹 팬에 쿠킹 포일을 씌우고 와이어 랙을 올린다.

12 압력솥에서 조심스럽게 돼지고기를 꺼내고 정육점 실이 묶여 있다면 제거한다. 돼지고기 껍질이나 지방이 위로 오도록 와이어 랙 위에 올린다.

13 압력솥에 남은 액체를 큰 컵에 담고…

14 … 윗부분의 지방을 걷어낸다. 이 돼지고기 육즙의 묽은 소스가 약 2컵(480ml) 정도 남아 있어야 한다.

15 **12**를 오븐의 브로일러 기능(또는 구이 기능)으로 5~10분간…

16 … 주기적으로 돼지고기에 **14**를 솔로 발라 가며…

17 … 갈색빛으로 잘 익을 때까지 굽는다. 서빙 접시에 돼지고기를 옮긴다.

18 돼지고기를 잘게 찢고 남은 소스를 고기 위에 붓는다.

여분의 고기는 냉장실에서 4일까지, 냉동실에서 6개월까지 보관 가능하다.

19 상춧잎, 콜리 라이스, 김치, 피클. 모조 고추장과 함께 차려낸다.

20 먹을 땐, 상춧잎 위에 잘게 찢은 돼지고기, 콜리 라이스, 김치, 피클을 올리고 모조 고추장을 위에 얹어 싸서 먹는다.

수블라키
SOUVLAKI

◇◇◇◇◇◇◇◇

꼬치 8개 분량
1시간

'작은 꼬치'라는 의미로 번역되는 수블라키는 고전적인 그리스 최고의 패스트 푸드이다. 수천 년 동안, 이 양념에 재워 직화로 구운 케밥은 여름 바비큐의 하이라이트였다. 하지만 우중충한 날씨도 내가 수블라키 만드는 걸 막지 못한다. 나는 방금 믿음직한 그릴 팬을 꺼냈다! 수블라키는 주로 돼지고기로 만들지만 양고기나 닭고기로도 훌륭하게 만들 수 있다. 어떤 레시피는 재움 양념에 사용할 허브와 향신료가 수 톤씩 필요하지만, 나는 맛이 깔끔하게 유지되는 것을 선호한다. 불에 그을린 적양파의 달콤함과 신선한 레몬의 상큼함을 가진 이 휴대용 고기 막대기는 결코 실망을 주지 않을 것이다.

재료

갓 짜낸 레몬즙 ½컵(120ml)

엑스트라 버진 올리브 오일 ¾컵(180ml)

마늘 4쪽 – 곱게 다지기

말린 오레가노 또는 말린 마조람 1큰술

코셔 소금 2작은술

갓 갈아낸 흑후추 ½작은술

뼈를 제거한 돼지 등심 또는 어깨살(전지, 목심, 목살, 어깨 등심 부위), 또는 양고기 다리 부위나 껍질을 벗긴 닭 넓적다리살 1.36kg – 3.8cm 크기로 깍둑썰기

중간 크기 적양파 1개 – 3.8cm 크기로 깍둑썰기

기 또는 취향껏 선택한 기름 – 그릴에 바르는 용도

레몬 2개 – 4등분하기

만드는 방법

1 큰 볼에 레몬즙, 올리브 오일, 마늘, 오레가노, 소금, 후추를 넣는다.

2 고기를 넣고 양념을 잘 묻힌다. 윗부분을 덮어 냉장고에서 최소 20분에서 12시간까지 재운다.

3 그릴 팬 또는 야외용 그릴을 중불로 달군다. 각각의 고깃덩어리 사이에 양파를 넣어 8개의 꼬치에 고기를 고르게 나누어 끼운다.

4 녹인 기름을 그릴의 석쇠에 조금 바르고 꼬치를 올린다.

5 꼬치의 네 면을 각각 3~5분간 굽거나, 양파가 부드러워지고 고기가 바라던 대로 알맞게 구워질 때까지 굽는다.

6 레몬 조각과 함께 접시에 담아낸다. 남은 것
은 냉장실에서 4일까지, 냉동실에서 3개월
까지 보관 가능하다.

꼬치에 끼워서
그릴에 구운 것보다
더 팔레오스러운 게
어디 있겠어?

팔레오
도넛은 어때요?

기막힌 돼지 등갈비
BANGIN' BABY BACK RIBS

◇◇◇◇◇◇◇◇

4인분
8시간(순수 조리 시간 30분)

이 등갈비가 기가 막힌 이유는?
우선, 등갈비는 옆구리 갈비보다 짧고 고기가 더 많아서 좀 더 빠르게 요리할 수 있으며 맛이 더 좋다. 그리고 한 입 베어 물 때마다 불꽃 펀치를 만들어내는 진한 단맛의 소스는 두 번이고 세 번이고 여러분을 다시 돌아오게 만들 것이다. 이 요리를 위해 뒷마당에 훈제기나 그릴을 피울 필요조차 없다. 필요한 건 단지 오븐 하나.

갈비를 미리 만들어 두는 것은 어떤가? 3일 전까지 등갈비에 미리 간하여 둘 수 있으며, 일단 조리가 되면 냉장고에서 4일 더 보관할 수 있다. 나의 중국식 바비큐 소스는 1주일 전에 미리 만들어 둘 수도 있다. 먹을 준비가 되었을 때 150℃ 오븐에 등갈비를 20분간 데우고 바비큐 소스를 발라서 브로일러 기능으로 구워서 마무리하면 된다.

팔레오 친화적으로 만들려면, 정제 설탕이나 화학 보존제를 사용하지 않고, 과즙으로 단맛을 낸 잼을 사용해야 한다는 것을 명심한다.

올리에게 먹는
수업을 받고 있어?

등갈비는 밀폐 용기에 담아 냉장실에 4일까지,
냉동실에 4개월까지 보관 가능하다.

재료

마른 양념

코셔 소금 1½큰술

양파 가루 1작은술

마늘 가루 1작은술

파프리카 파우더 1작은술

갓 갈아낸 흑후추 ½작은술

등갈비

돼지 등갈비 2줄(한 줄당 약 1.13kg)

바비큐 소스

살구잼 ½컵(120ml, 과즙만으로 단맛을 낸 것)

코코넛 아미노 2큰술

냠냠 스리라차(64쪽) 또는 시판 스리라차 소스나 모조 고추장(69쪽) ¼컵(60ml)

토마토 페이스트 2큰술

곱게 다진 생강 1작은술

매운맛을 못 참는 남동생이 있다면 스리라차를 1큰술만 사용하세요!

만드는 방법

1 작은 볼에 '마른 양념' 재료를 넣고 잘 섞는다.

2 등갈비를 키친타월로 두드려 수분을 제거한다.

3 정육점에서 등갈비 뼈 쪽의 피막을 제거해 주지 않았다면 손이나 키친타월로 피막을 잡아 뜯어내면 된다.

4 ❶을 등갈비 전체에 뿌리고 손으로 잘 문질러 준다.

5 베이킹 팬에 양념한 등갈비를 올리고 랩을 느슨하게 씌운다.

6 최소 2시간에서 최대 24시간까지 냉장고에 넣어 둔다.

7 요리 준비가 되면 오븐을 150℃로 예열하고 오븐 랙을 오븐의 가운데에 끼운다.

8 냉장고에서 등갈비를 꺼내고 키친타월을 두드려 표면의 수분을 제거한다. 쿠킹 포일이나 유산지로 등갈비를 감싼다.

⑨ 베이킹 팬 위에 와이어 랙을 올리고 그 위에 ❽을 올린다.

⑩ 1시간 30분동안 오븐에서 굽는다.

⑪ 베이킹 팬을 오븐에서 꺼내고 쿠킹 포일을 벗긴다.

⑫ 등갈비의 살 부분이 위로 오도록 하여 오븐에서 1시간 더 굽거나…

⑬ … 또는 칼로 찔렀을 때 쉽게 들어갈 때까지 굽는다.

⑭ 갈비를 굽는 동안 소스를 만든다. 작은 냄비에 잼, 코코넛 아미노, 스리라차(또는 모조 고추장), 토마토 페이스트, 곱게 다진 생강을 넣은 후 잘 섞는다.

⑮ 중불에서 소스가 끓을 때까지 저어 준다. 불을 끄고 등갈비가 구워질 때까지 잠시 둔다.

⑯ 등갈비가 구워지면 오븐에서 꺼내고, 오븐을 브로일러 기능(또는 구이 기능)으로 설정한다.

⑰ 소스 절반을 갈비 위와 옆을 다 덮도록 바른다.

⑱ 브로일러 기능으로 5~8분간, 또는 갈색으로 잘 구워질 때까지 굽는다. 단맛의 소스는 쉽게 타기 때문에 옆에서 잘 지켜보도록 한다!

⑲ 등갈비를 도마에 옮긴다.

⑳ 갈비를 세워서, 뼈 사이를 깨끗하게 자른다. 남은 바비큐 소스를 등갈비에 바르고 상에 낸다.

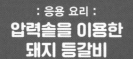

: 응용 요리 :

압력솥을 이용한 돼지 등갈비

아악! 기막힌 등갈비를 만들려고 했는데 잘못해서 옆구리 갈비를 샀잖아!

게다가 나는 시간도 없다고! 이 갈비들이 오븐에서 2시간 반이나 있어야 된다면 자기 전까지 저녁 준비를 할 수 없을 거야!

진정해! 압력솥을 사용하면 어떤 종류의 갈비라도 빠르게 만들 수 있어. 먼저 앞 페이지에 나온 만드는 과정을 ❻까지 따라 하는 거야.

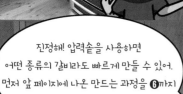

그리고 찜용 용기를 압력솥 안에 넣고 사과 주스나 뼈 육수, 또는 물 1컵(240㎖)을 압력솥에 부어.

뚜껑을 덮고 고압으로 30분간 조리한 후 자연히 감압되도록 놔둬. 그리고 만드는 과정 ⓮부터 이어서 하면 준비가 다 되는 거지!

갈비 뼈 4~5개씩 균일한 크기로 옆구리 갈비를 잘라. 압력솥 안에 원뿔 모양으로 옆구리 갈비를 넣으면 솥 안에 잘 들어갈 거야.

그러면… 나 아직도 요리해야 돼?

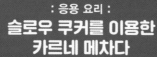

압력솥을 이용한
카르네 메차다
PRESSURE COOKER
CARNE MECHADA

◇◇◇◇◇◇◇◇

6인분
1시간(순수 조리 시간 15분)

토마토에 조리한, '낡은 옷'이란 이름의 로파 비에자(Ropa Vieja)처럼, 이 요리도 형형색색의 천이 엉망으로 흩어진 것과 닮아서 이런 이름이 붙었다. 플랭크 스테이크(치마살 또는 치마양지 부위)를 끓이고 잘게 찢어서 만든 이 라틴 아메리카 스튜는 보통 준비하는 데 몇 시간이 걸린다. 하지만 나는 인내심이 없다. 그래서 조리 시간을 절반으로 단축하는 압력솥 버전으로 만든다. 하지만 맛은 아주 굉장하다.

재료

플랭크 스테이크(치마살 또는 치마양지 부위) 1.36kg – 고깃결 반대 방향으로 5cm 길이로 길게 자르기

칠리 파우더 1½큰술

코셔 소금 조금

기 1큰술

중간 크기 양파 1개 – 다지기

중간 크기 당근 2개 – 다지기

홍피망 1개 – 다지기

토마토 페이스트 2큰술

마늘 6쪽 – 껍질 벗겨서 으깨기

구운 다이스 토마토 통조림 1통(396g) – 물기 빼기

뼈 육수(84쪽) 또는 닭 육수 ½컵(120ml)

피시 소스 2작은술

말린 오레가노 2작은술

말린 월계수 잎 2장

갓 갈아낸 흑후추 조금

고수 잎 ½컵(120ml)

: 응용 요리 :
슬로우 쿠커를 이용한
카르네 메차다

압력솥이 없다면 과정 ❷부터 ❹까지 프라이팬을 이용하고, 낮은 온도의 슬로우 쿠커에서 8시간 동안 조리한다.

1 큰 볼에 소고기, 칠리 파우더, 소금 2작은술을 넣고 손으로 고루 섞은 후 잠시 둔다.

2 압력솥에서 기를 가열한다(직화 압력솥의 경우 중강불에서 가열한다.). 양파, 당근, 피망, 소금 한 자밤을 넣는다. 채소를 3~5분간 볶거나, 부드러워질 때까지 볶는다.

3 토마토 페이스트, 마늘을 넣고 잘 저어 주며 30초간 볶거나 향이 날 때까지 볶는다.

4 토마토 통조림과 육수, 피시 소스를 붓고 오레가노와 월계수 잎을 넣어 섞는다.

5 소고기를 넣는다.

6 잘 섞이도록 저어 준다.

7 뚜껑을 덮고 고압에서 20분간 조리한다(직화 압력솥은 고압에 이를 때까지 센 불에서 조리한 후, 고압이 유지되도록 불을 줄이고 18분간 조리한다.).

8 스튜가 다 되면 압력이 자연히 낮아지도록 둔다(약 15분 소요). 뚜껑을 열고 소고기를 그릇에 담는다.

9 포크 2개로 소고기를 잘게 찢는다.

10 압력솥 안의 소스를 끓인다. 위에 뜬 여분의 기름은 건져낸다. 냄비 안의 소스 맛을 보고 소금, 후추로 간한다.

11 월계수 잎을 제거하고 소스를 국자로 떠서 잘게 찢은 소고기 위에 담는다.

12 고수를 얹어 장식하고 상에 낸다. 냉장실에서 4일까지, 냉동실에서 4개월까지 보관 가능하다.

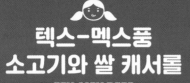

텍스-멕스풍
소고기와 쌀 캐서롤
TEX-MEX BEEF
AND RICE CASSEROLE

◇◇◇◇◇◇◇

4인분
1시간(순수 조리 시간 30분)

프라이팬 하나로 만드는 소고기 캐서롤은 여러분에게 엄청나고 매콤한 강렬함을 선사할 것이다. 지금 먹거나, 다가오는 주에 도시락으로 싸려거든 잘라서 냉장고에 넣어 두어도 된다.

재료

쌀알 크기로 다진 콜리플라워 453g

다진 소고기 453g

작은 양파 1개 – 다지기

홍피망 1개 – 다지기

마늘 3쪽 – 곱게 다지기

시판 구운 토마토 살사 또는 살사 아우마다(80쪽) 1½ 컵(360ml)

말린 오레가노 1작은술

칠리 파우더 1큰술

코셔 소금 조금

갓 갈아낸 흑후추 조금

큰 달걀 4개 – 볼에 풀어 놓기

방울토마토 6개 – 2등분하기

할라피뇨 또는 세라노 고추 1개 – 얇게 슬라이스하기(선택사항)

고수 ¼컵(60ml, 성글게 담기)

매운 음식을 선호하지 않는다면 만드는 과정 ❽에서 할라피뇨 또는 세라노 고추를 사용하기 전에 씨를 제거하거나 그냥 뺀다. 반면 매운맛을 좀 더 강하게 만들고 싶다면 대신 하바네로(Habanero) 고추나 고스트(Ghost) 고추를 사용한다.

만드는 방법

1 쌀알 크기로 다진 콜리플라워를 가지고 있는가? 만약 아니라면 작은 콜리플라워를 일정한 크기로 자르고 푸드 프로세서에 쌀알 크기가 될 때까지 간다.

2 오븐을 175℃로 예열하고 오븐 랙을 오븐의 가운데에 끼운다. 오븐 사용이 가능한 커다란 프라이팬을 중강불로 가열하고 뜨거워지면 소고기를 넣는다.

3 고기가 뭉치지 않도록 주걱으로 부수면서 5~7분간 조리하거나 고기의 분홍빛이 사라질 때까지 볶는다.

4 양파, 피망을 넣고 부드러워질 때까지 5분간 조리한다.

5 **①**의 콜리플라워 라이스를 넣고 잘 섞이도록 젓는다. 곱게 다진 마늘을 넣고 1분간 볶거나 향이 날 때까지 볶는다.

6 살사를 붓고 오레가노, 칠리 파우더를 넣는다. 소금, 후추로 간한다.

7 프라이팬을 불에서 내리고 볼에 풀어 놓은 달걀을 붓는다. 잘 섞이도록 부드럽게 저어 주고 주걱으로 캐서롤 윗부분을 고르게 만든다.

8 토마토의 절단면이 위로 오도록 하여 **⑦** 위에 얹고, 고추를 사용한다면 고추도 얹는다. 프라이팬을 오븐에 넣는다.

9 40~45분간 조리하거나 달걀이 단단하고 가장자리가 갈색으로 익을 때까지 조리한다. 5분간 둔 후 고수를 위에 뿌리고 잘라서 낸다.

남은 것은 냉장실에서 4일까지, 냉동실에서 4개월까지 보관 가능하다.

프라임타임 립 오븐 구이
PRIMETIME RIB ROAST

◇◇◇◇◇◇◇

10인분
1일(순수 조리 시간 30분)

프라임 립(갈비본살 부위)은 값비싸다. 당신은 값비싼 요리를 망치고 싶지는 않을 것이다. 특히 상사나 이웃, 또는 시댁 식구들을 놀라게 만들려고 할 때 말이다. 그러니 프라임 립 요리를 해야 할 경우, 이 간단하고 완벽한 프라임 립 레시피를 이용할 것을 추천한다. 나는 J 켄지 로페즈 알트와 쿡스 일러스트레이티드(Cook's Illustrated)에 있는 덕후들의 복합적 기술을 가장 좋아하고 신뢰한다. 이 방법은 매번 완벽하게 요리된 프라임 립을 만들어낼 뿐만 아니라, 준비와 손질 과정은 매우 적다. 감명을 줄 특별한 손님이 없다 하더라도 엄청나게 맛 좋은 이 프라임 립 오븐 구이는 스스로의 등을 토닥여 줄 것이다(그리고 만족스럽게 부른 배도).

재료

프라임 립 로스트(소고기 갈비본살 부위) 4kg

코셔 소금

갓 갈아낸 흑후추

엄밀히 말하면 프라임 립은 오븐 구이용으로 자른 덩어리 살이지, 스테이크용이 아니예요. 하지만 조리 전에 갈비뼈를 각각 잘라내면 립 아이 스테이크가 돼요.

만드는 방법

❶ 날카로운 칼로 고깃덩어리에서 뼈를 분리한다(정육점에 부탁하면 더 좋다.). 뼈는 옆에 둔다.

❷ 고기 450g당 코셔 소금 ¾작은술로 계산해 작은 볼에 담고 통후추를 갈아서 잘 섞는다.

❸ 뼈를 발라낸 고기의 모든 면에 **❷**를 뿌려 간한다.

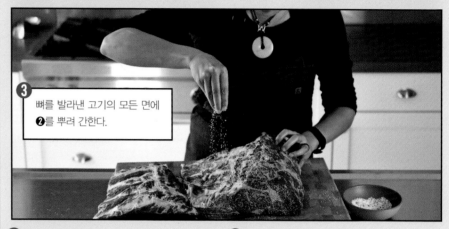

❹ 분리한 갈빗대 위에 **❸**의 고기를 다시 얹는다. 이 방법은 고기가 좀 더 고르게 조리되도록 도와주며 나중에 뼈를 발라낼 필요도 없다.

❺ 뼈를 발라내기 전과 동일한 모양이 되도록, 고기의 자른 면은 밑으로 오고 지방은 위를 보도록 한다.

❻ 고기가 움직이지 않도록 조리용 실로 잘 묶고 쟁반 위에 올린다.

❼ 고기를 덮거나 싸지 않고 냉장고에서 최소 1일, 또는 4일까지 둔다. 미리 소금을 뿌리고 공기 중에 표면을 건조시키면, 갈색빛이 나면서도 고기 맛이 풍부한 껍질이 생기도록 맛있게 조리할 수 있다.

8 요리하기 최소 3시간 전에 냉장고에서 고기를 꺼내 둔다. 조리 15분 전에 오븐을 120℃로 예열하고 오븐 중·하단에 오븐 랙을 끼운다.

9 로스팅 팬의 로스팅 랙 위에 고기를 올린다.

10 고기의 내부 온도를 측정했을 때, 미디엄 레어의 경우 51~54℃, 미디엄의 경우 57~60℃에 달할 때까지 오븐에서 4~5시간 동안 조리한다.

11 오븐에서 고기를 꺼내고 쿠킹 포일로 덮어 둔다. 가장 높은 온도(260~287℃)로 오븐을 예열한다. 컨벡션 기능이 있다면 컨벡션으로 설정한다.

12 먹을 준비가 되면 고기 위에 덮어 둔 쿠킹 포일을 걷고 오븐에 넣어 8~10분간, 또는 고기 표면이 바삭해지고 고르게 갈색이 될 때까지 굽는다(타지 않도록 주의).

13 오븐에서 고기를 빼내고 조리용 실을 제거한 후 살덩어리만 뼈에서 들어낸다.

14 도마 위에 고기를 올리고 자른다.

15 '감칠맛 그레이비(77쪽)'를 가지고 있다면 함께 낸다. 남은 것은 냉장실에서 4일, 냉동실에서 3개월까지 보관 가능하다.

선데이
그레이비
SUNDAY GRAVY
◇◇◇◇◇◇◇
10인분
5시간(순수 조리 시간 45분)

내가 만약 여러분의 유모였다면 고기가 잔뜩 들어간, 이 이탈리아-아메리카 고전 요리를 매주 일요일 밤마다 먹였을 것이다. 하지만 난 여러분의 유모가 아니니, 여러분이 스스로 만들어야 한다.

재료

엑스트라 버진 올리브 오일 1큰술

이탈리안 소시지(달콤하거나 매운 것, 택일하거나 둘 다) 453g

작은 양파 1개 – 다지기

중간 크기 당근 2개 – 다지기

셀러리 2줄기 – 다지기

코셔 소금 조금

마늘 6쪽 – 곱게 다지기

토마토 페이스트 ¼컵(60ml)

뼈 육수(84쪽) 또는 닭 육수 1컵(240ml)

산 마르자노 토마토 통조림 3통(각 794g)

플랭크 스테이크(치마살, 치마양지 부위) 680g – 가로로 반으로 자르기

뼈를 제거한 돼지고기 어깨 등심 907g – 두툼한 직사각형 모양으로 자른 것

말린 월계수 잎 2장

말린 오레가노 1작은술

갓 갈아낸 흑후추 ¼작은술

레드 페퍼 플레이크 ¼작은술

다진 바질 ½컵(120ml)

다진 이탈리안 파슬리 ¼컵(60ml)

만드는 방법

1 오븐을 150℃로 예열하고 오븐 랙을 오븐의 중·하단에 끼운다. 7.5L 용량의 바닥이 두툼한 냄비에 올리브 오일을 넣고 중불로 가열한다.

2 기름이 뜨거워지면 소시지를 냄비에 넣고 한 면당 5분간 노릇해지도록 구운 후 접시로 옮긴다.

3 비어 있는 냄비에 양파, 당근, 셀러리를 넣고 소금을 조금 뿌린다. 10~12분가량 볶거나 채소가 부드러워질 때까지 볶는다. 마늘을 넣고 저어 주며 30초간 볶거나 향이 날 때까지 볶는다.

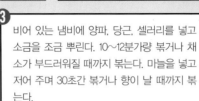

4 토마토 페이스트를 넣고 색이 짙어질 때까지 2~3분간 저어 주며 볶는다.

5 육수를 넣고 바닥에 갈색으로 눌어붙은 것들을 긁어낸다.

6 토마토 통조림을 커다란 볼에 붓는다. 손가락으로 으깨거나 핸드 블렌더로 갈아 주고 냄비에 넣는다.

7 **6**의 소스에 소시지, 플랭크 스테이크, 돼지고기를 얹는다.

8 월계수 잎, 소금 1½작은술, 오레가노, 후추, 레드 페퍼 플레이크를 넣는다. 불을 세게 높여 내용물이 끓을 때까지 끓인다.

보너스: 감칠맛을 추가하고 싶다면 말린 포르치니 버섯 28g을 더한다.

9 조심스럽게 냄비를 오븐에 넣고 2.5cm가량 틈이 생기도록 뚜껑을 살짝 비틀어 덮는다.

10 오븐에서 3~4시간 조리하거나, 고기가 포크로도 쉽게 찢어질 정도로 부드러워지고 소스가 ¼로 줄어들 때까지 조리한다.

11 월계수 잎을 제거한다. 큰 볼에 고기를 옮겨 담고 소시지를 3등분한다.

12 건져낸 돼지고기를 포크 2개로 찢는다. 연골이나 여분의 지방은 제거한다.

13 건져낸 플랭크 스테이크는 반으로 잘라서 포크로 찢는다. 힘줄이나 연골은 제거한다.

14 원한다면, 냄비에 남은 소스의 기름을 걷어낸다. 그 후 잘게 찢은 고기와 소시지를 다시 냄비에 넣고 잘 섞는다. 입맛에 맞게 소스에 간을 더한다.

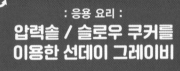

15 신선한 바질과 파슬리를 뿌려서 차려낸다. 남은 것은 용기에 담고 뚜껑을 덮어 냉장고에서 4일까지, 냉동실에서 6개월까지 보관 가능하다. 남은 것을 얼릴 땐 작은 용기에 담는다. 그렇게 하면 '먼데이 프리타타(226쪽)' 또는 '선데이 그레이비로 속을 채운 피망(225쪽)'을 만들고 싶을 때, 미래의 여러분은 엄청난 양의 '선데이 그레이비'를 녹이지 않아도 된다.

: 응용 요리 :

압력솥 / 슬로우 쿠커를 이용한 선데이 그레이비

압력솥이나 슬로우 쿠커를 이용해 '선데이 그레이비'를 만들 때는, 좀 더 적은 양의 수분이 필요해요. 따라서 과정 **5**에서 육수를 ½컵(120㎖)만 넣고, 과정 **6**에서 토마토 통조림을 으깨거나 갈기 전에 수분을 제거해요. 모든 재료를 오븐에 넣는 대신 '선데이 그레이비'를 압력솥에 넣고 고압으로 50분간 조리합니다. 슬로우 쿠커의 경우 낮은 온도에서 8~10시간 조리해요. 그 후 과정 **11**부터 따라 하면 된답니다.

선데이 주키니 국수

'선데이 그레이비'는 전통적으로 파스타를 그릇에 수북하게 담고 그 위에 올려 차려낸다. 하지만 여러분이 잊었을 경우를 대비해서 말인데, 이것은 팔레오 책이다. 스파이럴라이저로 길게 채썬 주키니 국수(주들(Zoodles)이라고도 부르는)를 따뜻한 '선데이 그레이비'와 함께 그릇에 담는다. 중간 크기 주키니 호박 1개를 1인분으로 한다. 주키니 호박은 따뜻한 소스 안에서 과하게 물이 생기거나 질척이지 않으면서도 부드러워지기 때문에 따로 조리할 필요가 없다. 위에 신선한 허브를 얹어서 차려내면 된다.

달콤한 것을
먹을 준비가 되었는가?

미셸: 아, 디저트. 팔레오의 세계에서 디저트보다 더 논란이 되는 게 있을까요?

헨리: 가끔은 팔레오에 대한 모든 것이 논란이 되는 것처럼 보인단 말이지. 하지만 디저트는 확실히 원시인들의 모임에 선 논쟁이 많은 주제예요. 한쪽에선 정제 설탕이 중독성이 있고, 비만을 조장하며, 신진대사 건강에 좋지 않기 때문에 디저트가 악마라고, 악마의 유혹이라고 굳게 믿는 팔레오 식이요법 실행자들이 있거든요.

미셸: 또 한편에선 팔레오 친화적인 재료로 디저트를 만드는 한, 이전처럼 단것을 계속 먹을 수 있다고 생각하는 사람들도 있어요.

헨리: 디저트뿐 아니라 다른 음식들도 마찬가지예요. 팔레오 팬케이크나 팔레오 빵, 아침 식사용 팔레오 머핀 같은 것 말이에요.

미셸: 아침 식사용 팔레오 패스트리류는 디저트 카테고리에 안전하게 넣을 수 있을 것 같아. 당신이 일어나서 먹는 디저트잖아.

헨리: 그렇지만 대부분 팔레오 식이를 하는 사람들은 우리가 방금 말한 내용의 중간쯤에 있지 않을까?

미셸: 물론이지. 우선, 단것을 전혀 먹지 않는 것은 매우 극단적이라고 생각해요. 사실 어떠한 단 음식도 완전히 안 먹는다는 건 불가능에 가깝거든요. 단걸 그다지 좋아하지 않는 사람일지라도 말이에요.

헨리: 오웬이랑 나처럼 말이지.

오웬: 맞아요. 난 디저트를 좋아하지 않는걸요. 식당에서 다들 디저트를 주문할 때도 나는 집에 가서 수박을 먹고 싶어서 거의 아무것도 시키지 않아요.

미셸: 그래, 하지만 과일조차 달잖니. 모든 인간은 생물학적으로 칼로리가 풍부한 단 음식을 선호하도록 만들어졌지만 특히 오웬, 너같이 성장기 어린이들이 특히 그렇다는 것을 과학자들이 밝혀냈지. 그래서 비록 아이스크림과 케이크의 열렬한 팬이 아니더라도, 인간은 일반적으로 단맛을 좋아하는 경향이 있어요.

올리: 난 단 게 좋아요. 나는 단것만 좋아해요.

미셸: 올리야, 네가 무슨 기분인지 정확히 안단다. 나도 한창

클 때는 똑같았어.

헨리: 맞아. 우리가 첫 번째 요리책을 쓸 때, 당신의 어린 시절 사진 앨범을 모두 살펴봤는데, 당신이 어렸을 때 찍은 모든 사진에서 생일 케이크를 빤히 쳐다보고 있는 걸 발견했거든. 사진 속 다른 사람들은 웃으면서 카메라를 보고 있는데 당신은 아니었어. 눈으로 집어삼킬 듯이 케이크에 시선을 고정하고 있더라고.

내 언니 / 꼬마-나

미셸: 맞아. 하지만 너무 사진의 추억에 젖진 말라고. 우리는 현대 디지털카메라 이전의, 1970년대 이야기를 하는 거잖아. 우리 부모님은 생일같이 특별한 날에만 사진을 찍는 경향이 있었지. 그리고 바로 내 눈 앞에 프로스팅을 바른 커다란 생일 케이크가 놓여 있을 때, 내가 무엇을 쳐다봐야 했겠어? 게다가 방금 지적했듯이 아이들은 단 음식을 생물학적으로 선호한다고.

헨리: 그래, 하지만 단것만 선호한 게 아니잖아. 좀 지나쳤다는 걸 인정하라고.

미셸: 설탕이 들어 있는 가루 음료 믹스로 채워진 작은 샌드위치 봉지를 침대에 몰래 가지고 와서, 잘 때 손가락을 핥은 다음 봉지 안의 설탕 가루를 손가락으로 찍어서 입에 넣었다는 사실을 말하는 거야? 아니면 내가 가장 좋아하는 생일 선물이 내 머리만한 일본 사탕이 들어 있는 커다란 가방이란 사실을 말하는 거야?

헨리: 아마 둘 다일걸. 당신이 자라는 동안 충치가 하나도 없었다니 놀라워.

미셸: 어쨌든 저의 요점은, 사람은 단맛을 좋아하도록 타고났다는 거예요. 그래서 팔레오 식이를 하는 사람들은 의학적 이유가 없다면 설탕을 영원히 피할 것이라 기대하는 건 불합리해요. 극소수의 사람만이 일정 기간동안 끊을 수 있다고요. 그것이 아마도 섭취하는 영양소에 변화를 주고자 하는 사람들이 모든 글루텐과 유제품, 콩과 설탕을 식단에서 일시적으로만 배제할 뿐 무기한으로 엄격하게 고수하며 남아 있지 못하는 이유 중 하나일 거예요. 불가능하진 않지만 확실히 쉽진 않지요. 그리고 대부분의 사람들에게 그게 필요한 것도 아니고요.

헨리: 그럼 다른 쪽 의견은 어떨까? 디저트가 팔레오 재료로 만들어지는 한 '무엇이든 괜찮다'고 생각하는 사람들은 어때?

미셸: 그것도 꽤 극단적이긴 하지. 그러니까, 건강에 좋지 않은 저품질 재료를 이용해 고도 가공하여 만든 디저트를 먹는 데 익숙한 많은 사람들에게, 최악의 성분을 교체하는 건 조금 더 나은 선택이겠죠. 저같이 글루텐 섭취에 문제가 있는 사람들을 위해, 쿠키에 사용하는 밀가루를 글루텐이 없거나 곡물이 들어 있지 않은 대체재로 교체한다면 훨씬 낫다고 느낄 거예요. 그러니 곡물이 없는 디저트가 소용없다고 말하는 건 아니란 거죠.

헨리: 하지만 도움이 된다는 것이 건강에 좋다는 것은 아니잖아.

미셸: 맞아. 팔레오화된 디저트는 올바른 방향으로 가는 한 걸음일 수도 있지만 여러분이 의도한 목적지로 향하진 않을 거예요.

헨리: 많은 디저트 섭취가 건강한 생활 방식의 지침엔 없다는 게 꽤나 당연하다고 생각해요.

미셸: 그게 바로, 단맛의 팔레오 음식을 정기적으로 먹어도 괜찮다고 생각하는 사람들을 보면 좌절하게 되는 이유예요. 팔레오 디저트 레시피가 없다는 말은 아니지만, 몇몇 사람들이 디저트에 대한 사실을 놓칠까 봐 걱정하는 거죠. 디저트는 매일 먹는 일상적인 음식이 아닌 특별한 날에 먹는 음식이어야 한다는 뜻이에요. 물론, 모든 어린 시절 사진 속에서 저는 케이크를 뚫어져라 쳐다봤지만, 저의 어머니가 케이크를 꺼내 놓는 날이 매일은 아니었어요. 생일날을 위한 것이었고 우리 가족은 아마도 일 년에 12번 미만의 생일을 기념했을 거예요. 이것은 한 달에 평균 한 조각의 케이크를 의미해요. 하지만 요즘은 컵케이크나 머핀 같은 형태로 케이크를 꽤 많이 먹을 수 있잖아요. 케이크는 더 이상 이따금 먹는 음식이 아닌 거죠.

헨리: 그렇게 된 이유 중 일부는, 단순한 축하뿐 아니라 사랑과 애정의 일상적인 표현을 단 음식과 연결 짓는 지금의 방식과 관련이 있는 거지. 어렸을 때 만화를 보면 나오는 광고 중에서 오래된 공익 광고 기억나?

미셸: 아니, 잘 안 나는데. 나는 만화를 많이 보지 않았거든. 나는 낮에 하는 드라마나 토크쇼를 더 좋아했어.

헨리: 그래. 어쨌든, 많은 공익 광고가 아이들이 어떻게 먹어야 하는지 이야기했었지. 모든 공익 광고가 훌륭한 건 아니었지만, 전혀 아이들을 대상으로 삼지 않았던 공익 광고가 기억나. 이 특별한 공익 광고는 많은 성인들이 아이들에게 애정을 표현하는 좋은 방법으로 단것을 쥐어 준다는 것을 지적했지.

미셸: 왜냐면 그게 통하니까. 내가 어렸을 때 누군가가 나에게 사탕을 주면 멋진 사람들 목록에 포함시켰다고.

헨리: 그럼, 이상한 사람이 당신에게 사탕을 주지 않아서 다행이네.

미셸: 맞아. 아슬아슬하게 피한 거지.

헨리: 이 특별한 공익 광고는 아이들에게 사랑을 보여 줄 수 있는 방법이 많다는 것을 사람들에게 상기시켰어. 같이 놀아 주거나, 안아 주거나, 얼마나 사랑하는지 솔직하게 말해 주는 거지. 실제로 설탕을 자꾸 주지 않아도 된다는 거야.

미셸: 하지만 부모 입장에서 그건 참 빠지기 쉬운 함정이야. 올리가 학교에서 다쳐서 온 날, 기분이 좀 나아질 수 있게 단걸 먹고 싶다고 했을 때, 사실 육체적으로 낫지 않는다는 걸 알지만 단 음식을 주는 게 올리를 기분 좋게 한다는 것을 알고 있으니 말이야.

헨리: 그리고 부모들이 아이들에게 절대 단 음식을 주어서는 안 된다고 생각하지 않아. 우리는 확실히 주고 있어. 단지 아이들과 함께 시간을 보내는 것 같은, 사랑을 표현하는 다른 방법이 있다는 걸 상기시켜 주는 것일 뿐이야. 설탕은 대용품이 아닌 거지.

미셸: 나는 가끔 먹는 단 음식이, '가끔'에 국한되는 한 문제가 아니라는 것을 강조해야겠어. 그건 디저트가 저녁 식사 후 자동적으로 따라오는 것이 아니라는 의미예요. 디저트가 오렌지 조각으로 구성돼 있지 않다면 말이에요.

헨리: 이것이 우리가 이 책에 디저트 레시피를 많이 넣지 않은 이유이기도 해요.

미셸: 제 블로그, 요리책, 앱과 소셜 미디어에서 볼 수 있는 음식들은 제가 실제로 가족을 위해 요리하는 방식을 반영하고 있어요. 그리고 솔직하게 말하면, 팔레오 방식이든 아니든 설탕이 들어간 음식을 거의 만들지 않아요. 갑자기 단 음식에 대한 사랑을 멈춘 건 아니지만, 팔레오식으로 먹기 시작하고 난 후로 작게나마 있었던 설탕에 대한 끊임없는 갈망이 사라졌다는 걸 알게 되었어요. 나는 육체적으로 더 이상 설탕이 필요하다고 느끼지 않아요. 하지만 내가 나쁜 습관으로 되돌아가서 다시 단것을 먹는다면, 멈출 수 없을 거란 사실도 잘 알지요.

헨리: 당신은 어떤 일에 관해서라면 확실히 2개의 스위치만 가지고 있다니까.

미셸: 디저트를 먹기 시작하면, 항상 단걸 잔뜩 먹으려는 걸 막는 데 어려움이 있을걸. 이게 제가 요즘 단 음식을 거의 즐기지 않는 이유예요. 디저트는 예외이며 규칙이 아니에요. 사실 우리는 집에서 단 음식에 관한 규칙을 시행해 왔어요. 우린 보통 'S'가 들어가는 날이 아니면 디저트를 먹지 않아요. 오웬, 'S'가 들어가는 날이 뭔지 설명하고 싶니?

오웬: 'S'로 시작하는 요일이에요. Saturday(토요일)와 Sunday(일요일) 말이에요.

올리: 그리고 수스데이(Suesday) 그리고 서스데이(Sursday).

오웬: 방금 지어냈구나, 올리.

올리: 아마도. 아닐 수도 있고.

헨리: 하지만 미셸. 당신에겐 다크 초콜릿도 자동으로 팔레오 카테고리에 있는 거지?

미셸: 그래. 나에게 사실 그건 건강한 음식이야! 조금씩 먹는 걸 정말 좋아하거든. 하루에 85% 카카오 초콜릿 한 조각이나 두 조각은 설탕이 거의 들어 있지 않고 마그네슘과 아연, 건강한 지방처럼 좋은 것들을 함유하고 있다고. 게다가, 날 행복하게 해 줘. 행복은 건강한 생활 양식의 큰 부분을 차지하지. 많은 사람들이 음식 선택에 너무 엄격해서, 더욱 건강하게 만들어 주는 팔레오의 모든 핵심을 약화시키는 것 같아요.

헨리: 당신이 건강한 선택으로 초콜릿 먹는 걸 정당화시키는 방법을 찾은 것이 정말 좋아.

미셸: 글쎄, 사실 내가 먹을 수 있는 더 나쁜 것들이 많다고 생각해.

오웬: 솜사탕처럼요. 아니면 치즈케이크 부리또!

올리: 아니면 고양이 헤어볼! 아니면 마분지! 아니면 먼지!

먼지 아님

바닐라
아몬드 밀크
VANILLA ALMOND MILK

◇◇◇◇◇◇

3컵 분량(720ml)
1일(순수 조리 시간 10분)

최근, 오래된 대학 친구가 흥미로운 의문을 제기했다. 1990년대의 나는, 현대-원시인으로서의 지금 모습을 어떻게 생각할까? 나는 즉시 그 답을 알았다. "과거의 나는 현재의 나를 싫어했을 것이다."

그것은 사실이다. 버클리 대학 시절, 씻지 않은 사람들 사이에서 대학생활을 했음에도 불구하고, 90년대의 나는 나의 현재 취미를 신나게 조롱했을 것이다. 집에서 콤부차를 만들고, 육수를 위해 뼈를 모으고, 유제품이 들어가지 않은 우유를 만들려고 아몬드를 불리는 취미 말이다. 인정하기 싫지만 90년대의 나는 독선적인 척척 박사님이었다.

나를 나이 든 히피라 불러도 상관없다. 만약 가능하다면 90년대의 나에게, 장에 자극적인 음식을 그만 먹어대고, TV를 끄고, 어서 아몬드 밀크를 만들라고 말하고 싶다. 차가운 아몬드 밀크 한 잔은 분명히 만족스러울 것이다.

90년대의 나도 내 말을 들을 것이다. 어쨌든, 아몬드 밀크는 만들기 정말 쉽다. 90년대의 나와 현재의 내가 가진 한 가지 공통점이라면, 그것은 게으름이기 때문이다.

재료

볶지 않은 유기농 아몬드 1컵(240ml)

물 2½컵(600ml) - 아몬드를 불릴 여분의 물 추가

바닐라 익스트랙트 1작은술(선택사항, 하지만 이걸 뺀다면 바닐라 아몬드 밀크라고 부르진 못한다.)

바다 소금 조금

❶ 아몬드를 잘 헹군다.

❷ 큰 병 주전자에 아몬드를 담고 최소 물 2컵 (480ml)을 붓는다. 수건으로 윗부분을 덮어 실온에서 12~24시간 불린다.

❸ 아몬드가 물에 잘 불려지면 체에 밭쳐 헹군다.

❹ 고속 믹서에 아몬드와 물 2½컵(600ml)을 넣는다.

❺ 바닐라 익스트랙트와 바다 소금 한 꼬집을 넣는다.

❻ 완전히 분쇄될 때까지 고속으로 간다.

❼ 큰 병 주전자나 계량컵에 치즈 클로스나 면보를 얹는다. 분쇄한 아몬드 밀크를 붓고 윗부분을 오므린다.

❽ 위에서 아래로 아몬드 밀크를 천천히 짜낸다.

❾ 걸러낸 아몬드 밀크를 병에 옮긴다. 4일까지 냉장 보관 가능하다. 아니면 지금 꿀꺽꿀꺽 마신다.

169

피냐 콜라다
타피오카 푸딩

PIÑA COLADA
TAPIOCA PUDDING

◇◇◇◇◇◇◇◇

6인분
5시간(순수 조리 시간 40분)

혹독한 비평가들도 만족시킬 만한 멋진 레시피가 필요하다면 크리미한 타피오카 푸딩과 새콤한 파인애플 얼음, 구운 코코넛 플레이크가 합쳐진, 이 열대 디저트를 시도해 보자.
이 레시피는 값비싼 초현대적 베트남 식당의 매우 혁신적인 디저트에서 영감을 받았으며, 금세 우리 가족이 가장 좋아하는 후식이 되었다. 사소한 것도 트집 잡는 내 어머니조차도 한번 더 달라고 말씀하실 정도다. 그러니 이 타피오카 푸딩이 진짜배기라는 것이다.

재료

푸딩

작은 펄 타피오카 ½컵(120ml)

코코넛 워터 2컵(480ml)

지방을 제거하지 않은 코코넛 밀크 통조림 1통(396g)

꿀 2큰술

코셔 소금 조금

바닐라 빈 ½개

구운 코코넛 플레이크 ½컵(120ml)

그라니타

파인애플 청크 통조림 1통(396g) – 설탕을 넣지 않은 주스 안에 담겨 있는 것

바닐라 빈 ½개

꿀 1큰술(선택사항)

라임즙(라임 ½개분)

코셔 소금 조금

만드는 방법

1 타피오카를 체에 담고 찬물에서 15~20초간 헹군다.

2 코코넛 워터를 작은 냄비에 담고 센 불에서 끓인다.

3 타피오카를 넣는다. 뭉근하게 끓는 상태가 유지되도록 불을 줄이고 10~12분간 조리하며 자주 저어 준다. 타피오카가 냄비 바닥에 눌어붙지 않도록 한다.

4 액체가 걸쭉해지고 타피오카 펄이 거의 반투명해질 때까지 조리한다.

5 바닐라 빈을 길이로 2등분하고 안쪽의 씨를 긁어낸다.

6 **4**에 바닐라 빈 절반과 긁어낸 씨 절반을 넣는다. 코코넛 밀크, 꿀, 소금 한 꼬집을 더한다.

7 불을 약하게 줄이고 5~7분간 끓이거나 걸쭉해질 때까지 끓인다. 바닐라 씨가 뭉치지 않도록 자주 저어 주면서 뭉근하게 끓인다.

8 냄비를 불에서 내리고 실온으로 식힌다. 바닐라 빈 껍질을 건져내고 용기에 옮겨 담아 차가워질 때까지 냉장고에 넣어 둔다(또는 먹기 2일 전에 미리 만들어 둔다.).

9 그동안 그라니타를 만든다. 작은 냄비에 파인애플 통조림의 과육과 주스를 붓는다.

10 남아 있는 바닐라 빈을 바닐라 씨와 함께 냄비에 넣고 센 불로 끓인다.

11 거품이 나기 시작하면 중불 또는 중약불로 줄이고, 15분간 뭉근하게 끓인다. 또는 양이 절반으로 줄 때까지 끓인다.

12 바닐라 빈 껍질을 건져낸다.

13 소스 맛을 보고 필요하거나 원한다면 꿀을 넣는다. 라임즙과 소금 한 꼬집을 더해 간한다.

14 냄비를 불에서 내리고 핸드 블렌더로 애플 소스 같은 묽기가 될 때까지 간다.

15 밀폐 용기에 담아서 최소 4시간 또는 단단해질 때까지 얼린다. 디저트를 내기 30분 전에 냉동실에서 꺼낸다.

16 차려낼 준비가 되면 타피오카 푸딩을 작은 볼에 숟가락으로 떠서 담는다.

17 **15**의 얼린 그라니타. 파인애플 눈처럼 포크로 긁어내서 푸딩 위에 푸짐하게 한 숟가락 담는다.

18 구운 코코넛 플레이크를 위에 얹어 바로 상에 낸다.

꿈의 귤 타르트

TANGERINE DREAM TART

◇◇◇◇◇◇◇

8인분
5시간(순수 조리 시간 40분)

이것은 샌프란시스코에 있는 타르틴 베이커리(Tartine Bakery)의 레몬 크림 타르트에서 영감을 받았다. 유제품이 들어가지 않으며 달콤하면서도 감귤류의 톡 쏘는 맛이 나는 커스터드 소스는 완벽하다. 미리 만들어 두길.

재료

크러스트
곱게 간 아몬드 가루 2컵(224g)
애로루트 가루 2큰술
차게 굳힌 기 또는 코코넛 오일 3큰술
생꿀 2큰술
코셔 소금 조금

필링
젤라틴 가루 ½작은술
갓 짜낸 귤즙 ¾컵(180ml)
갓 짜낸 라임즙 2큰술
큰 달걀 1개
큰 달걀 노른자 3개
생꿀 ¼컵(60ml)
코셔 소금 조금
차게 굳힌 정제 코코넛 오일 또는 차게 굳힌 기 1컵(240ml)
귤 제스트(귤 1개분)

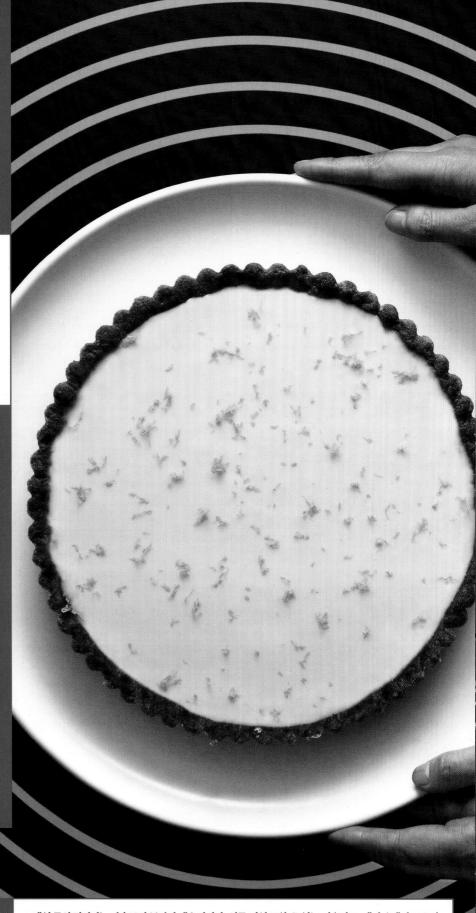

: 응용 요리 :
오렌지 크림 타르트

제철 귤의 절정기는 가을부터 봄까지 계속되지만, 이를 전혀 구할 수 없는 경우라도, 대신 오렌지 주스와 오렌지 제스트를 사용하면 오렌지 크림 타르트로 언제나 만들 수 있다.

1 푸드 프로세서에 아몬드 가루와 애로루트 가루를 넣고 굳힌 기, 꿀, 소금 한 꼬집을 넣는다.

2 잘 섞이도록 푸드 프로세서를 짧게 끊어 작동시킨다. 반죽이 부서지기 쉬워 보여도 손가락으로 눌렀을 때 서로 뭉쳐져야 한다.

3 24cm 타르트 팬의 바닥과 옆면에 반죽을 눌러서 앉힌다. 얇은 껍질 형태가 되도록 단단히 눌러 준다. 측면이 직선이며 둥근 계량컵을 사용하여 쉘 바닥과 측면을 매끄럽고 더 치밀하게 만든다.

4 오븐을 165℃로 예열하고, 20~25분간 굽거나 노릇하고 단단해질 때까지 굽는다. 구운 쉘은 타르트 팬째로 와이어 랙 위에서 식힌다.

5 작은 볼에 물 2큰술을 담고 젤라틴을 넣는다. 5분간 두거나 젤라틴이 다 녹아서 부풀어 오를 때까지 둔다.

6 냄비에 5cm 깊이로 물을 담고 중불에서 뭉근하게 끓인다.

7 냄비에 올려 중탕할 수 있는 스테인리스 스틸 볼에 귤즙, 라임즙, 달걀, 달걀 노른자, 꿀, 소금 한 꼬집을 넣어 섞는다.

8 냄비 위에 **7**을 올린다. 젤라틴을 넣은 후 걸쭉해질 때까지 8~10분간, 순간 측정 온도계로 쟀을 때 재료의 온도가 82℃에 이를 때까지 거품기로 저어 준다.

9 냄비 위에서 볼을 내리고 불을 끈다. 재료의 온도가 60℃까지 내려가도록 가끔 저어 주면서 식힌다.

10 핸드 블렌더나 믹서를 이용해 **9**에 굳힌 코코넛 오일을 한 번에 한 큰술씩 천천히 넣어 갈거나 한꺼번에 간다. 다음 코코넛 오일을 넣기 전에 먼저 넣은 것이 잘 섞여야 된다는 걸 명심한다.

11 식힌 타르트 쉘 안에 **10**을 붓는다. 타르트가 잘 굳을 때까지 냉장실에 최소 4시간, 최대 3일까지 보관한다.

12 먹기 15분 전에 냉장고에서 타르트를 꺼내고 귤 제스트를 뿌려 장식한다. 타르트 팬에서 타르트를 분리하고 상에 낸다.

소박한 초콜릿 케이크
RUSTIC CHOCOLATE CAKE

◇◇◇◇◇◇◇◇

8인분
8시간(순수 조리 시간 30분)

인스타그램에서 제과 전문가인 리즈 프루잇(Liz Prueitt)의 화려한 무-곡물 초콜릿 케이크를 본 후, 팔레오 버전으로 만들어야 함을 깨달았다. 그 결과는 가볍고 폭신하면서도 즐거웠으며, 이것은 어린 시절 상자에 들어 있는 케이크 믹스로 만들었던 간식을 떠올리게 한다.

재료

기 또는 코코넛 오일 – 케이크 틀에 칠하는 용도
아몬드 가루 2컵(224g)
코코아 파우더 ⅓컵(48g)
소금 ¼작은술
베이킹 소다 ½작은술
큰 달걀 2개
코코넛 설탕 ½컵(100g)
지방을 제거하지 않은 코코넛 밀크 ¾컵 (180ml)
애플 사이다 식초 1작은술
바닐라 익스트랙트 1작은술

토핑

지방을 제거하지 않은 코코넛 밀크 통조림 1통(396g) – 하룻밤 냉장 보관
코코넛 설탕 1큰술(선택사항)
바닐라 익스트랙트 ½작은술
코코아 파우더 1큰술
신선한 산딸기 ½컵(120ml)

만드는 방법

1 시작하기 전에 코코넛 밀크 통조림을 냉장고에 넣어야 한다는 사실을 잊지 말자. 그래야 나중에 과정 **12**에서 거품 낸 코코넛 크림을 만들 수 있다.

2 구울 준비가 되면 오븐을 175℃로 예열하고 오븐 랙을 오븐의 가운데에 끼운다.

3 20cm 원형 케이크 틀의 바닥과 옆면에 기 또는 코코넛 오일을 바르고 기름칠한 바닥에 유산지를 깐다.

4 큰 볼에 아몬드 가루, 코코아 파우더, 소금, 베이킹 소다를 넣고 섞는다.

5 다른 볼에 달걀과 코코넛 설탕을 넣고 부드러워질 때까지 핸드 믹서로 저어 준다. 밝은 베이지색이 되어야 한다.

6 **5**에 코코넛 밀크, 애플 사이다 식초, 바닐라 익스트랙트를 넣고 잘 섞는다(냉장고에 넣은 코코넛 밀크는 사용하지 않고 과정 **12**를 위해 남겨 둔다.).

7 **4**의 가루 재료에 **6**을 붓고…

8 … 핸드 믹서로 느린 속도로 저어 잘 섞는다.

9 케이크 틀에 반죽을 붓고 윗부분을 주걱으로 고르게 한다.

10 오븐에서 25분 굽거나 윗부분을 손으로 살짝 눌렀을 때 다시 올라올 때까지 굽는다. 가운데를 이쑤시개로 찔러서 묻어나는 게 없어야 한다.

11 와이어 랙 위에서 케이크 틀째로 20분간 식힌 후, 팬에서 분리해 와이어 랙 위에서 완전히 식힌다.

12 그동안 코코넛 크림을 거품 낸다. 냉장고에서 코코넛 밀크 통조림을 꺼내, 통조림 하단에 구멍 2개를 내서 물을 따라내고 걸쭉한 크림 부분만 남긴다.

13 차게 식힌 볼에 코코넛 크림을 옮긴다. 코코넛 설탕 1큰술(원하는 경우에), 바닐라 익스트랙트 ½작은술을 넣는다. 거품기로 들어 올렸을 때 중간 크기의 뾰족한 뿔이 생기도록 열심히 거품 낸다.

14 케이크 위에 거품 낸 코코넛 크림을 올린다(유제품이 괜찮다면 우유로 거품 낸 휘핑크림을 올린다.). 코코아 파우더를 체로 쳐서 케이크 위에 장식한다.

15 산딸기로 장식하고 차려낸다. 남은 것은 밀폐 용기에 담아 4일까지 냉장 보관 가능하다.

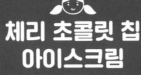

체리 초콜릿 칩
아이스크림
CHERRY CHOCOLATE
CHIP ICE CREAM

◇◇◇◇◇◇◇◇◇

6인분
4시간(순수 조리 시간 15분)

온갖 것들을 곁들인 스플릿(과일, 주로 바나나를 길게 가르고 위에 크림, 아이스크림 등을 얹은 것)을 원할 때, 이 디저트를 만들어 보라. 얼려서 크림같이 갈아낸 바나나를 포함해서 여러분이 좋아하는 고전적인 디저트에 관한 모든 것이 들어 있다. 잘 익었지만 먹을 생각은 없는 바나나를 얼려야 한다는 걸 기억하자. 그렇게 하면 유제품을 넣지 않고, 아이스크림 메이커도 필요 없는 이 간식을 항상 만들 수 있을 것이다.

재료

중간 크기의 잘 익은 냉동 바나나 3개 – 껍질을 벗기고 1.3cm 폭으로 썰기

씨를 뺀 냉동 다크 스위트 체리 2½컵(340g)

체리 주스 ½컵(120ml)

바닐라 익스트랙트 1작은술

코셔 소금 조금

다크 초콜릿 칩 ½컵(120ml)

구운 아몬드 슬라이스 ½컵(120ml)

가나슈

지방을 제거하지 않은 코코넛 밀크 ½컵(120ml)

다크 초콜릿 113g – 다지기

코셔 소금 조금

만드는 방법

1 냉동 바나나, 체리, 체리 주스, 바닐라 익스트랙트, 소금 한 꼬집을 푸드 프로세서에 넣는다.

2 냉동 과일이 비슷한 크기가 되도록 짧게 끊어가며 갈다가, 소프트 아이스크림 같은 질감이 될 때까지 1~2분간 갈아 준다.

3 초콜릿 칩을 넣고 3~5분간 갈거나 고루 섞일 때까지 간다.

4 밀폐 용기에 ❸을 담고 뚜껑을 덮어 최소 4시간, 최대 2주까지 얼린다.

(기다리기 힘들다면? 지금 먹도록 한다. 손님들에겐 체리 초콜릿 칩 소프트라고 말한다.)

5 먹을 준비가 되면 아이스크림을 냉동실에서 꺼내 살짝 부드러워질 때까지 둔다. 이 상태로 먹거나…

6 … 전력을 다해 같이 먹을 가나슈를 만든다. 작은 냄비에 코코넛 밀크가 뭉근하게 끓을 때까지 중불에서 데운다.

7 큰 볼에 초콜릿을 넣고 뜨거운 코코넛 밀크와 소금 한 꼬집을 넣는다. 1~2분간 둔다.

8 그 후, 뜨거운 코코넛 밀크에 초콜릿이 녹도록 저어 준다. 부드럽게 잘 섞일 때까지 계속 저어 준다.

9 볼에 아이스크림을 떠 넣고 위에 가나슈와 아몬드 슬라이스를 뿌린 후 즉시 상에 낸다.

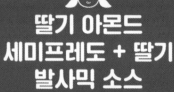

딸기 아몬드 세미프레도 + 딸기 발사믹 소스
STRAWBERRY ALMOND SEMIFREDDO + BERRY BALSAMIC SAUCE

◇◇◇◇◇◇◇

6인분
10시간(순수 조리 시간 1시간)

아이스크림과 커스터드의 우아한 혼합체인, 이탈리아의 세미프레도(Semi-freddo)는 전통적으로 구름같이 푹신한 머랭과 휘핑크림 속에 자발리오네(Zabaglione)를 조심스럽게 섞고 얼려서 만든다. 세미프레도가 만들기 어렵다는 것은 말할 필요도 없다. 그래서 쿡스 일러스트레이티드의 간단한 방법을 발견할 때까지 미룬 것이다. 나는 그 기술을 차용해 팔레오화된 나만의 세미프레도를 만들었다. 그리고, 하! 이것봐라! 기적같이 성공적이었다.

사실, 지나치다 싶을 정도로 잘 만들어졌다. 이 요리책을 쓰는 동안에도, 공기같이 가벼운 세미프레도를 여러 번 만들기 위해(맛도 테스트하고) 변명거리를 계속 만들고 있다.

결국, 나의 끊임없는 테스트는 실제로 몇 가지 유용한 교훈을 주었다. 예를 들자면, 스탠드 믹서로 세미프레도를 만드는 게 더 편하긴 하지만, 핸드 믹서로도 만들 수도 있다는 걸 발견했다. 재료를 빠르고 부드럽게 섞는 것이 최상의 질감을 낸다는 것도 알아냈다. 그리고 물론, 세미프레도와 소스 둘 다 미리 만들어 놓을 수 있어, 막바지 디저트 준비의 스트레스를 없앨 수 있다.

또한, 간소화된 세미프레도 레시피라도, 이 책의 대부분 다른 요리들보다 더 많은 노력과 정성이 필요하다는 것을 알게 되었다. 그것은 좋은 일이다. 나같이 게으른 전직 설탕광이 이 퇴폐적인 음식을 매일 만들지 못하게 하니까.

재료

코코넛 크림 1컵(240ml) – 하룻밤 차게 식히기

메이플 시럽 ½컵(120ml)

레몬 ½개 – 가로로 자르기

큰 달걀 흰자 3개 – 실온으로 준비

바닐라 익스트랙트 1작은술

신선한 딸기 ½컵(90g) – 잘게 깍둑썰기

구운 아몬드 ¼컵(60ml) – 다지기

소스

발사믹 식초 ¼컵(60ml)

꼭지를 따고 얇게 슬라이스한 딸기 2컵(340g)

생꿀 3큰술

갓 짜낸 레몬즙 1큰술

바닐라 익스트랙트 1작은술

소금 ¼작은술

가니시

슬라이스한 딸기 ¼컵(60ml)

구운 아몬드 ¼컵(60ml) – 다지기

민트 잎 2큰술

만드는 방법

① 22×13×7cm 로프 팬에 랩을 씌운다. 틀 옆면 바깥으로 랩이 길게 나오도록 하고 잠시 둔다.

② 큰 볼에 코코넛 크림을 넣고 부드럽고 푹신해질 때까지 거품기나 핸드 믹서로 거품을 낸다. 랩을 씌워 냉장고에 둔다.

③ 작은 냄비에 메이플 시럽을 붓고 불은 아직 켜지 않는다. ④번 과정이 정신 없이 빠르게 진행되므로, 다음 과정을 빨리 할 수 있도록 미리 준비하는 것이다.

④ 큰 볼 또는 스탠드 믹서의 볼 안쪽을 레몬의 절단면으로 문지른다(나는 핸드 믹서를 이용해 시연하겠지만 쉽게 만들려면 스탠드 믹서를 이용한다.).

⑤ 볼에 달걀 흰자를 넣고 중간 속도로 2분간 거품 내거나, 부드럽지만 단단하게 뿔이 서지는 않을 정도로 거품을 낸다. 잠시 옆에 둔다.

⑥ 흰자 거품이 뿔 형태가 되면, 메이플 시럽을 중불에서 3분간, 또는 당과용 온도계로 측정했을 때 114~116℃가 될 때까지 가열한다.

⑦ 달걀 흰자 거품이 담긴 볼에 뜨거운 메이플 시럽을 천천히 부어 주며, 믹서의 중고속으로 거품을 낸다. 메이플 시럽이 믹서의 거품기나 볼에 닿지 않도록 한다.

⑧ 속도를 고속으로 높이고, 단단하고 윤기가 나면서 들어올렸을 때 뾰족하게 뿔이 설 때까지 4~5분간 거품 낸다. 바닐라 익스트랙트를 넣고 잘 섞이도록 저어 준다.

⑨ 냉장고에서 ❷의 코코넛 크림을 꺼내고 고무 주걱으로 한 덩이를 떠서 ❽에 넣어 잘 섞는다.

⑩ 그 후, 나머지 코코넛 크림과 깍둑썬 딸기, 구운 아몬드를 넣고 부드럽게 섞는다. 과도하게 섞지 않는다.

⑪ 랩을 씌운 팬에 ⑩을 붓고 고무 주걱을 이용해 윗부분을 고른다.

⑫ 옆면으로 길게 나온 랩을 위로 접어 올리고 세미프레도를 최소 8시간, 또는 단단해질 때까지 냉동한다(냉동한 상태로 2주까지 보관 가능하다.).

⑬ 세미프레도를 먹기 최소 1시간 전(최대 1주일 전)에 소스를 만든다. 작은 냄비에 발사믹 식초를 넣고 센 불로 가열한다.

⑭ 거품이 나기 시작하면 중불로 낮추고 3~5분간 또는 양이 절반으로 줄 때까지 뭉근하게 끓인다.

⑮ 식초가 시럽처럼 걸쭉해야 하며 주걱으로 바닥을 긁었을 때 흘러내리지 않아야 한다.

⑯ 딸기, 꿀, 레몬즙, 바닐라 익스트랙트, 소금을 더한다.

⑰ 중불로 5~10분간, 또는 딸기가 으스러질 때까지 뭉근하게 끓인다.

⑱ 냄비를 불에서 내리고 핸드 블렌더를 이용해 소스를 간다. 나는 덩어리를 좀 남기지만, 부드러운 소스를 좋아한다면 모두 갈아도 된다.

⑲ 맛을 보고 필요하다면 꿀이나 레몬즙을 더하고 실온으로 식힌다. 소스는 냉장고에서 1주일까지 보관할 수 있다.

⑳ 세미프레도를 차려내기 위해, 얼린 세미프레도를 틀에서 빼내 칼로 슬라이스한다. 칼날을 뜨거운 물에 담갔다가 자르면 잘 잘린다.

㉑ 세미프레도 위에 소스, 딸기, 구운 견과류, 민트 잎을 올린다.

KINDA READY!

미리 만들어 둔 음식을 활용한
손쉬운 식사

준비가 조금밖에
되어 있지 않다면
무엇을 해야 하나요?

이전 파트를 다 읽고 나서 "나는 절대로 매일 저녁 이런 식으로 요리할 순 없어."라고 혼잣말을 했는가?

괜찮다. 여러분은 그러지 않아도 되기 때문이다.

오해하진 않았으면 한다. 실제로 시간과 에너지가 있을 때, 책장의 요리책들을 여유롭게 살펴보고 새로운 요리법을 고르는 것, 특별한 재료를 구입하러 가고, 영감을 받은 요리에 몇 시간을 쏟는 것은 내 뇌의 창조적인 면을 자극한다. 그것은 재미있고도 보람차다. 특히 누군가가 나중에 설거지를 해 준다면 더더욱 말이다.

하지만 거의 대부분의 저녁에 우리가 당면하는 문제는, 가족들의 입안에 건강하면서도 맛있는 저녁 식사를 밀어 넣는 것이다. 그것도 당장. 덧붙이자면, 정신없이 바쁘게 일하고 다른 사람의 일을 돕느라 동분서주 한 후에, 아무것도 없이 맨 처음부터 완전한 식사를 준비한다는 것은 일어나기 힘든 일이다. 나는 차라리 냉장고를 샅샅이 뒤져서 남은 음식들을 그릇에 털어내 모두 섞어 버리고, 이제 끝이라고 해 버리겠다!

하지만 그건 정말 끔찍할 것이다. 그게 바로 'KINDA READY' 파트의 레시피들이 생명의 은인인 이유이기도 하다. 즉, 찬장의 주요 식재료와 남은 음식을, 가장 뛰어난 미각까지도 만족시키는 즉석 식사로 바꿔 준다는 것이다.

많은 면에서 이 요리들은 내가 평소 요리하는 방식을 가장 잘 보여 준다. 특히, 바쁜 주중에 저녁 식사 준비를 할 때 말이다. 부엌에서 시간이 좀 남는 날엔, 내가 요리하는 게 무엇이든지 2배로 만들려고 노력한다. 그러면, 남은 음식을 다음 식사에 추가할 수 있다. 집에서 만든 소스, 드레싱과 육수는 추가로 풍미를 돋울 필요가 있을 때 유용하다. 기본적인 것 몇 가지로 무한한 수의 맛을 조합할 수 있다.

무엇보다 좋은 점은 이것이 출발점이라는 것이다. 기존의 재료들을 새로운 창조물로 얼마나 쉽게 조합할 수 있는지 알게 된다면, 남은 음식을 변신시켜 만든 여러분만의 식사로 황홀해질 준비가 된 것이다.

제가 처음부터 요리할 '준비가 확실히' 되어 있는 경우는 흔치 않아요.

하지만 다른 한편으로는, '전혀 준비되지 않은' 경우도 거의 없지요.

저는 대개, 소스나 남은 음식 같은, 미리 만들어진 재료들을 부엌에 저장해요…

… 지난밤 만든 '칼루아 피그'나 '선데이 그레이비', 바로 사용할 수 있는 '볶음 소스' 1~2병, 샐러드 드레싱 또는 핫소스 같은 것들 말이에요.

운이 좋다면, 여러분의 '그린 플랜틴 튀김'이나 냉동실에 얼려 둔 '콜리 라이스'를 가지고 있을 수도 있지요.

이게 나의 가장 좋은 점 이에요.

나는 부엌에 기본적인 재료들이 많은 것이 좋아요. 그러면 새롭고 흥미로운 방법으로 그것들을 조합해 보기만 하면 되죠.

행그리 수프
HANGRY SOUP

◇◇◇◇◇◇◇

6인분
45분(순수 조리 시간 10분)

너무 배가 고파서 화가 날 땐 이 수프를 만들 필요가 있다. 이 요리가 내면의 야수를 진정시킬 것이다.

재료

선데이 그레이비(160쪽) 4컵(960ml)
뼈 육수(84쪽) 또는 닭 육수 6컵(1.44L)
얇게 슬라이스한 양배추나 근대 또는 케일 잎 3컵(720ml)
중간 크기 당근 2개 – 얇게 슬라이스하기
감자 226g(선택사항) – 껍질 벗기고 깍둑 썰기
코셔 소금 조금
갓 갈아낸 흑후추 조금
곱게 다진 바질 2큰술
곱게 다진 이탈리안 파슬리 2큰술
셰리 식초 2작은술(선택사항)

나는 화고파 (hangry)!

당장 먹을 걸 줘!

만드는 방법

1 큰 냄비에 선데이 그레이비 남은 것을 넣고…

2 …육수를 부어 섞는다.

3 채소를 넣고 잘 섞이도록 저어 준다.

4 센 불에서 끓인다.

5 뚜껑을 덮고 중약불로 줄인다(또는 충분히 보글보글 끓을 정도로).

6 20~25분 끓이거나, 채소가 부드러워질 때까지 끓인다. 수프가 너무 걸쭉하다면 육수를 조금 더 넣는다.

(좀 더 빨리 만들고 싶다면 압력솥을 이용한다! 모든 재료를 고압으로 5분간 조리한다.)

7 입맛에 따라 소금, 후추로 간한다. 원한다면 셰리
식초를 휙 둘러 산미를 추가해 맛의 윤곽을 살린
다. 볼에 떠 넣고 신선한 허브로 장식한다. 냉장
실에서 3일까지, 냉동실에서 3개월까지 보관 가
능하다.

생강 참깨 소스를 곁들인 당근 오븐 구이
ROASTED CARROTS WITH GINGER SESAME SAUCE

◇◇◇◇◇◇◇

4인분
35분(순수 조리 시간 5분)

오븐에 구워서 달콤하고 부드러운 당근은 거의 최고의 음식이라 할 수 있다. 하지만 여기에 신선한 차이브와 톡쏘는 맛의 크리미한 '생강 참깨 소스(74쪽)'를 뿌려 주면 풍미를 최대치로 끌어 올릴 수 있다.

재료

생강 참깨 소스(74쪽) ¼컵(60ml)

어린 당근 453g – 비벼 씻은 후 물기 닦아 내기

올리브 오일 2큰술

코셔 소금 조금

갓 갈아낸 흑후추 조금

다진 차이브 ¼컵(60ml)

볶은 참깨 1큰술(74쪽의 굽는 방법 참조)

당근 껍질을 벗길 필요조차 없어요!

만드는 방법

1 오븐을 220℃로 예열하고 오븐 랙을 가운데에 끼운다. 생강 참깨 소스를 꺼내 온다. 베이킹 팬에 유산지를 깔고 위에 당근을 한 겹으로 나열한다.

2 당근 위에 올리브 오일과 소금, 후추를 뿌린다.

3 오븐에서 30분간 굽거나 당근이 부드러워질 때까지 굽는다.

4 당근 위에 생강 참깨 소스를 뿌리고 위에 차이브와 참깨를 뿌려 장식한다.

5 실온에서 맛이 아주 훌륭하며 냉장고에서 바로 꺼낸 후에도 맛이 좋다.

베이컨 방울양배추와 김치 애플 소스
BACON BRUSSELS SPROUTS WITH KIMCHI APPLESAUCE

◇◇◇◇◇◇◇

6인분
45분(순수 조리 시간 20분)

믿기 힘들겠지만, 그동안 나의 레시피중 가장 인기 있었던 것은 역시 가장 간단한 것이었다. 그 중 하나가 바로 훈제향이 나는 베이컨을 방울양배추와 함께 오븐에 구운 것이다. 고전 레시피를 더욱 근사하게 만드는 건 어려운 일이지만 나는 이 요리에서 그 일을 해냈다고 생각한다. 방울양배추와 베이컨을 오븐에 함께 조리하는 대신에, 따로 바삭하게 조리하기로 결정한 것이다. 그렇게 하면 차려낼 때도 환상적인 바삭함이 유지된다. 그리고 물론 맵고 새콤한 '김치 애플 소스(72쪽)'를 추가하면 완전히 새로운 차원을 맛을 경험할 수 있다. 한번해 보시라!

재료

김치 애플 소스(72쪽) 1컵(240ml)

두툼한 베이컨 슬라이스 3장 – 6mm 폭으로 썰기

방울양배추 907g – 2등분하기(큰 것은 4등분)

코셔 소금 ½작은술

갓 갈아낸 흑후추 ¼작은술

나는 방울이가 좋아요!

만드는 방법

1 만들어 둔 김치 애플 소스를 사용하거나 새로 만든다. 오븐을 220°C로 예열하고 오븐 랙을 가운데에 끼운다. 베이컨을 큰 프라이팬에 넣고 바삭해질 때까지 중불에서 10~12분간 조리한다.

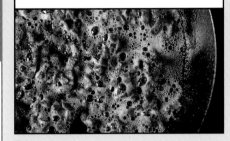

2 구멍이 있는 조리 스푼을 이용해 베이컨을 키친타월을 간 접시로 옮긴다.

3 베이컨 기름이 남아 있는 프라이팬에 방울양배추를 넣고 소금, 후추를 뿌린다.

4 방울양배추에 기름이 고르게 코팅되도록 저어 준다.

5 베이킹 팬에 방울양배추를 옮기고 오븐에서 25분간 굽거나 부드럽고 갈색빛이 날 때까지 굽는다. 조리 시간 중반에 방울양배추를 한번 뒤적여 준다.

만들어 둔 김치 애플 소스가 없다면 미루지 말고 지금 만든다. 5분밖에 안 걸린다.

6 큰 볼에 방울양배추를 옮기고 김치 애플 소스를 뿌린 후 구운 베이컨 조각을 위에 뿌린다.

닭고기와 아보카도를 곁들인 동양풍 냉 주키니 국수 샐러드

CHILLED ASIAN ZOODLE SALAD WITH CHICKEN + AVOCADO

◇◇◇◇◇◇◇◇

4인분
25분

스파이럴라이저로 채소를 채써는 일은 전혀 질리지 않는다. 잘게 찢은 닭고기를 넣고 넋이 나갈 정도로 매력적으로 만든 초록빛 주키니 국수 샐러드가 그 결과라면 특히 그렇다.

익히지 않은 주키니와 당근 국수는 전분기 많은 쫄깃한 파스타 면발을 완벽하게 대체한다. 버터 같은 아보카드 슬라이스와 볶은 참깨, 향긋한 허브도 요리에 맛과 질감을 더해 준다. 무엇보다도 이 샐러드는 미리 만들어 둔 드레싱과 남은 닭고기로 순식간에 완성할 수 있다.

재료

생강 참깨 소스(74쪽) ½컵(120ml)

미리 오븐에 굽는 닭 가슴살(92쪽) 4컵(960ml) – 조리하여 잘게 찢기

중간 크기 주키니 4개 – 끝부분 손질하기

중간 크기 당근 2개 – 껍질 벗기기

코셔 소금 조금

고수 2큰술

곱게 다진 민트 2큰술

대파 2대 – 얇게 슬라이스하기

아보카도 1개 – 껍질, 씨 제거 후 얇게 슬라이스하기

볶은 흑임자 1큰술

만드는 방법

1 생강 참깨 소스와 조리한 닭고기가 있어야 함을 명심한다. 스파이럴라이저나 줄리앤 필러, 채칼, 칼을 이용해 주키니와 당근을 긴 국수 형태로 채썬다.

2 국수 형태로 채썬 주키니와 당근이 너무 길다면 조금 짧게 잘라 준다. 키친타월이나 면보로 채소 국수의 물기를 제거한다. 아무도 질척한 주키니 국수를 좋아하진 않는다.

3 큰 볼에 채소 국수, 닭고기, 생강 참깨 소스를 넣고 입맛에 맞게 소금으로 간한다.

4 신선한 허브와 대파를 더한다.

5 위에 아보카도 슬라이스와 흑임자를 뿌려서 차려낸다.

스리라차 해바리기씨 버터와 닭고기를 곁들인 주키니 국수

SRIRACHA SUNBUTTER ZOODLES + CHICKEN

◇◇◇◇◇◇◇

1인분
10분

누가 채소는 단조롭다고 했던가? 스파이럴라이저로 주키니를 길게 채써는 것은 재미있고 먹는 것 또한 즐겁다. 특히 거부하기 힘든 화끈하고 새콤한 맛의 만들기 쉬운 소스와 함께라면. 주키니 국수 최고!

재료

무–견과류 매콤 타이 소스(66쪽) 3큰술
미리 오븐에 굽는 닭 가슴살(92쪽) 1컵(240㎖)
– 조리하여 잘게 찢기
중간 크기 주키니 1개 – 끝부분 손질하기
작은 당근 1개 – 껍질 벗기기
아보카도 ¼개 – 껍질, 씨 제거 후 얇게 슬라이스하기
방울토마토 ¼컵(60㎖) – 2등분하기
작은 대파 1대 – 얇게 슬라이스하기
고수 잎 1큰술
볶은 참깨 1작은술

만드는 방법

① 이 레시피엔 무–견과류 매콤 타이 소스와 조리해 놓은 닭고기가 필요하다. 스파이럴라이저, 줄리앤 필러, 채칼을 이용해 주키니와 당근을 긴 국수 형태로 채썬다.

② 볼에 ①의 채소와 무–견과류 매콤 타이 소스, 닭고기를 넣고 버무린다.

③ 그릇에 ②를 담고 아보카도 슬라이스, 방울토마토, 허브, 참깨를 올려 장식한다.

④ 먹는다. 그나저나 이 요리는 새우를 넣어도 맛있게 먹을 수 있다.

레드 페스토
오이 국수
RED PESTO COODLES

◇◇◇◇◇◇◇

4인분
10분

아시다시피, 채소 스파이럴라이저는 주키니 호박 외에 다른 채소에도 사용할 수 있다. 좋은 예는 오이.

길게 채썬 생 오이 국수는 아삭하고 신선하며, 여러분이 좋아하는 소스나 육수의 맛을 훌륭하게 빨아들여 파스타를 대신할 수 있다. 조리하지 않고 만드는 나의 '선드라이 토마토 페스토(81쪽)'와 함께 오이 국수를 버무리면, 식탁 위에 생기 넘치는 채소 요리를 곁들이기 위해 가스레인지에 불을 켤 필요조차 없다.

재료

선 드라이 토마토 페스토(81쪽) ¼컵(60ml)
청오이 2개 – 씻어서 끝부분 손질하기
채썬 바질 잎 ¼컵(60ml)
볶은 잣 2큰술

오이국수팀

만드는 방법

1 만들어 놓은 선 드라이 토마토 페스토를 꺼내거나 지금 만든다. 스파이럴라이저, 줄리앤 필러, 채칼을 이용해 오이를 긴 국수 형태로 채썬다. 다루기 힘들 정도로 길다면 짧게 잘라 준다.

2 키친타월이나 면보로 오이 국수의 물기를 제거한다.

3 큰 볼에 오이 국수, 페스토를 넣어 버무리고 그릇에 옮겨 담는다.

4 위에 바질, 잣을 올린다.

5 먹는다!

그릴에 구운 로메인 상추 + 브로콜리니 샐러드

GRILLED ROMAINE + BROCCOLINI SALAD

◇◇◇◇◇◇◇

4인분
20분

샐러드가 평이하고 지루하다고 생각한다면, 여러분의 채소가 아마도 실제로 어떠한 불의 움직임도 본 적이 없기 때문일 것이다. 뜨거운 그릴을 이용해서 채소를 빠르게 그슬리고 연기를 쏘여 보라. 그러면 여러분은 이 샐러드의 진한 풍미에 감탄하게 될 것이다.

재료

녹색의 야수 드레싱(56쪽) ¼컵(60ml)

아보카도 오일 또는 올리브 오일 조금

로메인 상추 2송이(약 453g) – 심지가 남도록 다듬은 뒤 세로로 자르기

브로콜리니 2묶음(약 453g) – 끝부분을 다듬고 씻은 뒤 물기 닦기

대파 2묶음(약 113g) – 끝부분을 다듬고 씻은 뒤 물기 닦기

중간 크기 적양파 1개 – 껍질 벗기고 링 모양으로 두툼하게 슬라이스하기

밀감 2개 – 가로로 2등분하기

코셔 소금 조금

갓 갈아낸 흑후추 조금

곱게 다진 차이브 2큰술

얇게 채썬 바질 2큰술

곱게 다진 이탈리안 파슬리 또는 딜 2큰술

만드는 방법

1 녹색의 야수 드레싱을 준비한다. 베이킹 팬 2개에 올리브 오일을 두르고 여기에 상추, 브로콜리니, 대파, 양파, 밀감을 버무려 기름을 코팅한다.

2 ①의 채소 위에 기름을 좀 더 뿌린다. 모든 채소에 기름이 흥건하지 않고 얇게 코팅되어야 한다.

3 소금, 후추로 간한다.

4 중불에 뜨겁게 달군 그릴에 3~5분간 채소를 굽는다. 조리 중반에 한 번 뒤집고 양면이 먹기 좋게 그을 때까지 굽는다(팁: 대파의 조리가 먼저 끝나고 양파가 마지막에 끝날 것이다.).

5 밀감의 절단면이 그릴 쪽에 오도록 놓고 진한 그릴 자국이 생길 때까지 굽는다.

6 큰 접시에 구운 채소를 옮긴다.

7 밀감을 짜서 즙을 뿌린다(또는 접시에 곁들인 후 식사를 하는 사람이 짜서 먹도록 한다.).

8 드레싱을 숟가락으로 떠서 위에 올린다.

9 신선한 허브를 넉넉히 올려 장식한다.

멕시코풍 수박 + 오이 샐러드

MEXICAN WATERMELON + CUCUMBER SALAD

◇◇◇◇◇◇◇

6인분
15분

무더운 여름날에 먹는 '멕시코풍 수박 + 오이 샐러드'는 차가운 물의 향연과도 같다. 매콤한 고추와 톡 쏘는 라임을 넣은 신선하고 달콤한 이 요리를 맛보면 여러분은 더 달라고 아우성치게 될 것이다.

재료

훈제향 라임 호박씨(54쪽) ¼ 컵(60ml)
얇게 슬라이스한 적양파 ¼ 컵(60ml)
크기가 작은 씨 없는 수박 1통(약 2.26kg)
– 큼직하게 깍둑썰기
청오이 1개 – 1.2cm 굵기로 슬라이스하기
엑스트라 버진 올리브 오일 ¼ 컵(60ml)
앤초 칠리 파우더 1작은술
코셔 소금 ⅛작은술
카이엔 페퍼 파우더 ¼작은술
라임즙과 고운 라임 제스트(라임 2개분)
민트 잎 2큰술

만드는 방법

1 훈제향 라임 호박씨가 아직 없다면 먼저 만든다.

2 볼에 얼음물을 담고 양파를 10분간 담아 양파 조각을 분리한다.

3 큰 볼에 수박, 오이, 물기를 뺀 양파를 담고…

4 … 올리브 오일, 칠리 파우더, 소금…

5 … 카이엔 페퍼 파우더, 라임즙과 제스트를 더해 잘 버무려 섞는다. 맛을 보고 필요하다면 간을 더한다.

6 신선한 민트 잎과 구운 호박씨로 장식하고 바로 차려낸다.

누가 수박이라고 했나요?!?

어! 눈이 생겼잖아!

겨울밤의 데이트 샐러드
WINTER DATE NIGHT SALAD

◇◇◇◇◇◇◇

4인분
30분

내가 이것을 '겨울밤의 데이트 샐러드'라고 부른다고 해서 식사를 하는 파트너에게 라디치오와 닭고기를 포크로 찍어 서로 먹여 주면서 추파를 던져야 한다는 의미는 아니다. 저녁 식사로 충분히 풍성하고 환상적인 맛을 선사하는 겨울 샐러드라는 뜻이다.
그리고 데이트(Date, 대추야자)가 들어 있기도 하다.

재료

견과류 디종 비네그레트(61쪽) ½컵(120ml)

미리 오븐에 굽는 닭 가슴살(92쪽) 4컵 (960ml) – 조리하여 잘게 찢기

중간 크기 사과 1개 – 씨 제거 후 얇게 슬라이스하기

라임즙(라임 ½개분)

벨지언 엔다이브 4개 – 끝부분을 다듬고 잎을 1장씩 뜯기

중간 크기 라디치오 1개 – 심 제거 후 얇게 슬라이스하기

말린 메줄 대추야자 2개 – 씨 제거 후 슬라이스하기

곱게 다진 차이브 ¼컵(60ml)

다진 파슬리 ¼컵(60ml)

구운 헤이즐넛 ¼컵(60ml) – 굵직하게 다지기

건크랜베리 ¼컵(60ml, 선택사항)

만드는 방법

1 견과류 디종 비네그레트와 조리해 둔 닭고기가 있다면? 좋다. 슬라이스한 사과와 라임즙을 버무려 갈변을 막는 것부터 시작한다.

2 큰 볼에 사과, 닭고기, 엔다이브, 라디치오, 대추야자를 섞는다.

3 드레싱과 신선한 허브를 넣는다.

4 샐러드 스푼이나 '자연의 샐러드 스푼'인 깨끗한 손을 이용해 샐러드를 버무린다.

5 위에 헤이즐넛을 올리고 원한다면 건크랜베리를 올린다.

그리고 모든 훌륭한 관계와 마찬가지로, 이 샐러드도 다채롭고, 달콤 쌉쌀하며 고소해요!

태국풍 청사과 슬로
THAI GREEN APPLE SLAW

◇◇◇◇◇◇

4인분
30분

포틀랜드에 위치한 '파디(PaaDee)'의 놀라울 정도로 아삭하고 신선한 샐러드에서 영감을 받은 동남아시아의 슬로는 여러 종류의 구운 단백질과 아름답게 조화를 이룬다. 태국과 베트남을 여행하면서 먹었던 신선하고 다채로운 그린 파파야 샐러드를 떠올리게 한다. 하지만 현실적으로 생각해 보자. 그린 파파야는 청사과만큼 찾기가 쉽지 않다. 게다가, 나는 그린 파파야를 벗기고 잘게 써는 걸 견뎌낼 인내심이 없다.

여러분, 만약 나에게 선택권이 있다면 나는 항상 세상에서 가장 게으른 선택을 할 것이다. 게다가 가장 맛있기까지 하다면 말이다.

재료

태국 감귤 드레싱(55쪽) ¼컵(60ml)

그래니 스미스 애플 2개 – 껍질, 씨 제거 후 가는 막대 모양으로 썰기(청사과로 대체 가능)

중간 크기 당근 2개 – 껍질 벗기고 가는 막대 모양으로 썰기

큰 홍피망 1개 – 꼭지와 씨 제거 후 가는 막대 모양으로 썰기

작은 적양파 ¼개 – 얇게 슬라이스하기

대파 2대 – 어슷썰기

곱게 다진 고수 1큰술

손으로 찢은 바질 잎 2큰술

구운 캐슈넛 ¼컵(60ml) – 굵직하게 다지거나 부수기

만드는 방법

❶ 태국 감귤 드레싱이 있어야 하며, 없다면 지금 만든다.

❷ 큰 볼에 사과, 당근, 피망을 넣고…

❸ … 양파, 대파, 고수, 바질을 더한다.

❹ 태국 감귤 드레싱을 넣고 샐러드를 버무린다.

❺ 위에 캐슈넛을 올려 차려낸다.

플랭크 스테이크
슈퍼 샐러드
FLANK STEAK
SUPER SALAD

◇◇◇◇◇◇◇◇

6인분
30분

무엇이 이 음식을 슈퍼 샐러드로 만드는 거냐고 물으신다면? 육즙이 풍부하고 부드러운 플랭크 스테이크? 아삭하고 새콤달콤한 천도복숭아? 아니면 버터같이 부드러운 아보카도와 생기 가득한 방울토마토? 대답은 물론, 위에 있는 것 모두이다. 더불어, 아삭한 어니언링과 양파 드레싱이 두 배로 맛을 더해 준다. 최대한 근사하게 차려낸다면 이것이 바로 여러분이 만들고 싶고, 또 먹고 싶어 하는 바로 그 샐러드가 될 것이다.

재료

크리미한 양파 드레싱(57쪽) ¼컵(60ml)
플랭크 스테이크 680g(치마살 또는 치마양지 부위) – 4등분하기
코셔 소금
기 또는 취향껏 선택한 기름 1큰술
샐러드용 잎채소 227g(성글게 담아서 10컵)
천도복숭아 1개 – 얇게 슬라이스하기
해스 아보카도 1개 – 껍질과 씨 제거 후 슬라이스하기
방울토마토 1컵(240ml)
매콤한 어니언링(270쪽) 1인분(선택사항)

> 스커트 스테이크
> (토시살이나 안창살 부위)도
> 이 레시피에 잘 어울리지만,
> 이 부위는 다소 얇기 때문에
> 중강불에서
> 3~5분간 조리해야 해요.

만드는 방법

1 크리미한 양파 드레싱이 있다면 이 레시피에 필요하다.

2 키친타월로 고기 표면의 수분을 제거한 후, 소금을 양면에 뿌린다. 요리 준비가 되면 커다란 프라이팬이나 그릴에 기를 넣고 중강불로 녹인다.

3 스테이크 2개를 뜨거운 팬 위에 올린다.

4 고기가 갈색빛이 돌고 내부 온도가 50℃가 될 때까지 6~8분가량 구워 주며 2분에 한 번씩 뒤집어 준다.

5 구운 고기를 큰 접시로 옮기고 남은 고기를 마저 굽는다. 쿠킹 포일로 접시를 감싼 후 10분간 레스팅한다.

6 고깃결 반대 방향으로 5mm 두께로 썬다.

7 큰 볼에 잎채소를 담고 스테이크, 천도복숭아, 아보카도, 방울토마토를 예쁘게 올린다.

8 어니언링을 사용한다면 맨 위에 올린다.

9
크리미한 양파 드레싱을 곁들여 낸다.

: 응용 요리 :
**동양풍 플랭크
스테이크 샐러드**

스테이크 샐러드에 동양적 감각을 더하고 싶다면? 다채, 경수채 또는 겨자 잎 같이 잎이 많은 동양의 채소를 사용하고
'생강 참깨 소스(74쪽)', '무-견과류 매콤 타이 소스(66쪽)', 또는 '스리라차 랜치 드레싱(65쪽)'을 곁들인다. 위에 다진
마카다미아를 올린다.

콜리플라워 통구이와 견과류 디종 비네그레트

WHOLE ROASTED CAULIFLOWER WITH NUTTY DIJON VINAIGRETTE

◇◇◇◇◇◇◇

4인분
2시간(순수 조리 시간 10분)

식당 메뉴에서 아직 통으로 구운 콜리플라워를 발견하지 못했는가? 나를 믿어라. 곧 발견하게 될 것이다. 겉은 아름답게 껍질이 생기고, 안은 부드럽고 매끄러운, 이 시각적으로 인상적인 콜리플라워 조리법은 음식을 준비하는 셰프들 사이에서 인기가 많다. 저렴한 예산으로, 준비가 쉬우며, 주요리나 곁들임 요리로써 손님들의 눈이 휘둥그레질 정도로 깊은 인상을 줄 것이라 보장한다.
'견과류 디종 비네그레트(61쪽)'를 구운 콜리플라워 위에 떠 올리고, 신선한 허브를 흩뿌린 후 식탁 옆에서 먹기 좋게 자른다. 이 요리는 채식을 하는 친구가 저녁 식사를 하기 위해 들렀을 때 완벽하다!

재료

견과류 디종 비네그레트(61쪽) ¼ 컵(60ml)
콜리플라워 1송이(약 907g)
엑스트라 버진 올리브 오일 ½ 컵(120ml)
코셔 소금 조금
곱게 다진 이탈리안 파슬리 ¼ 컵(60ml)

: 응용 요리 :
원하는 것을 곁들인 콜리플라워 오븐 구이

콜리플라워 오븐 구이에 사용하는 드레싱으로 '헤이즐넛 마늘 소스'만 있는 것은 아니다. '로메스코 소스(73쪽)', '스리라차 랜치 드레싱(65쪽)', '토마토 소스(59쪽)', 'XO 소스(62쪽)' 또는 무엇이든지 좋아하는 것과 곁들여 본다.

❶ 이 레시피엔 견과류 디종 비네그레트가 필요하므로 먼저 만들어 둔다.

❷ 오븐을 190℃로 예열하고 오븐 랙을 가운데에 끼운다.

❸ 콜리플라워 줄기와 주위의 잎들을 제거하고 안쪽의 심도 제거하되 작은 송이로 분리되지 않도록 한다.

❹ 콜리플라워를 물에 헹구고 올리브오일을 위에 뿌린다.

❺ 손을 이용해 콜리플라워에 기름이 잘 코팅될 때까지 콜리플라워 구석구석 기름을 문지른다.

❻ 넉넉하게 소금으로 간한다.

❼ 무쇠 주물 냄비에 콜리플라워 줄기 쪽이 밑으로 오도록 놓고 쿠킹 포일을 단단히 씌운다.

❽ 쿠킹 포일을 씌운 프라이팬을 오븐의 가운데에 넣고 30분간 굽는다.

❾ 포일을 벗기고 오븐에서 1시간 더 굽는다.

❿ 겉이 황갈색으로 구워지고 안쪽이 부드러워지면 오븐에서 꺼낸다. 칼로 찔렀을 때 쉽게 들어가야 한다.

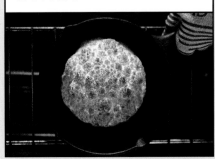

⓫ 콜리플라워를 큰 접시로 옮기고 숟가락으로 소스를 떠서 위에 올린다.

⓬ 이탈리안 파슬리를 뿌려 장식한다. 잘라서 먹는다.

203

카탈루냐
새우구이
ROASTED CATALAN
SHRIMP

◇◇◇◇◇◇◇

2인분
15분

신선한 샐러드와 오븐에 구운 채소, 또는 '콜리 라이스(88쪽)'를 넉넉히 퍼서 구운 새우에 곁들이면 믿을 수 없을 정도로 빠르고 쉬운 저녁 식사를 만들 수 있다. 특히 '로메스코 소스(73쪽)'가 준비되어 있을 때는 더욱 그렇다. 카탈루냐 새우는 그 자체로도 즐길 수 있다. 눈을 감고, 해변에서 하루를 보낸 후 산세바스티안(San Sebastián)에 있는 핀토스(Pintxos) 바에서 놀고 있다고 생각하면 된다. 어쨌든, 이 음식은 까다롭지 않고 아름다우며 맛있는, 최고의 스페인 요리이다.

재료

로메스코 소스(73쪽) 1컵(240ml)

냉동 새우 또는 생새우 453g(21~25마리)

녹인 기 또는 아보카도 오일이나 올리브 오일 1½큰술 – 1큰술과 ½큰술로 나눠서 준비

훈제 파프리카 파우더 1작은술 – ½작은술씩 나눠서 준비

코셔 소금 ¼작은술

갓 갈아낸 흑후추 ¼작은술

레몬 1개 – 가로로 2등분하고 보이는 씨 제거하기

① 로메스코 소스가 없다면 지금 만든다.

② 냉동 새우를 사용한다면 흐르는 물에 5~7분간 둬서 해동한다.

③ 그동안 오븐을 200℃로 예열하고 오븐 랙을 가운데에 끼운다.

④ 새우 껍질을 벗기되 꼬리 껍질은 남겨 둔다.

⑤ 새우 내장도 제거한다.

⑥ 중간 크기 볼에 새우, 기 1큰술, 파프리카 파우더 ½작은술, 소금, 후추를 넣고 버무린다.

⑦ 베이킹 팬에 유산지를 깔고 새우를 가지런히 한 겹으로 올린다.

⑧ 오븐에서 6~8분간 굽거나, 새우가 전체적으로 잘 익을 때까지 굽는다.

⑨ 중강불에 작은 프라이팬을 달군다. 프라이팬이 뜨거워지면 기 또는 기름을 ½큰술 녹인 후 레몬의 절단면이 밑으로 오도록 놓는다.

⑩ 1~2분간 노릇하게 굽는다.

⑪ 조리한 새우에 남은 파프리카 파우더 ½작은술로 간하고…

⑫ … 레몬즙을 짜서 뿌린다.

⑬ 로메스코 소스와 함께 낸다.

마카다미아를 입힌 스리라차 랜치 연어

MACADAMIA-CRUSTED SRIRACHA RANCH SALMON

◇◇◇◇◇◇◇

4인분
30분(순수 조리 시간 10분)

연어를 오븐에 굽는 모든 방법 중에서, 이 방법이 내가 가장 좋아하는 방법이다. 기를 발라 예열한 로스팅 팬에, 마르지 않도록 완벽하게 연어를 굽는 것이다. 매콤한 '스리라차 랜치 드레싱(65쪽)'과 바삭한 마카다미아 견과류는 생선을 매우 맛있고도 부드럽게 유지시켜 준다.

재료

스리라차 랜치 드레싱(65쪽) ¼ 컵(60ml)
껍질이 있는 연어 필레 1조각(680g)
기 또는 아보카도 오일이나 올리브 오일 1큰술
코셔 소금 1작은술
갓 갈아낸 흑후추 조금
볶아서 소금간을 한 마카다미아 ½컵(120ml)
– 굵직하게 다지기
곱게 다진 딜 또는 이탈리안 파슬리 ¼컵
(60ml, 선택사항)

: 응용 요리 :
뜨거운 팬 위의 벌거벗은 연어

스리라차 랜치 드레싱이나 마카다미아가 없다면 과정 ❷부터 ❾까지만 따라 한다. 소금, 레몬, 후추로 간하고 딜과 소스 몇 가지를 곁들이면 빠르게 부드러운 연어 필레를 먹을 수 있다.

1 이 레시피엔 스리라차 랜치 드레싱이 필요하다. 기다리고 있을 테니 냉장고에서 가지고 온다.

2 오븐을 245℃로 예열하고 오븐 랙을 오븐의 중·상단에 끼운다. 베이킹 팬을 오븐에 넣어 오븐이 예열되는 동안 달군다.

3 연어에서 작은 가시들을 조심스럽게 발라내고 키친타월로 연어 양면의 수분을 제거한다.

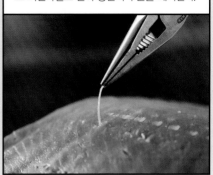

4 베이킹 팬이 뜨거워지면 오븐에서 꺼낸다. 오븐 장갑 사용하는 걸 잊지 않는다! 기를 베이킹 팬 위에 올리고 팬 전체에 잘 코팅되도록 두른다.

5 소금을 팬 위에 고르게 뿌린다.

6 연어의 껍질이 밑으로 오도록 하여 팬 위에 올린다.

7 녹인 기를 연어 위에 바른다.

8 연어 필레 위에 소금과 후춧가루를 넉넉하게 뿌리고 팬을 오븐에 넣는다.

9 9～11분간 굽거나 연어가 고르게 익을 때까지 굽는다. 연어 중심부의 온도를 측정했을 때 51℃가 되고, 아직 살짝 투명해야 한다.

10 오븐에서 베이킹 팬을 빼서 스리라차 랜치 드레싱을 연어 위에 바른다.

11 다진 마카다미아를 연어 위에 뿌리고 뜨거운 오븐에 베이킹 팬을 다시 넣는다.

12 2～3분간 조리하거나, 마카다미아가 노릇해질 때까지 조리한다(오븐의 브로일러 기능(또는 구이 기능)을 이용해 30～60초간 윗부분의 색을 갈색으로 좀 더 내도 되지만 계속 살펴봐야 한다.). 접시 위에 올리고 허브로 장식한 후 차려낸다.

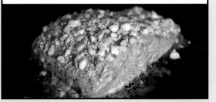

당신만의 모험을 선택하라 – 달걀 머핀

CHOOSE-YOUR-OWN-ADVENTURE EGG MUFFINS

◇◇◇◇◇◇◇

머핀 12개 분량
30분(순수 조리 시간 10분)

1980년대 '당신만의 모험을 선택하라 (Choose Your Own Adventure)'라는 오래된 책을 기억하는자? 10대 초반의 독자였을 여러분이 선택한 페이지로 책장을 넘김으로써 운명(대부분 엉망인)을 결정했던 책 말이다. 이 책들은 재미있어야 하는데, 나의 결정은 이상할 정도로 암울한 결말로 이어지는 경우가 많았다. 나는 기계 강아지에 의해 폭발하거나, 벌떼에게 공격받거나, 외계인에게 유괴당하거나, 차원 이동 포탈에 의해 반으로 쪼개지기도 했다.

다행히도, 나의 '당신만의 모험을 선택하라 – 달걀 머핀'은 생사의 결정을 요구하지 않는다. 대신, 맛있고 휴대할 수 있는 미니 프리타타를 위해 여러분이 가장 좋아하는 필링을 고를 수 있다. 나는 미트볼부터 볶음 요리까지 냉장고에 오래 보관되어 있는 남은 음식은 뭐든지 다져서 사용한다. 그리고 여러분이 무엇을 사용하기로 결정하든지, 행복한 결말이 보장된다.

재료

먹고 남은 조리된 고기 또는 채소 2컵(480ml) – 군만두 볶음(312쪽), 또는 다진 브로콜리를 곁들인 손쉬운 치킨 팅가(124쪽) 추천
큰 달걀 8개
코코넛 가루 1½큰술(10.5g)
코셔 소금 ¾작은술

만드는 방법

1 오븐을 190℃로 예열하고 오븐 랙을 오븐의 가운데에 끼운다. 12구 머핀 팬에 1회용 머핀 컵을 씌운다(유산지 머핀 컵을 사용하지 않으면 틀에 달라붙는다.).

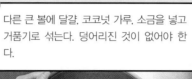

2 조리해서 간을 한 필링을 머핀 팬에 각각 나눠 담는다(머핀 팬 1구당 넉넉하게 약 2큰술을 넣는다.).

3 다른 큰 볼에 달걀, 코코넛 가루, 소금을 넣고 거품기로 섞는다. 덩어리진 것이 없어야 한다.

4 머핀 컵 위가 6mm 정도 남도록 달걀을 머핀 컵에 고르게 나눠서 붓는다.

5 오븐에서 머핀을 20분간 굽는다. 조리 과정 중반에 오븐 팬을 180도 돌린 후 다시 굽는다.

6 윗부분을 손으로 살짝 눌렀을 때 다시 위로 부풀어 오르고 이쑤시개로 가운데를 찔러 보아 묻어나는 것이 없으면 조리가 끝난 것이다.

7 머핀 팬째로 와이어 랙 위에 올려 5분간 식힌 후, 머핀을 팬에서 분리해 와이어 랙 위에 올려 완전히 식힌다.

8 지금 먹거나, 식힌 머핀을 밀폐 용기에 담아 냉장실에서 4일까지, 냉동실에서 6개월까지 보관한다.

뒥셀 치킨
DUXELLES CHICKEN

◇◇◇◇◇◇

4인분
45분(순수 조리 시간 15분)

뒥셀이 쓸모 있을 것이라 말했던 걸 기억하시는가? 하지만 여러분은 내 말을 믿지 않았을 것이다. 내 이야기를 들었어야 했다. 이 간편한 평일 저녁의 레시피는 여러분을 깜짝 놀라게 만들 것이기 때문이다. 안타깝게도 여러분을 위한 뒥셀 치킨은 없으니 매우 슬프고 정말 안됐다.

…하지만 이제 눈물을 멈춰도 된다! 그냥 농담이니까!

뒥셀은 만들기 무척 쉽기 때문에, 준비가 덜 되어 있는 상태라 하더라도 시작할 시간은 충분하다. 그리고 이 닭고기로 만든 저녁 식사는 식탁 위의 승자가 될 것이기 때문에 여러분은 해냈다는 사실에 기뻐하게 될 것이다. 바삭한 황금색 껍질을 베어 물면 여러분의 이는 부드럽고 풍부한 맛의 닭고기와 버섯에 빠져들 것이다.

재료

뒥셀(83쪽) 1컵(240ml)
뼈와 껍질이 있는 닭 넓적다리 8개
코셔 소금 2작은술

> 잠시만요! 버섯들이 어떻게 내 닭고기 안으로 들어갔지?

만드는 방법

1 만들어 둔 뒥셀이 있어야 함을 명심한다.

2 오븐을 220℃로 예열하고(컨벡션은 200℃로 설정), 오븐 랙을 오븐의 가운데에 끼운다. 베이킹 팬을 쿠킹 포일로 감싸고 그 위에 와이어 랙을 올린다.

3 닭 넓적다리의 껍질과 살 사이로 손가락을 찔러 넣어 주머니 모양이 되도록 살과 껍질을 분리한다.

4 닭 넓적다리의 살과 껍질 사이에 뒥셀 2큰술을 조심스럽게 채운다. 닭고기 위아래에 소금으로 간하고, 껍질이 아래로 가도록 하여 와이어 랙 위에 닭고기를 한 겹으로 얹는다.

5 오븐에서 20분간 조리하고, 껍질이 위로 오도록 뒤집은 후 20분 더…

6 … 껍질이 바삭하고 노릇해질 때까지 굽는다. 닭 다리의 가장 두꺼운 부분이 온도계로 쟀을 때 73℃가 되어야 한다.

7 5분간 레스팅하고 차려낸다. 남은 것은 냉장실에서 4일까지, 냉동실에서 3개월까지 보관 가능하다.

오렌지
스리라차 치킨
ORANGE
SRIRACHA CHICKEN

◇◇◇◇◇◇

4인분
2시간(순수 조리 시간 30분)

이걸 왜 만들어야 하는지 내가 설명해야
만 할까? 그러니까 다들 이 레시피의 이
름을 보았을 텐데?

재료

코셔 소금 2작은술

닭고기 북채 10개(약 1.58kg)

재움 양념

중간 크기 양파 1개 – 굵직하게 다지기

바질 잎 1컵(240ml)

갓 짜낸 오렌지즙 ½컵(120ml)

중간 크기 마늘 4쪽 – 마구 다지기

피시 소스 1큰술

숙성 발사믹 식초 1큰술

토마토 페이스트 1작은술

갓 갈아낸 흑후추 ½작은술

소스

갓 짜낸 오렌지즙 ½컵(120ml)

꿀 2큰술

남냠 스리라차(64쪽) 또는 시판 스리라차
소스 1큰술

기 또는 아보카도 오일이나 올리브 오일 1큰술

코코넛 아미노 1작은술

볶은 참깨 1작은술(선택사항)

① 큰 볼에 닭고기를 넣고 소금을 뿌린 후 잠시 둔다.

② 재움 양념을 만들기 위해, 양파, 바질, 오렌지 즙, 마늘, 피시 소스, 발사믹 식초, 토마토 페이스트, 후추를 고속 믹서에 넣는다.

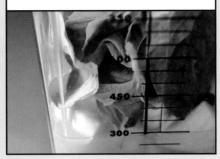

③ 부드러워질 때까지 간다.

④ 재움 양념을 북채에 붓고 표면에 잘 코팅한다. 볼에 랩을 씌우고 냉장고에서 최소 1시간에서 12시간까지 재운다.

⑤ 조리 준비가 되면 냉장고에서 닭고기를 꺼낸다. 오븐을 200℃로 예열하고 베이킹 팬에 쿠킹 포일을 간 후 와이어 랙을 올린다.

SET TEMP
400°F

⑥ 닭고기를 와이어 랙 위에 올리고, 볼에 남은 재움 양념을 숟가락으로 떠서 닭고기 위에 올린다.

⑦ 껍질이 황갈색이 되고 닭고기가 고루 익을 때까지 40분간 굽는다. 조리 중반에 북채를 한 번 뒤집고, 베이킹 팬을 돌려 준다.

⑧ 닭고기가 오븐 안에 있는 동안 소스를 만든다. 작은 냄비에 오렌지즙, 꿀, 스리라차 소스, 기, 코코넛 아미노를 넣어 섞는다.

⑨ 센 불에서 조리한다. 소스가 끓으면 불을 약하게 줄이고 걸쭉해지도록 약 3~5분간 조린다. 맛을 보고 필요하다면 간을 더한다.

⑩ 닭고기를 오븐에 40분간 구운 후. ❾의 소스를 북채에 얇게 바른다. 닭을 5분 더 굽는다.

⑪ 오븐에서 팬을 꺼내고 남은 소스를 닭고기에 발라 윤기를 낸 후 접시에 담는다.

⑫ 원한다면 구운 참깨를 위에 뿌린다.

남은 것은 4일까지 냉장 보관 가능하다.

종이에 싸서 구운 닭고기
PAPER-WRAPPED CHICKEN

◇◇◇◇◇◇◇

4인분
30분(순수 조리 시간 10분)

헨리는 '70년대와 80년대에 그의 부모님이 운영하는 중국 식당에서 자랐다. 그곳에서 식탁을 치우고, 설거지하고, 튀김기를 담당했으며, 식재료를 준비했다. (헨리는 식당 일을 너무 많이 했던 게 분명하다. 요즘 주방에서 어슬렁거리는 사람이 나뿐인 걸 보면.)

'종이에 싸서 구운 닭고기'는 식당 메뉴 중 하나였다. 헨리는 사촌들과 함께 일하면서 양념에 재운 닭고기를 반짝거리는 쿠킹 포일에 넣고, 종이접기 방식으로 삼면을 주머니 모양으로 접었다. 그 고기 꾸러미들은 나중에 주문이 들어오면 조리되었다.

나의 버전은 시댁의 식당 요리와 그다지 비슷하지는 않지만, 동양의 맛으로 가득하며 요리하기 하루 전에 미리 준비할 수 있다. 이제 저녁 식사로 닭고기 포장을 만드는 걸 도와줄 수 있게 헨리를 달래서 다시 주방으로 데려올 수 있으면 좋을 텐데…

재료

다목적 볶음 소스(75쪽) ½컵(120ml)
슬라이스한 청경채 4컵(960ml)
코셔 소금 조금
갓 갈아낸 흑후추 조금
뼈와 껍질을 제거한 닭 가슴살 또는 닭 넓적다리살 4개(각 170g)
표고버섯 8개 – 얇게 채썰기
큰 샬롯 2개 – 얇게 슬라이스하기

1 오븐을 230℃로 예열하고 오븐 랙을 가운데에 끼운다. 그리고 다목적 볶음 소스가 없다면 지금 만든다. 만드는 데 5분밖에 걸리지 않는다.

2 큰 유산지 4장을 준비한다. 유산지를 펼쳤을 때 하트 모양이 나오도록, 반으로 접어 각각 절반의 하트 모양을 그려서 자른다.

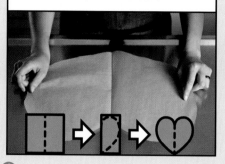

3 하트 모양 유산지를 펼치고 하트 모양의 한쪽 면 위에 슬라이스한 청경채를 올린다. 청경채 위에 소금, 후추를 뿌린다.

4 닭고기에도 소금, 후추로 간하고 청경채 위에 올린다.

5 닭고기 위에 표고버섯, 샬롯을 올리고, 각 닭고기에 다목적 볶음 소스를 2큰술씩 떠서 붓는다.

6 하트 모양 유산지의 나머지 반쪽을 위로 접고, 상단 중심에서 시작하여 가장자리로 단단히 말아 접는다. 밑의 뾰족한 끝 부분은 유산지를 꼬아서 잘 봉한다.

7 베이킹 팬 위에 **6**을 올린다.

8 오븐에서 15~20분간 굽거나, 닭고기가 완전히 조리될 때까지 굽는다. 육류용 온도계로 쟀을 때 닭 가슴살은 65℃, 닭 다리는 73℃에 달해야 한다.

9 오븐에서 꺼내자마자 접시에 옮겨 조심스럽게 유산지를 잘라서 열고 바로 상에 낸다.

추수감사절 간식
THANKSGIVING BITES

◇◇◇◇◇◇◇◇

직경 5cm 패티 30개 분량
45분

무라고요?!? 추수감사절은 불쾌하지 (bite) 않아요! 내가 제일 좋아하는 날이라고요!

음, 발렌타인 데이를 제외하면 말이에요. 난 발렌타인 데이가 오는 게 정말 좋거든요…

아니면 할로윈! 사람들을 무섭게 하는 건 정말 재밌어요!

그리고 크리스마스! 크리스마스엔 선물을 받잖아요!

알았어요. 다시 생각해 보니, 추수감사절은 좀 덜 기쁘네요.

사실, 이 추수감사절 한입 간식은 전통적으로 칠면조의 날에 먹는 모든 요리들을 연중 어느때고 즐길 수 있도록 완벽하게 휴대 가능한 간식으로 조합한, 그야말로 폭탄이라고 할 수 있다.

이게 명절같이
보이도록 한 걸까요,
아니면 실수로 나뭇가지와
음식을 식탁에
떨어뜨린 걸까요?

재료

크랜-체리 소스(76쪽) ½컵(120ml)

기 또는 아보카도 오일이나 올리브 오일 1큰술

작은 양파 1개 – 곱게 다지기

중간 크기 당근 1개 – 곱게 다지기

중간 크기 셀러리 1줄기 – 곱게 다지기

잘게 다진 방울양배추 1컵

코셔 소금 2½작은술 – 2작은술과 ½작은술로 나눠서 준비

마늘 2쪽 – 곱게 다지기

곱게 채썬 고구마 2컵

다진 칠면조 다리살 453g

큰 달걀 1개 – 볼에 풀어 놓기

건크랜베리 ¼컵(60ml)

곱게 다진 로즈메리 ½작은술

곱게 다진 세이지 1작은술

곱게 다진 타임 1작은술

갓 갈아낸 흑후추 ¼작은술

만드는 방법

1 이 간식을 크랜-체리 소스와 함께 차려낼 계획이라면 미리 만들어 둔 크랜-체리 소스가 있어야 한다(물론, 그게 큰 골칫거리라면 걱정할 필요 없다. 소스 없이 이 음식만으로도 맛있게 먹을 수 있다.).

2 오븐을 컨벡션 모드에서 200℃로 설정한다(컨벡션 모드가 없다면 일반 오븐 220℃로). 오븐 랙을 오븐 가운데에 끼운다.

3 베이킹 팬 2개에 유산지를 깔고 잠시 치워 둔다.

4 프라이팬에 기를 넣고 중불에서 녹인다. 기름이 일렁이면 양파, 당근, 셀러리를 넣는다.

5 5분간 저어 주며 조리하거나 채소가 부드러워질 때까지 볶는다.

6 방울양배추와 소금 ½작은술을 넣는다.

7 2분간 볶거나 채소가 숨이 가라앉을 때까지 볶는다.

8 마늘을 넣고 30초간 볶거나 향이 날 때까지 볶는다.

9 볶은 채소를 큰 접시에 옮기고 넓게 펼쳐서 실온으로 식힌다.

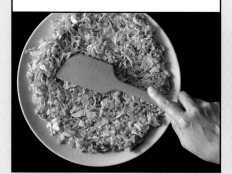

10 채칼이나 푸드 프로세서의 채칼 날을 이용해서 고구마를 채썬다. 약 2컵(480ml) 분량이 나와야 한다.

11 큰 볼에, 크랜-체리 소스를 제외한 모든 재료 (볶은 채소, 고구마, 칠면조, 달걀, 건크랜베리, 허브, 후추, 남은 소금 2작은술)를 넣는다.

12 손을 이용해 모든 재료가 고루 섞이도록 부드럽게 섞는다. 과하게 섞지 않도록 한다.

13 ⑫를 조금 떼내 패티 모양으로 만든다. 중불로 달군 프라이팬에 기를 녹이고, 한 면당 1~2분간 잘 익힌다. 맛을 보고 간이 필요하다면 고기 반죽에 소금을 더 넣는다.

14 숟가락이나 계량스푼으로 넉넉하게 1큰술 분량을 떠내고…

15 … 유산지를 깐 베이킹 팬에 5cm 간격으로 얹는다.

16 ⑮를 1.2cm 두께의 패티 모양이 되도록 숟가락으로 눌러 준다.

17 베이킹 팬 1개를 오븐에 넣고 15분간 굽되, 조리 중반에 팬의 앞뒤를 한 번 돌려서 굽는다. 또는 패티가 고르게 익을 때까지 굽는다.

18 남은 베이킹 팬의 패티도 똑같이 반복하여 굽는다.

19 추수감사절 간식을 크랜-체리 소스와 함께 차려낸다. 밀폐 용기에 담아서 1주일까지 냉장 보관 가능하며, 3개월까지 냉동 보관 가능하다. 냉동실에서 바로 꺼낸 후 중강불로 달군 프라이팬에 기름을 둘러 구워내도 된다.

히바리토
(플랜틴 튀김 샌드위치)
JÍBARITOS (FRIED PLANTAIN SANDWICHES)
◇◇◇◇◇◇◇◇

샌드위치 4개 분량
10분

빵 대신, 평평하게 튀긴 플랜틴으로 만드는 샌드위치 '히바리토'는 푸에르토리코의 유전자를 가지고 있다. 하지만 실제로는 시카고의 훌륭한 '보린켄 레스토랑(Borinquen Restaurant)'에서 최근에 발명되었다. 바삭한 샌드위치의 인기는 미국 중서부에서 해안까지 꾸준히 퍼져 나가고 있으며 그 이유는 쉽게 알 수 있다. 나는 캘리포니아의 샌 라파엘(San Rafael)에 있는 '솔 푸드(Sol Food)'에서 처음으로 히바리토를 먹어 보았을 때부터, 이 바삭하게 두 번 튀긴 플랜틴 패티와 짭조름한 고기 필링에 푹 빠져버렸다. 그린 플랜틴 튀김을 먹을 만큼 운이 좋거나 또는 그린 플랜틴 튀김이 준비되어 있고, 살사와 남은 고기를 가지고 있다면 여러분은 이 음식으로 특별한 대접을 받게 될 것이다.

재료

그린 플랜틴 튀김(106쪽) 8조각

구운 마늘 마요네즈(60쪽) ½컵(120ml, 선택사항)

조리한 고기 3컵(720ml) – 압력솥을 이용한 카르네 메차다(152쪽), 또는 압력솥을 이용한 칼루아 피그(136쪽)나 손쉬운 치킨 팅가(124쪽) 추천

살사 아우마다(80쪽), 또는 과일 + 아보카도 살사(78쪽)나 좋아하는 소스 ½컵(120ml)

방울토마토 ½컵(120ml) – 2등분하기(선택사항)

신선한 허브 ¼컵(60ml, 선택사항)

만드는 방법

① 그린 플랜틴 튀김, 구운 마늘 마요네즈, 남은 고기, 좋아하는 살사 소스를 꺼낸다. 여기서 나는 '압력솥을 이용한 카르네 메차다'와 잘 익은 망고를 이용한 '과일 + 아보카도 살사'를 사용했다.

② 샌드위치 만드는 방법은 알 것이다. 원한다면 튀긴 플랜틴에 마늘 마요네즈를 듬뿍 바르고, 고기와 좋아하는 살사를 한 숟가락 올리고 다른 플랜틴 조각을 위에 얹는다. 축하한다. 샌드위치가 완성됐다!

③ 플랜틴과 고기, 또는 둘 중의 하나가 떨어질 때까지 샌드위치를 만든다. 그리고 만들어 놓은 히바리토를 집어 들고 마구 먹는다.

④ 다양한 필링을 넣어 즐겨 본다. 이번 것은 '압력솥을 이용한 칼루아 피그', 방울토마토와 과카몰리를 이용해 만들었다.

히바리토는 남은 음식의 변신을 볼 수 있는 완벽한 예이다. 항상 여분의 음식을 만들고, 어떻게 하면 다양한 음식을 새롭고 놀라운 무엇인가로 조합할 수 있을지 창의적으로 생각하는 시간을 잠시 가져 보자(헨리는 이것을 사자 다섯 마리가 합체해서 커다란 인간형 로봇을 만드는, 80년대 만화의 이름을 따서 '볼트론 법칙(Voltron Principle)'이라고 부른다. 그렇다. 헨리는 대단한 덕후다.).

날 먹어요.

레프타코
LEFTACOS

남은 음식을 먹는 데 질려버렸다고? 남은 음식을 '대자연 토르티야(87쪽)'나 '무-곡물 토르티야(86쪽)', 또는 '그린 플랜틴 튀김(106쪽)' 위에 올려 변신시켜 보자. 살사를 더하거나, 이 책의 'GET SET!' 파트에 있는 소스를 더한다. 그리고 신선한 허브와 다진 양파 또는 바삭한 베이컨이라도 올려 장식한다. 이것들은 더 이상 남은 음식이 아니다. 심지어 타코도 아니다. 그것들은 레프타코(LEFTACOS)다!

올리의 바사삭 치킨(286쪽) 그리고 해바라기씨 버터 호이신 소스(67쪽)

압력솥을 이용한 카르네 메차다(152쪽) 그리고 아보카도 슬라이스

압력솥을 이용한 살사 치킨(298쪽)으로 속을 채운 피망

압력솥을 이용한 카르네 메차다(152쪽) 그리고 과일 + 아보카도 살사(78쪽)

군만두 볶음(312쪽) 그리고 냠냠 스리라차(64쪽)

새우 + 대파 스크램블드에그(274쪽) 그리고 스리라차 랜치 드레싱(65쪽)

바삭한 베이컨, 스크램블드에그, 그리고 시판 토마토 살사

래디시와 라임 슬라이스를 곁들인 손쉬운 치킨 팅가(124쪽)

스크램블드에그, 압력솥을 이용한 칼루아 피그(136쪽) 그리고 살사 아우마다(80쪽)

미리 오븐에 굽는 닭 가슴살(92쪽) 그리고 살사 아우마다(80쪽)

소금 + 후추 포크 찹 튀김(132쪽)

돼지 껍데기
튀김 나초
PORK CHICHARRÓN
NACHOS

◇◇◇◇◇◇◇◇

4인분
30분

가볍고, 크게 부풀어 오른, 바삭하며 짭짤한 돼지 껍데기 튀김은 단조로운 토르티야 칩을 완벽하게 대신한다. 사람들을 기쁘게 하는 커다란 나초 한 접시를 만들고 싶다면 바삭한 돼지고기, 크림 같은 과카몰리, 간단한 살사 아니면 원하는 건 무엇이든 돼지 껍데기 나초 위에 쌓기만 하면 된다. 돼지 위의 돼지 작전이랄까!

* **치차론(Chicharron)** 말린 돼지 껍데기 튀김. 라틴 아메리카와 스페인, 스페인의 영향을 받은 국가 등에서 흔히 먹는 요리이다.

재료

조리된 돼지고기 2컵(480ml) – 압력솥/슬로우 쿠커를 이용한 칼루아 피그(136쪽), 또는 압력솥을 이용한 보쌈(140쪽)이나 슬로우 쿠커를 이용한 보쌈(142쪽) 추천
돼지 껍데기 튀김(치차론) 113g

과카몰리

작은 샬롯 1개 – 곱게 다지기
라임즙(라임 1개분)
코셔 소금 ½작은술
중간 크기 해스 아보카도 – 반으로 잘라 씨와 껍질 제거

히카마 살사

잘게 다진 히카마 ½컵(120ml)
잘게 다진 망고 ½컵(120ml)
잘게 다진 오이 ¼컵(60ml)
라임즙(라임 ½개분)
파프리카 파우더 ½작은술

가니시

고수 ¼컵(60ml, 선택사항)
신선한 래디시 3개 – 얇게 슬라이스하기 (선택사항)

나는 치차론 또는 '에픽(Epic)'이나 '4504'에서 나온 돼지 껍데기를 이용하는 것을 좋아한다. 두 곳 모두 팔레오 친화적인 재료를 사용해서 만들며 온라인이나 오프라인 상점에서 구할 수 있다.

1 과카몰리를 준비한다. 작은 볼에 라임즙, 소금, 샬롯을 넣고 10분간 절인다.

2 샬롯을 절이는 동안 남은 돼지고기를 꺼내서 잘게 찢은 후 중불로 달군 팬에 넣는다.

3 자주 저어 주며 고기를 5~8분간 조리하거나 바삭하고 노릇해질 때까지 볶은 후 접시에 덜어 놓는다.

4 과카몰리를 완성하기 위해 아보카도 ⅓개를 볼에 넣고 포크로 으깬다. **1**을 넣고 잘 섞는다.

5 남은 아보카도는 1.2cm 크기로 깍둑썰고 **4**에 넣어 으깬 아보카도와 부드럽게 섞는다.

6 맛을 보며 소금, 라임즙을 둘 다, 또는 한 가지만 더한다.

7 다음으로 히카마, 망고, 오이, 라임즙, 파프리카 파우더를 볼에 넣어 간단한 히카마 살사를 만든다. 입맛에 맞게 라임즙으로 간한다.

8 돼지 껍데기 튀김을 접시에 펼쳐 담는다.

9 그 위에 잘게 찢은 돼지고기를 올린다. 각각의 돼지 껍데기 튀김이 맛있는 돼지고기로 채워질 수 있도록 최선을 다한다.

10 돼지 껍데기 나초에 과카몰리와…

11 … 살사를 올린다.

12 원한다면 고수와 래디시 중 택일하거나 둘 다 올려 장식한다.

지금 먹을 것이 아니라면 필링을 피
망 안에 미리 채워 두었다가 먹을 준
비가 되었을 때 오븐에 굽는다.

선데이 그레이비로 속을 채운 피망
STUFFED SUNDAY PEPPERS

◇◇◇◇◇◇

4인분
45분(순수 조리 시간 10분)

여러분이 좋아하는 슈퍼히어로처럼, '선데이 그레이비(160쪽)'가 다시 한번 우리를 구하기 위해 나선다! 아마도 여러분이 짐작하기 시작한 것처럼, 이 책에서 '선데이 그레이비'는 미리 만들어 두는 레시피 가운데 가장 다용도로 활용 가능한 것 중 하나이다. 용도를 변경하는 방법을 배우면 단 몇 분 만에 다른 음식과 조합하여 손쉽게 주말 저녁 식사를 만들 수 있다. 그리고 아무도 당신 요리의 비밀 출처를 짐작하지 못할 것이다.

물론 '선데이 그레이비'는 꽤 맛있기 때문에 여러분이 남은 것을 모두 먹어 버렸다고 해도 비난할 수는 없다. 그럴 땐, 다진 소고기 340g을 소금과 후추를 뿌려서 프라이팬에 갈색빛이 나도록 굽고, 마리나라 소스 1½컵(360ml)을 넣어 뭉근하게 끓인다. 그 후, '선데이 그레이비' 대신 이 레시피에 사용하면 된다. 그러면 문제 해결!

재료

선데이 그레이비(160쪽) 2컵(480ml)
중간 크기 피망(또는 파프리카) 4개
쌀알 크기로 다진 콜리플라워 2컵(480ml, 88쪽 만드는 방법 참고)
바질 ¼컵(60ml) – 절반은 곱게 다지고 절반은 얇게 채썰기
소금 ½작은술
갓 갈아낸 흑후추 조금
레드 페퍼 플레이크 ¼작은술(선택사항)
뼈 육수(84쪽) 또는 닭 육수나 물 ½컵(120ml)

만드는 방법

1 선데이 그레이비를 냉장고에서 꺼내고 오븐을 175℃로 예열한다.

2 피망의 윗부분을 잘라내고 안쪽의 줄기와 씨를 제거한다.

3 중간 크기 볼에 선데이 그레이비, 쌀알 크기로 다진 콜리플라워, 다진 바질, 소금, 후추, 그리고 레드 페퍼 플레이크를 사용한다면 같이 넣고 섞는다. 맛을 보고 필요하다면 간을 더한다.

4 20×20cm 베이킹 용기에 속이 빈 피망을 올리고 **3**을 1컵(240ml)씩 피망 속에 떠 넣는다.

5 베이킹 용기 바닥에 육수나 물을 붓는다.

6 오븐에서 25~35분간 굽거나 피망이 부드러워지고 필링이 몹시 뜨거워질 때까지 굽는다. 남은 채썬 바질을 위에 뿌리고 바로 차려낸다.

먼데이 프리타타
MONDAY FRITTATA

◇◇◇◇◇◇◇

2인분
30분(순수 조리 시간 10분)

이 프라이팬 하나로 간단히 만드는 저녁 식사엔 어떤 것이든 추가할 수 있다. 심지어 어제 만든 '선데이 그레이비(160쪽)'까지도 말이다.

재료

선데이 그레이비(160쪽) 또는 취향에 맞게 조리한 고기 1컵(240ml)

기 1큰술

근대 1컵(240ml) – 슬라이스하기

큰 달걀 4개

코코넛 밀크 2큰술

코셔 소금 1작은술

갓 갈아낸 흑후추 ¼작은술

얇게 채썬 바질 2큰술

만드는 방법

1 선데이 그레이비나 취향에 맞게 조리해 둔 고기가 준비돼 있어야 한다. 오븐을 175℃로 예열한다.

2 오븐 사용이 가능한 20cm 프라이팬에 기를 넣고 중불에서 녹인다. 선데이 그레이비를 팬에 넣고 고루 데워질 때까지 저어 주며 조리한다.

3 팬에 채썬 근대를 넣고 잘 섞는다.

4 중간 크기 볼에 달걀, 코코넛 밀크, 소금, 후추를 넣고 저어 준다.

5 ❹를 프라이팬에 붓는다. 건드리지 말고 가스레인지 위에서 3~5분간 조리하거나 프리타타 밑바닥이 익을 때까지 조리한다.

6 프라이팬을 오븐에 넣는다. 윗부분이 익어서 단단해질 때까지 10~15분간 조리한다. 온도를 높이고 브로일러 기능(또는 구이 기능)으로 2분간 구워 준다. 또는 프리타타가 위로 부풀어 오르고 고르게 익을 때까지 굽는다.

7 프리타타를 바질로 장식하고 잘라서 차려낸다. 남은 것은 냉장고에서 4일까지 보관 가능하다.

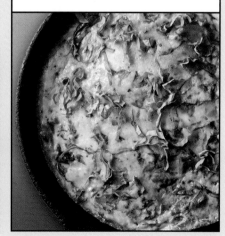

XO 돼지고기 그린빈 볶음

XO PORK WITH BLISTERED GREEN BEANS

◇◇◇◇◇◇◇◇

4인분
30분

냉장고에 'XO 소스(62쪽)'가 있다면 아주 잘 됐다. 다진 돼지고기와 정말 잘 어울리기 때문이다. 봄에 수확한 그린빈을 뜨겁게 지글거리는 프라이팬에서 재빨리 볶아서 더해 주면, 완전히 새로운 중독에 빠지게 될 것이다.

재료

XO 소스(62쪽) ¼컵(60ml)

기 또는 아보카도 오일이나 올리브 오일 ¼컵(60ml)

그린빈 453g – 손질하기

코셔 소금 조금

큰 샬롯 1개 – 곱게 다지기

다진 돼지고기 680g

갓 갈아낸 흑후추 조금

> 돼지고기를 좋아하지 않는다고요? 그렇다면 다진 닭고기나 다진 칠면조 고기로 만들어 보세요!

만드는 방법

1 이 레시피는 XO 소스가 필요하니, 가지고 있는지 확인한다. 센 불에서 큰 프라이팬을 5분간 달군다. 팬이 아주 뜨거워지면 기(또는 다른 기름)와 그린빈을 넣는다. 소금 한 꼬집을 그린빈 위에 뿌린다.

2 3～5분간 저어 주며 굽거나, 그린빈 표면이 쪼글쪼글해지고 부드러워질 때까지 조리한 후 큰 접시에 옮긴다. 프라이팬에 뜨거운 기름을 남겨 둔다.

3 중불로 줄이고 샬롯, 다진 돼지고기를 넣고 핏빛이 가실 때까지 조리한다.

4 XO 소스를 섞고 입맛에 따라 소금, 후추로 간한다.

5 그린빈을 프라이팬에 다시 넣고 잘 섞이도록 저은 후 접시에 담아 낸다.

228

: 응용 요리 :
매콤한 돼지고기와 그린빈

XO 소스는 다른 소스들과 전혀 다르지만, 만약 XO 소스를 가지고 있지 않다면 대신 다음 소스로 시도 해 본다: '다목적 볶음 소스('75쪽)' ½컵(120ml), 애로루트 가루 1작은술, 레드 페퍼 플레이크 ½작은 술을 섞고 XO 소스 대신 과정 ❹에 사용한다.

평일 저녁의 미트볼
WEEKNIGHT MEATBALLS

◇◇◇◇◇◇◇

미트볼 24개 분량
40분(순수 조리 시간 15분)

'뒥셀(83쪽)'을 항상 사용할 수 있도록 미리 준비해야 하는 또 다른 이유는 바로 '평일 저녁의 미트볼'을 위해서다. 버섯은 세상을 돌아가게 만들고 이 미트볼에 감칠맛의 힘을 더한다.

내 최고의 비밀 재료는 젤라틴이다. 여러분, 젤라틴은 푸딩이나 젤리 같은 디저트에만 사용하는 것이 아니다. 사실, 젤라틴은 미트볼에 질감뿐 아니라 영양을 더해 주며, 글루텐 없이도 미트볼이 뭉치도록 해 준다.

간단한 팁이 있다. 미트볼을 둥글게 빚기 전에 미트볼 반죽을 한 숟가락 떠서 프라이팬에 구운 후, 간을 위해 맛을 보는 것이다. 그렇게 하면, 싱거운 미트볼을 잔뜩 구울 위험이 없다.

그리고 저녁 식사를 다 마치면 남은 음식은 저장한다. '간단한 에그 드랍 수프(252쪽)' 같은 수프에 넣거나 샐러드에 넣어도 된다. 아니면 주키니 국수와 함께 차려내도 된다. 나? 나는 그것들을 다져서 스크램블드에그로 만드는 것을 좋아한다.

재료

뒥셀(83쪽) ½컵(120ml)

젤라틴 가루 2작은술

다진 소고기 453g

다진 돼지고기 453g

잘게 다진 양파 ½컵(120ml, 양파 약 ½개)

곱게 다진 이탈리안 파슬리 ¼컵(60ml)

마늘 6쪽 - 곱게 다지기

코셔 소금 2작은술

만드는 방법

1 뒥셀을 가지고 있다면, 좋다. 오븐을 200℃로 예열하고 오븐랙을 오븐의 가운데에 끼운다. 얕은 볼에 물 ¼컵(60ml)을 붓고 젤라틴 가루를 뿌린다.

2 5~10분간 두거나 젤라틴이 부풀어 오를 때까지 둔다(좀 더 멋지게 말해 보자면 젤라틴 가루가 물을 흡수할 때까지 둔다.).

3 큰 볼에 부풀어 오른 젤라틴과 나머지 재료 모두를 넣고 손을 이용해 부드럽게 섞는다. 너무 과도하게 반죽하지 않도록 주의한다.

4 3.7cm 크기 공 모양으로 고기 반죽을 뭉친다. 나는 3큰술 용량의 #24사이즈 아이스크림 스쿱(39.4ml)으로 반죽을 떠서 완벽한 크기의 미트볼 만드는 것을 좋아한다.

5 손바닥 사이에서 고기 반죽을 둥글린다. 예쁘고 둥글어야 한다.

6 유산지를 깐 커다란 베이킹 팬 위에 미트볼을 올린다.

7 15~20분간 굽거나 미트볼이 고르게 익을 때까지 오븐에서 굽는다.

8 차려낸다. 미트볼은 냉장실에서 4일까지, 냉동실에서 6개월까지 보관 가능하다.

: 응용 요리 :

미트볼 수프

미트볼이 남았다면, 단백질 가득한 식사를 위하여 '간단한 에그 드랍 수프(252쪽)'에 퐁당 빠뜨린다.

: 응용 요리 :

미트볼과 그레이비

남은 음식 변신 아이디어 한 가지 더. 감칠 맛을 폭발시키기 위하여 '감칠맛 그레이비 (77쪽)'에 미트볼을 넣고 약한 불에서 뭉근하게 끓인다.

세계 각지에서 사람들은 고기, 생선에서부터 채소와 스튜까지, 매일 온갖 종류의 음식을 아침으로 먹잖아요.

베트남에서, 아침에 출근하는 사람들에게 김이 나는 수프 그릇을 내어 주던 노점 상인들을 본 거 기억하지?

편안한 곳에서 그리 멀리 벗어날 필요도 없어요. 소시지와 사우어크라우트를 아침 식사로 먹는 거예요!

(이것들은 포틀랜드에 있는 '피스트워크스(Feastworks)'의 소시지예요!)

팬케이크와 와플 외에 아침에 먹을 수 있는 것이 뭐가 더 있는지 여러분도 아시죠? **달걀**이에요!

'동양풍 감귤 방울양배추 슬로(266쪽)' 남은 것을 뜨거운 프라이팬에 데우고 달걀을 넣어 조리하는 거예요.

의욕이 넘친다면, 달걀을 잔뜩 삶은 후 반으로 잘라서 냉장고에 있는 걸 뭐든지 꺼내서 올려 보세요.

아니면 '뒥셀(83쪽)', 소금 한 꼬집, 피시 소스 몇 방울, 차이브와 함께 스크램블드에그를 만드는 거예요!

달걀이 없거나
달걀이 질렸다면
남은 음식을 좀 데우면 돼요.
빠르고 쉽고 건강하죠!

남은 음식은
아침 식사로
끝내준다고요!

아침 식사용 샐러드를 만들어 보세요.
샐러드 채소와 '미리 오븐에 굽는 닭 가슴살
(92쪽)' 자른 것, '훈제향 라임 호박씨(54쪽)'와
'태국 감귤 드레싱(55쪽)'을 섞는 거예요.

고기와 채소로 하루를 시작해요!
볼에 주키니 국수를 담고,
남은 '군만두 볶음(312쪽)'을 올리세요.

아니면 남은 닭고기를 방울토마토와
시금치와 함께 팬에 넣고 소금, 후추로
간하는 거죠. 쉽죠!

간단하게 "아니, 나는
이 책에 아침 식사 음식이
더 필요하다고 생각하지 않아"라고
말해도 충분하잖아.

저기, 내가 숨쉴 때,
아침으로 먹은 생선이랑
파클 냄새가 나서 그러는거야?

프라임 립 해시
PRIME RIB HASH

◇◇◇◇◇◇◇◇◇

4인분
30분

사람들은 내게 아침으로 뭘 먹는지 항상 물어본다. 남은 걸 데워 먹는다고 말하면 눈을 게슴츠레하게 뜬다. 하지만, 여러분, 남은 음식을 지루해할 필요는 없다. 사실 고급 브런치 메뉴에는 어울리지 않지만, 지난밤 남은 음식을 매콤하고 푸짐한 아침 식사로 바꾸는 쉬운 방법이 있다. 감사하다니, 천만에요.

재료

남은 프라임타임 립 오븐 구이(156쪽) 453g

기 2큰술

중간 크기 양파 1개 – 작게 다지기

코셔 소금 조금

마늘 2쪽 – 곱게 다지기

중간 크기 고구마 2개 – 껍질 벗겨서 1.2cm 크기로 깍둑썰기

홍피망 1개 – 씨 제거 후 1.2cm 크기로 깍둑썰기

카이엔 페퍼 파우더 ¼작은술

갓 갈아낸 흑후추 조금

곱게 다진 이탈리안 파슬리 ¼컵(60ml)

다진 차이브 2큰술

만드는 방법

1 남은 프라임 립을 1.2cm 크기로 깍둑썬다(다른 종류의 고기도 잘 어울리지만 그러면 이 요리를 프라임 립 해시라고 부를 순 없다.).

2 큰 프라이팬에 기를 넣고 중불에서 데운다. 기름이 일렁이면 양파를 넣고 소금을 조금 뿌린다. 3~5분간 볶거나 양파가 부드러워질 때까지 볶는다.

3 마늘을 넣고 30초간 볶거나 향이 날 때까지 볶는다. 깍둑썬 고구마를 넣고 소금을 조금 더 넣는다.

4 잘 젓고 뚜껑을 덮은 후 5분간 찐다.

5 잘 저어 준 후 다시 뚜껑을 덮고 3분간 조리하거나 고구마가 부드럽고 살짝 노릇해질 때까지 조리한다.

6 홍피망, 프라임 립을 넣고 카이엔 페퍼 파우더, 소금, 후추로 간한다. 고기가 고루 데워질 때까지 부드럽게 저어 주며 조리한다.

7 접시에 담고 위에 신선한 허브를 뿌린다.

다양한 종류의 고구마를 사용해서 해시의 색과 질감을 튀게 만들어 보세요!

버거 패티를
부드럽게 유지하고 싶나요?
그릴에 굽기 바로 직전까지
소금을 뿌리지 마세요.

호이신 글레이즈 버거
HOISIN-GLAZED BURGERS

◇◇◇◇◇◇◇

버거 4개 분량
15분

버거의 밤이 점점 따분해지고 있다면 나에게 좋은 방법이 하나 있다. 호이신 소스는 종종 '중국식 바비큐 소스'라고 불리고 있으니 그릴을 달구고 고기 패티에 이 달콤하고 짭짤한 소스를 바르는 것이다. 그리고 매콤한 동양식 피클도 잊지 마시라!

재료

해바라기씨 버터 호이신 소스(67쪽) ¼컵 (60ml)

냉장고 오이 피클(82쪽) ½컵(120ml)

다진 소고기 680g(소고기 80%, 지방 20% 비율)

기 또는 아보카도 오일 조금

코셔 소금 2작은술

갓 갈아낸 흑후추 ½작은술

버터헤드 상추 1송이

토마토 2개 – 슬라이스하기

중간 크기 적양파 1개 – 얇게 슬라이스하기

만드는 방법

1 냉장고에 해바라기씨 버터 호이신 소스와 냉장고 오이 피클이 있는가? 좋다.

2 그릴을 중불로 달구고 소고기를 같은 양으로 4등분한 후 공 모양으로 뭉친다.

3 손바닥 사이에 고깃덩어리를 올려 2cm 두께의 버거 패티 모양으로 평평하게 만든다.

4 엄지손가락으로 각각의 패티 가운데에 작은 보조개를 만든다. 이렇게 하면 조리하는 동안 버거의 중간 부분이 부풀어 오르더라도 표면이 끝까지 평평하게 유지된다.

5 그릴이 뜨거워지면 기 또는 기름에 적신 키친타월로 그릴에 기름을 바른다. 소금, 후추를 버거 패티의 한쪽 면 위에 뿌린다.

6 간을 한 부분이 위로 오도록 하여 그릴 위에 패티를 올린다. 3분간 건드리지 말고 굽는다. 또는 그릴 자국이 날 때까지 굽는다. 그릴을 사용하지 않는다면 그릴 팬이나 프라이팬을 중불로 가열하여 사용한다.

7 버거 패티를 뒤집고 그릴 자국이 난 부분에 소금과 후추로 간한다. 3분간 그릴에 좀 더 굽거나 원하는 상태가 될 때까지 굽는다.

8 해바라기씨 버터 호이신 소스를 버거 윗면에 바른다.

9 소스가 전체적으로 데워지면 큰 접시에 옮긴다.

10 상춧잎, 토마토, 양파, 냉장고 오이 피클과 함께 차려낸다.

아스파라거스 소고기 볶음
ASPARAGUS BEEF

◇◇◇◇◇◇

4인분
30분

볶음 요리는 주중 저녁의 단골 요리로, 우리 집 메뉴에 정기적으로 오른다. 하지만 아스파라거스보다는 브로콜리나 깍지완두콩을 더 좋아하고, 소고기보다는 새우나 닭고기를 선호한다 해도 걱정 없다. 이 레시피의 장점은 여러분이 사용하는 어떤 채소와 고기의 조합과도 잘 어울린다는 것이다.

재료

다목적 볶음 소스(75쪽) ½ 컵(120ml)

애로루트 가루 1작은술

플랭크 스테이크(치마살 또는 치마양지 부위) 680g – 고깃결 반대 방향으로 가늘게 썰기

아보카도 오일 1큰술

피시 소스 1작은술

참기름 ½작은술

코셔 소금 ½작은술

기 또는 아보카도 오일 1큰술

큰 샬롯 1개 – 얇게 슬라이스하기

대파 2대 – 뿌리 다듬고 5cm 길이로 썰기

생표고버섯 113g – 기둥 제거 후 채썰기

마늘 2쪽 – 곱게 다지기

가는 아스파라거스 453g – 줄기 끝 질긴 부분을 손질한 후 5cm 길이로 자르기

큰 당근 1개 – 껍질 벗겨 얇게 어슷썰기

1 다목적 볶음 소스를 만든다. 5분도 안 걸린다!

2 작은 볼이나 컵에 다목적 볶음 소스와 애로루트 가루를 섞는다.

3 볼에 소고기, 아보카도 오일, 피시 소스, 참기름, 소금을 넣고 섞는다. 5~10분간 재운다.

4 큰 프라이팬에 기 또는 기름을 넣고 중강불로 달군다. 기름이 일렁이고 뜨거워지면 고기를 넣는다.

5 1~2분간 고기를 볶거나 거의 다 익을 때까지 볶는다. 조금 붉은빛이 돌더라고 걱정할 필요 없다. 팬이 고기로 꽉 차서 물이 흥건해지지 않도록 두 차례에 나눠서 볶는다.

6 다른 큰 접시에 구운 고기를 옮기고 프라이팬의 수분은 남긴다.

7 **6**의 프라이팬에 샬롯, 대파, 표고버섯을 넣는다.

8 2~3분간 굽거나 샬롯이 투명해지고 버섯이 부드러워질 때까지 조리한다.

9 마늘을 넣고 30초간 볶거나 향이 날 때까지 볶는다. 타지 않도록 주의한다!

10 아스파라거스와 당근을 넣고 섞는다.

11 당근과 아스파라거스가 부드럽되 아삭하도록 저어 주며 볶는다.

12 소고기와 **2**의 소스를 프라이팬에 넣고 잘 저어 섞는다.

13 소스가 걸쭉해지고 소고기가 잘 익으면 접시에 담아서 차려낸다.

'콜리 라이스(88쪽)'와 함께 차려내 보시라, 오케이?

239

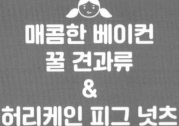

매콤한 베이컨 꿀 견과류 & 허리케인 피그 넛츠

SPICY BACON HONEY NUTS & HURRICANE PIG NUTS

◇◇◇◇◇◇◇

4컵 분량(960ml)
1시간(순수 조리 시간 30분)

매콤한 스리라차? 좋다. 훈제향이 나는 바삭한 베이컨? 좋다. 바삭한 허니 로스트 견과류? 그것도 좋다. 이 끝내주는 재료들의 조합으로 베이컨과 꿀을 넣은 매콤한 맛의 꿀 견과류가 더 나아질 수 있을까?

그렇다. 정말 그렇게 될 수 있다.

하와이에서 온 중독성 있는 간식인 허리케인 팝콘을 맛본 적이 있다면, 후리카케가 맛 좋은 이 간식을 어떻게 핵폭탄급으로 더 맛있게 바꿀 수 있는지 알 것이다. 이것을 돼지고기 맛이 나는 견과류에 더하면 허리케인 피그 넛츠는 여러분의 머리를 폭발하게 만들 것이다(당연히, 좋은 의미로).

나는 이 견과류들을 찬장에서 바로 꺼내서 먹는 것을 좋아하지만, 훌륭한 샐러드 토핑이 되기도 한다.

재료

베이컨 227g

큰 달걀 흰자 1개

남남 스리라차(64쪽) 또는 시판 스리라차 소스 3큰술

꿀 2큰술

코셔 소금 1작은술

볶지 않은 무가염 아몬드 226g

볶지 않은 무가염 캐슈넛 226g

후리카케 2큰술(허리케인 피그 넛츠 만들 때 사용)

1 베이컨을 자르기 쉽도록 냉동실에 20분간 얼린다. 단단해지면 5mm 폭으로 썬다.

2 오븐을 150℃로 예열하고 오븐 랙을 오븐 가운데에 끼운다. 큰 볼에 달걀 흰자, 스리라차 소스, 꿀, 소금을 넣고 거품기로 잘 섞는다.

3 볼에 견과류를 넣고 버무린다. 소스가 고르게 코팅되어야 한다.

4 큰 베이킹 팬에 유산지나 실리콘 베이킹 매트를 깐다.

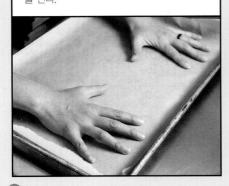

5 견과류를 구멍 뚫린 요리 스푼을 이용해 유산지를 깐 베이킹 팬 위에 옮겨 한 겹으로 펼친다.

6 20~30분간 굽거나 견과류가 바삭하고 황갈색이 될 때까지 굽는다. 조리 시간 중반에 베이킹 팬을 180도 돌려 준다. 견과류가 타지 않도록 주의한다!

7 견과류가 구워지는 동안 커다란 무쇠 주물 프라이팬에 베이컨을 넣고 중불로 켠 가스레인지에 올린다. 프라이팬과 베이컨을 함께 가열하면 베이컨이 탈 확률을 줄일 수 있다.

8 베이컨을 15분간 굽거나 기름이 빠져나올 때까지 구우면 바삭해진다.

9 베이컨을 구멍 뚫린 요리 스푼을 이용해 키친타월을 깐 접시에 옮기고, 견과류가 준비될 때까지 잠시 둔다.

10 견과류와 베이컨을 버무린 후 실온으로 식힌다.

11 허리케인 피그 넛츠를 만든다면, 후리카케도 넣는다.

(후리카케는 고전적인 일본의 조미료로, 구운 참깨와 김, 가다랑어로 만든다.)

12 지금 차려내거나 용기에 담아 뚜껑을 덮어 냉장고에서 1주일까지 보관한다.

치아 뮤즐리 파르페
CHIA MUESLI PARFAIT

◇◇◇◇◇◇

6인분
8시간(순수 조리 시간 15분)

나는 미친 듯이 바쁜 한 주를 앞두고 있을 때마다 잽싸게 준비해서 가지고 나갈 수 있는, 섬유질로 가득 찬 치아 뮤즐리 파르페를 많이 만들어 둔다. 이 음식은 유럽을 도보여행할 때 매일 아침 먹었던 과일 맛, 견과류 맛이 나는 뮤즐리에서 영감을 받았다. 살짝 달콤한 맛의 아침 식사를 만드는 건 아주 쉽다. 나는 뮤즐리에 귀리 대신 원래의 것과 흡사한 식감을 주는, 팔레오 친화적인 치아 푸딩을 사용한다.

재료

치아시드 ½컵(120ml)

바닐라 아몬드 밀크(168쪽) 2컵(480ml) 또는 바닐라 익스트랙트 1작은술을 섞은 아몬드 밀크 2컵(480ml)

갓 짜낸 오렌지즙 ¾컵(180ml)

아몬드 슬라이스 1컵(240ml)

시나몬 가루 ½작은술

큰 사과 1개(브래번 또는 후지종) – 껍질 벗기고 씨 제거

잘게 다진 신선한 과일 2컵(480ml) – 복숭아, 천도복숭아, 배 또는 신선한 베리

원한다면 꿀을 조금 더해도 좋아요. 과일과 주스를 넣는다고 하더라도 여러분은 아마 꿀을 놓치진 않을 테죠!

만드는 방법

1 중간 크기 병이나 볼에 치아시드와 바닐라 아몬드 밀크를 섞는다.

2 잘 저은 후 뚜껑을 덮고 하룻밤 냉장고에 넣어 두거나, 푸딩같이 걸쭉한 질감이 될 때까지 냉장고에 넣어 둔다.

3 큰 볼에 오렌지즙과 아몬드 슬라이스, 시나몬 가루를 넣고 섞는다.

4 사과를 강판에 갈아서 볼에 즉시 넣어 섞는다.

5 볼에 **2**의 치아 푸딩을 넣고 재료를 잘 섞는다.

6 작은 볼 또는 340ml의 유리병에 **5**와 잘게 다진 신선한 과일을 층층이 번갈아 가며 담는다. 이 파르페는 냉장고에서 4일까지 보관 가능하다.

예!
섬유질이다!*

* 인간 아이처럼 말하는 법이 없다.

NOT
READY!

응급 상황에서 빠르게 만드는
맛있는 음식

하지만… 만약
준비가 되지 않았다면
무엇을 할 수 있나요?

어떤 사람들은 상황에 개의치 않고 요리하는 것을 좋아한다고 공언한다. 일로 바쁜 하루? 배고픈 식구들? 문제없다. 이런 요리의 달인들에게 음식을 만드는 것은 스트레스 해소의 한 방법이다. 애정을 담아 처음부터 손수 만드는 음식, 그들은 훌륭하게 맛을 겹겹이 쌓고 천천히 보글보글 삶고 뭉근하게 끓인다. 음식이 오븐 안의 행복한 빛 속에서 춤을 추는 동안, 그들은 하루의 억눌린 압박을 풀어낸다.

하지만 나는? 별로 그렇지 못해요.

게다가 춤도 잘 못 춘다고요.

그것은 내 스타일이 아니다. 나는 대부분의 저녁에 밥을 내놓으라고 짜증내는 아이들을 방어하고 있다. 아이들은 내가 온종일 일에 시달렸는지, 뱃속이 꼬르륵거려서 요리에 집중하기 힘든지 어떤지 신경 쓰지 않는다. 나는 엉망인 데다가 동기도 없다. 정신적으로 요리할 준비가 전혀 되어 있지 않을 때도 있는 것이다.

하지만 그게 내가 요리를 건너뛰어도 된다는 의미는 아니에요.

그리고 여러분 또한 마찬가지랍니다!

나를 믿으시라. 나는 완전히 지치고, 녹초가 되고, 배가 고파서 화가 나는 것이 어떤 것인지 알고 있으니 말이다. 12년 동안 병원에서 야간 근무를 하며 혼을 쏙 빼놓는 두 아이를 키웠다. 블로그를 운영하고 '놈놈 팔레오' 관련 일을 한 것은 말할 것도 없다. 매일 저녁, 건강한 식사를 만드는 것은 세상에서 내가 가장 하고 싶지 않은 일이었다.

특히, TV에 유치하지만 재미있는 볼거리가 있을 때 말이에요!

하지만 부정적인 것을 곱씹는 것은 오히려 문제를 키운다. 그리고 내 가족이 영양가 있는 가정 요리를 확실하게 먹도록 하는 유일한 방법이 요리라는 것도 안다. 그렇기 때문에 그저 힘을 내서 음식을 만든다. 그리고 여러분도 아시다시피 언제나 부엌에 들어가서 요리를 시작하면, 앞에 놓인 과제는 처음에 생각했던 것만큼 힘들지 않다.

나는 몇 가지 식재료와 레시피 아이디어로 가득 찬 머리만 무장하면, 맛있고 영양가 있는 저녁 식사를 빠르고 쉽게 뚝딱 만들 수 있다는 것을 알게 되었다. 가족들을 만족시키면서 미래의 바쁜 저녁 시간을 위해 냉동하기 충분한 여분의 음식을 얻을 수 있다는 사실도 말이다.

그것이 'NOT READY!' 파트를 꾸린 이유이자 미리 만들거나 많은 노력이 필요하지 않은 빠른 식사로 페이지를 채워 넣은 이유이다. 바쁜 사람들은 까다로운 레시피를 견디기 힘들기 때문에 간단하고 맛있는 음식을 45분 이내에 준비할 수 있도록 했다.

이 레시피들은 조리해서 바로 먹을 수 있어요!

이 요리들 대부분은 손질하고 준비하는 데 시간이 거의 소요되지 않는다. 그러니 배달 음식을 주문하는 대신 앞치마를 매고 빨리 부엌으로 가자. '샘 시프톤(Sam Sifton)'의 글처럼, '요리는 불교와 크로스핏 운동 그리고 금주와 같이 실천해야 한다. 그것이 여러분의 일이 될 그 날까지 그저 해야만 한다. 내일 시작해선 안 된다. 오늘 밤부터 시작하라.'

가람 마살라
채소 수프
GARAM MASALA
VEGETABLE SOUP

◇◇◇◇◇◇◇

6인분
45분(순수 조리 시간 15분)

인도의 가람 마살라와 같은 향신료는 단순히 풍미만 높여 주는 것이 아니다. 그것들은 식료품점의 선반에서 찾을 수 있는, 영양과 산화 방지 성분이 가장 풍부한 식품이다. 맛과 건강 모두를 증진시켜 준다.

재료

볶지 않은 캐슈넛 ½컵(120ml)

기 또는 엑스트라 비진 올리브 오일 1큰술

작은 양파 1개 – 다지기

큰 당근 1개 – 껍질 벗겨서 다지기

코셔 소금 조금

마늘 4쪽 – 곱게 다지기

다진 생강 1큰술

가람 마살라 또는 인도 커리 파우더 1큰술

작은 콜리플라워 1송이(약 800g) – 심을 제거하고 작은 송이로 나누기

중간 크기 고구마 1개(약 300g) – 껍질 벗겨서 다지기

뼈 육수(84쪽) 또는 닭 육수 6컵(1.44L)

갓 갈아낸 흑후추 조금

라임즙 또는 레몬즙(라임 또는 레몬 1개분)

고수 잎 조금

시중에서 가람 마살라를 구하기 힘들다면 좋아하는 커리 파우더를 사용한다.

1 캐슈넛을 150℃로 예열한 오븐에 8~10분간 노릇해질 때까지 굽고, 조리 시간 중반에 한 번 뒤집어 준다. 잠시 옆에 둔다.

2 큰 냄비에 기름 넣고 중불에서 가열한다. 기름이 일렁이면 양파, 당근, 소금을 넉넉히 넣는다.

3 5분간 저어 주면서 볶거나 조금 부드러워질 때까지 조리한다.

4 마늘, 생강, 가람 마살라를 넣는다.

5 30초간 볶거나 향이 날 때까지 볶는다.

6 콜리플라워, 고구마, 육수를 넣는다.

7 끓인다.

8 냄비 뚜껑을 덮고 불을 낮춘 후 뭉근하게 끓인다.

9 15분간 조리하거나 채소가 포크로 찔러도 잘 들어갈 때까지 조리한다.

10 냄비를 불에서 내리고 핸드 블렌더를 이용해 내용물이 부드러워질 때까지 곱게 간다. 맛을 보며 필요하다면 소금, 후추로 간한다.

11 라임 또는 레몬즙을 짜서 잘 섞고 볼에 수프를 담는다.

12 수프 위에 구운 견과류와 고수를 올린다. 여분의 수프는 4일까지 냉장 보관 가능하고, 2개월까지 냉동 보관 가능하다.

앤초 토마토
닭고기 수프

ANCHO TOMATO
CHICKEN SOUP

◇◇◇◇◇◇◇◇

4인분
30분

이 훈제향이 나는 깊은 맛의 수프를 만들면 두 아이 모두 한 그릇 더 달라고 한다. 이러한 사실이 모든 걸 말해 준다고 생각한다.

재료

기 또는 엑스트라 버진 올리브 오일 2큰술

중간 크기 양파 1개 – 다지기

코셔 소금 조금

마늘 4쪽 – 껍질 벗겨서 으깨기

앤초 칠리 파우더 2작은술

직화 구이 다이스 토마토 통조림 1통 (425g) – 물기 빼기(또는 중간 크기 토마토 2개를 불에 그을려서 준비)

뼈 육수(84쪽) 또는 닭 육수 4컵(960ml)

껍질과 뼈를 제거한 닭 넓적다리살 또는 가슴살 6개 – 1.2cm 두께로 길쭉하게 썰기

근대 2묶음 – 줄기를 떼고 잎을 얇게 슬라이스하기

갓 갈아낸 흑후추 조금

라임 2개 – 1개는 즙을 짜고 1개는 웨지형으로 썰기

해스 아보카도 1개 – 얇게 슬라이스하거나 깍둑썰기

고수 잎 ½컵(120ml)

플랜틴 칩(선택사항)

매운맛을 한층 돋우려면, 레드 페퍼 플레이크 또는 할라피뇨 고추 한두 개를 슬라이스해서 넣는다.

1 큰 냄비에 기를 넣고 중불에서 녹인다. 양파를 넣은 후 소금을 넉넉히 넣는다. 5분간 볶거나 부드러워질 때까지 볶는다.

2 마늘을 넣고 1분간 볶거나 향이 날 때까지 볶는다.

3 앤초 칠리 파우더를 넣고 섞는다.

4 물기를 뺀 토마토를 넣고 토마토가 으스러지고 색이 짙어질 때까지 10분간 자주 저어 주면서 조리한다.

5 냄비를 불에서 내리고 핸드 블렌더로 걸쭉한 페이스트 형태가 될 때까지 내용물을 갈아 준다.

6 육수를 붓는다.

7 곱게 간다(여기서 멈추고 싶다면, 뭉근하게 끓이고 소금, 후추로 간한다. 훈제향 토마토 수프로 마무리될 것이다!).

8 냄비를 다시 센 불로 달군 후 닭고기와 근대를 수프에 넣는다.

(근대는 일반적으로 멕시코에서 영감을 받은 요리에선 찾아보기 힘들지만 나는 가능할 때마다 이 채소를 넣는 걸 좋아한다.)

9 가끔 저어 주면서 수프를 끓인다.

10 불을 줄이고 닭고기가 고루 익을 때까지 약 6~8분간 뭉근하게 끓인다.

11 수프를 불에서 내리고 라임 1개분의 즙을 짜서 넣는다. 다시 한 번 맛을 보며 필요하다면 간을 더한다.

12 볼에 수프를 떠서 담고 아보카도, 고수, 그리고 원한다면 플랜틴 칩을 올려 장식한다. 라임 웨지를 곁들여 차려낸다. 남은 수프는 4일까지 냉장 보관 가능하고 2개월까지 냉동 보관 가능하다.

251

간단한 에그 드랍 수프
SIMPLE EGG DROP SOUP

◇◇◇◇◇◇◇

1인분
5분

여러분은 가지고 있는 육수와 달걀로 푸짐한 에그 드랍 수프 한 그릇을 눈 깜짝할 사이에 만들 수 있다. 1인분 이상을 만들고 싶다면 수프를 후루룩 마실 인원 수를 재료에 곱하면 된다(여러분, 수학은 삶의 중요한 기술이다.).

재료

뼈 육수(84쪽) 또는 닭 육수 1½컵(360ml)

피시 소스(선택사항)

코셔 소금 조금

큰 달걀 1개

매운 고추 1개 – 얇게 슬라이스하기(선택사항)

대파 1대 – 얇게 슬라이스하기(선택사항)

고수 잎 1큰술(선택사항)

좀 더 든든한 저녁 식사로 바꾸고 싶은가요? 남은 고기나 가금류를 수프에 더하거나 채소로 양을 늘리세요. 육수가 끓으면, 달걀을 넣기 전에 이 여분의 재료들을 넣어 주기만 하면 돼요.

만드는 방법

1 냄비에 육수를 담고 중강불로 끓인다. 입맛에 따라 피시 소스와 소금 중 택일하거나 둘 다 사용하여 간한다.

2 작은 볼에 달걀을 깨고 피시 소스 몇 방울과 소금 한 꼬집으로 간한다.

3 포크로 잘 젓는다.

4 육수 냄비를 불에서 내리고 달걀 그릇을 냄비 위로 높이 올려 천천히 육수에 부으면서 저어 준다.

5 뜨거운 육수에 닿아서 조리된 달걀은 부드럽고 실 가닥 같아야 하며, 너무 익거나 덩어리지지 않아야 한다.

6 수프를 볼에 담는다.

7 좋아하는 재료를 더해 수프를 멋지게 만든다. 빨간색 할라피뇨 같은 매콤한 고추를 슬라이스하거나 얇게 슬라이스한 대파와 고수 잎 같은 것들로 손쉽게 장식할 수 있다.

8 나는 슬로우 쿠커나 압력솥에서 조리한 후 바삭하게 만든 '칼루아 피그(136쪽)'를 나의 에그 드랍 수프에 더하는 것을 특히 좋아한다.

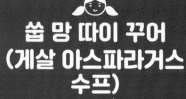

쑵 망 따이 꾸어
(게살 아스파라거스 수프)

SÚP MĂNG TÂY CUA
(CRAB + ASPARAGUS SOUP)

◇◇◇◇◇◇◇

4인분
15분

에그 드랍 수프는 여러 가지 방법으로 변화를 줄 수 있지만 내가 가장 좋아하는 것은 이 베트남식 수프이다. 특별한 날 차려내는 '쑵 망 따이 꾸어'는 게살, 그리고 프랑스 식민지배 시기에 베트남에 소개된 채소인 망 따이(Măng Tây) 또는 '서양 대나무라고도 불리는 아스파라거스를 넣는 것이 특징이다.

전통적으로 이 레시피에는 흰색 아스파라거스가 사용되지만 나는 좀 더 흔하게 구할 수 있는 녹색 아스파라거스를 선호한다. 그래도 만약 신선한 흰색 아스파라거스를 시장에서 발견한다면 한번 시도해 볼 것.

재료

뼈 육수(84쪽) 또는 닭 육수 6컵(1.44L) – ½컵(120ml) 따로 나눠 놓기

피시 소스 2작은술

백후춧가루 ½작은술

코셔 소금 조금

아스파라거스 453g – 줄기 끝부분을 다듬고 1.2cm 폭으로 썰기

게살 덩어리 226g

애로루트 가루 1½큰술

큰 달걀 4개 – 중간 크기 볼에 깨 놓기

고수 ½컵(120ml) – 다지기

대파 2대 – 얇게 슬라이스하기

만드는 방법

1 육수 ½컵(120ml)을 계량해서 따로 덜어 둔다.

2 큰 냄비에 나머지 육수를 붓고 센 불에서 끓인다. 피시 소스와 백후추를 더한다.

3 아스파라거스를 넣고 1분간 조리하거나, 선명한 녹색을 띠고 부드럽되 아삭함이 남도록 조리한다.

4 중불로 낮추고 게살을 넣는다.

5 따로 덜어 둔 육수 ½컵에 애로루트 가루를 넣고 걸쭉해지도록 잘 풀어 준다.

6 ❺를 일정하게 원을 그리며 천천히 수프에 부어 주고 걸쭉해지도록 수프를 빠르게 저어 준다. 애로루트 가루는 과열되면 분해되므로 수프가 약간 걸쭉해지면 바로 불을 끈다.

7 중간 크기 볼에 달걀을 넣고 휘저어 풀어 준다.

8 불을 끈 상태로 수프를 저어 주며 달걀을 천천히 부어 준다.

9 입맛에 따라 소금과 백후추로 간하고 볼에 수프를 떠 담는다. 고수와 대파로 장식한다.

냉장고에서 4일까지 보관 가능하다.

매콤 + 새콤 수프
HOT + SOUR SOUP

6인분
40분

매콤 새콤한 수프는 오랫동안 중국 식당의 주메뉴였지만, 배달원이 차를 몰고 배달 가는 것보다 더 짧은 시간 안에 직접 만들 수 있다. 맛도 더 좋으며 미심쩍은 재료 또한 들어가지 않는다.

재료

기 또는 취향껏 선택한 기름 1큰술

큰 리크 1대 – 흰색과 밝은 녹색 부분만 채썰기

생표고버섯 113g – 얇게 채썰기

돼지고기 어깨살 또는 등심이나 안심 453g – 가는 성냥개비 모양으로 썰기

코코넛 아미노 2큰술

마늘 2쪽 – 곱게 다지기

곱게 다진 생강 1큰술

죽순 통조림 1통(227g) – 슬라이스해서 헹군 후 물기 빼기

뼈 육수(84쪽) 또는 닭 육수 6컵(1.44L) – ½컵(120ml) 따로 나눠 놓기

애로루트 가루 1½큰술

큰 달걀 2개 – 풀어 놓기

쌀식초 ¼컵(60ml)

참기름 1작은술

백후춧가루 ½작은술

코셔 소금 조금

대파 2대 – 어슷썰기

보시다시피 엄마는 다양한 종류의 에그 드랍 수프를 정말 좋아해요!

❶ 큰 냄비에 기름을 넣고 중강불에서 녹인다. 기름이 일렁이면 리크와 표고버섯을 넣는다.

❷ 2분간 저어 주며 조리하거나 버섯과 리크가 숨이 가라앉을 때까지 볶는다. 돼지고기를 넣고 붉은빛이 사라질 때까지 볶는다.

❸ 코코넛 아미노, 마늘, 생강을 넣고 30초간 저어 주며 볶는다. 또는 향이 날 때까지 볶는다. 죽순을 넣는다.

❹ 육수 ½컵(120ml)을 계량하여 덜어 놓고, 나머지를 냄비에 붓고 센 불에서 끓인다. 끓으면 중불로 줄이고 뭉근하게 끓인다.

❺ 덜어 둔 육수 ½컵에 애로루트 가루를 넣고 걸쭉해지도록 휘저어 섞는다.

❻ ❺를 천천히 원을 그리며 부어 주며 냄비 안의 수프를 빠르게 젓는다. 애로루트 가루는 과열되면 분해되므로 수프가 조금 걸쭉해지면 바로 불을 끈다.

❼ 냄비의 불을 끈 상태로 수프를 저어 주며 풀어 놓은 달걀을 천천히 붓는다.

❽ 쌀식초, 참기름, 백후추를 넣고 저어 준다. 입맛에 맞게 소금으로 간하고 원한다면 식초와 후추를 조금 더 넣는다.

❾ 수프를 볼에 담고 대파를 뿌려 장식한다. 남은 것은 냉장고에서 4일까지 보관 가능하다.

호보 스튜
HOBO STEW

◇◇◇◇◇◇◇

4~6인분
45분

'멀리건 스튜(Mulligan Stew)'라고도 알려진 이 수프는 1900년대 초 미국의 방랑자 캠프에서 공동 식사로 준비했던 것에서 시작되었다. 유일하게 일관된 재료라면 냄비와 모닥불이었지만, 대부분의 버전은 고기, 그리고 가지고 있는 채소를 넣어 만들었다.

이 스튜에 대한 나의 생각은, 그다지 비싸지 않으면서 만족스럽고 맛있으며, 변형이 가능하고 야외에서 만들 필요가 없다는 것이다. 고기를 갈색으로 구운 후 육수를 더하고 채소 보관실에 있는 어떤 채소라도 넣어 주면 된다. 호보 스튜는 아름답게 냉동도 된다. 가서 만들어 보자!

재료

다진 소고기 907g

코셔 소금 ½작은술 – 입맛에 따라 여분 추가

작은 양파 1개 – 다지기

마늘 3쪽 – 곱게 다지기

토마토 페이스트 ¼컵(60ml)

당근 3개 – 6mm 두께로 둥글게 썰기

그린빈 226g – 다듬어서 3.8cm 길이로 자르기

감자 453g – 2cm 크기로 깍둑썰기

뼈 육수(84쪽) 또는 닭 육수 4컵(960ml)

갓 갈아낸 흑후추 조금

신선한 어린 케일 또는 냉동 케일 142g

셰리 식초 1큰술

곱게 다진 이탈리안 파슬리 ¼컵(60ml)

이건 유기농 방랑자로 만든 건가요?

1 큰 육수 냄비를 중불로 달군 후 다진 소고기를 넣고 요리 주걱이나 스푼으로 으깨가며 덩어리지지 않게 조리한다. 소금 ½ 작은술로 소고기를 간한다.

2 소고기의 붉은빛이 사라지면(약 10분 소요) 구멍 뚫린 요리 스푼을 이용해 고기를 다른 접시에 덜어 둔다. 냄비에 1큰술의 고기 기름만 남기고 비운다.

3 고기 기름이 담긴 냄비에 양파를 넣고 5~7분간 볶거나 투명해질 때까지 볶는다.

4 마늘을 넣고 15초간 볶거나 향이 날 때까지 볶는다.

5 토마토 페이스트를 넣고 냄비 바닥이 구릿빛으로 코팅될 때까지 볶는다. 육수를 붓고 냄비 바닥에 눌어붙은 맛있는 것들을 긁어내는 디글레이징을 해 준다.

6 소고기, 당근, 그린빈, 감자를 넣고 불을 세게 높여 끓인다. 스튜가 끓어오르면 불을 약하게 줄여 뭉근하게 끓인다.

7 뚜껑을 넣고 20~30분간 조리하거나 채소가 부드러워질 때까지 조리한다. 입맛에 맞게 소금과 후추로 간한다.

(아니면, 압력솥을 이용해 고압에서 5분간 조리해도 된다.)

8 케일을 넣고 숨이 가라앉을 때까지 저어 준다.

9 식초를 넣어 섞고 스튜를 그릇에 담은 후 이탈리안 파슬리를 올려 차려낸다. 남은 것은 냉장실에서 4일까지, 냉동하여 2개월까지 보관 가능하다.

프렌치 그린빈 + 엘룸 방울토마토 샐러드

HARICOT VERTS + HEIRLOOM CHERRY TOMATO SALAD

◇◇◇◇◇◇◇◇◇

4인분
10분

생생한 빛깔의 그린빈과 과즙이 많은 토마토만큼 여름을 잘 말해 주는 것은 없다… 그리고 부엌에서 가능한 한 적은 시간을 보내는 것도.

10분 만에 만드는 이 곁들임용 채소 요리는 복잡할 게 전혀 없다. 재빨리 데쳐서 찬물에 헹군 후 올리브 오일과 발사믹 식초에 버무리는 것이 매력 넘치고 화려한 피크닉 샐러드를 준비하는 데 필요한 전부다.

재료

큰 샬롯 1개 – 얇게 슬라이스하기
숙성 발사믹 식초 ¼컵(60ml)
코셔 소금 조금
그린빈 453g – 손질하기
잘 익은 방울토마토 ¼컵(60ml) – 2등분하기
바질 ¼컵(60ml) – 얇게 채썰기
엑스트라 버진 올리브 오일
갓 갈아낸 흑후추 조금

'콩'이란 단어에 집착하지 마세요. 그린빈은 콩보다는 콩깍지라고 할 수 있고 맛도 좋을 뿐더러 여러분에게도 좋아요!

만드는 방법

① 슬라이스한 샬롯을 발사믹 식초에 담가 둔다.

② 큰 육수 냄비에 물을 담고 소금을 넉넉하게 한 자밤 넣는다. 센 불에서 물을 끓이고 냄비에 그린빈을 넣는다.

③ 2~4분간 데치거나 밝은 녹색빛이 되고 부드럽되 아삭해질 때까지 데친다.

④ 얼음물을 담은 큰 볼에 그린빈을 옮겨 담아 익는 과정이 멈추도록 한다. 5분간 기다린 후 그린빈의 물기를 빼고 빈 볼에 담는다.

⑤ 샬롯을 발사믹 식초에서 건지고 방울토마토, 바질과 함께 그린빈을 담은 볼에 넣는다. 올리브 오일과 남은 발사믹 식초를 뿌린다.

⑥ 소금, 후추로 간하고 차려내기 전에 버무려 상에 낸다.

망고 양배추 슬로
MANGO CABBAGE SLAW

◇◇◇◇◇◇◇◇

4인분
30분

양배추로 만드는 코울슬로는 지루하게 들릴 수도 있다. 하지만 달콤한 망고와 혀가 얼얼해지는 할라피뇨, 새콤한 라임, 신선한 민트 조합을 한번 맛보면 다시는 같은 시선으로 양배추 코울슬로를 바라보지 않을 것이다.

재료

얇게 슬라이스한 샬롯이나 적양파 ¼컵(60ml)

라임즙(라임 2개분)

망고 2개 – 껍질, 씨 제거 후 얇게 슬라이스하기

작은 양배추 ½통 – 심을 제거하고 얇게 슬라이스하기

민트 잎 ¼컵(60ml) – 얇게 채썰기

할라피뇨 고추 1개 – 얇게 슬라이스하기(선택 사항)

코셔 소금 조금

갓 갈아낸 흑후추 조금

만드는 방법

1 작은 볼에 얼음과 라임즙을 넣고 얇게 슬라이스한 샬롯을 최소 10분간 담가 둔다.

2 샐러드 만들 준비가 되면 망고, 양배추를 큰 볼에 넣고 섞은 후 샬롯과 라임즙을 넣는다.

3 민트를 넣고, 매운맛을 원한다면 할라피뇨 고추를 더한다.

4 입맛에 맞게 소금, 후추로 간하고 잘 버무린다.

5 접시에 담고 고기 같은 음식과 곁들여 낸다.

후아! 맵다!

달걀 프라이 샐러드
SUNNYSIDE SALAD

◇◇◇◇◇◇

1인분
10분

여러분도 아시다시피 달걀은 궁극의 단백질이다. 이러니저러니 해도 달걀은 비싸지 않고 영양분이 가득하며 조리하기 쉽고 맛있다. 게다가, 채소 요리에 더하면 마법같이 완전한 식사로 바꿀 수 있다. 그리고 그것이 바로 내가 여기서 하려고 하는 것이다. 이 요리는 전통적인 달걀 샐러드는 아니지만, 초고속 샐러드를 만들고 싶은 그런 때에 아침, 점심, 저녁 식사로 즉석에서 휘리릭 만들 수 있다.

그렇다. 어떤 사람들은 가장자리가 전혀 갈색으로 익지 않으면서도 노른자는 흘러내리고 흰자는 잘 조리된 것이 서니사이드업 에그(노른자를 터뜨리지 않은 달걀 프라이)의 특징이라 주장한다는 것을 안다. 나? 달걀을 '제대로' 조리하는 방법이 어떤 것이든 여러분이 좋아하는 방법으로 만드는 것이라고 말한다. 그리고 내가 가장 좋아하는 방법은 기름에 지글지글 구워 바삭한 흰자와 부드럽고 끈적한 노른자가 특징이다.

재료

봄 샐러드 채소 믹스 2컵(480ml)

큰 당근 1개 – 필러를 이용해 얇은 띠 모양으로 슬라이스하기

기 또는 아보카도 오일 1큰술

큰 달걀 2개

바다 소금 조금

갓 갈아낸 흑후추 조금

숙성 발사믹 식초 조금

1 작은 무쇠 주물 팬을 센 불로 달군다.

2 동시에, 샐러드 채소와 띠처럼 썬 당근을 서빙용 그릇에 담는다.

3 팬이 아주 뜨거워지면 기 또는 다른 오일을 크게 한 덩어리 떠 넣는다.

4 작은 볼에 달걀 2개를 깨 넣고, 달군 팬에 부드럽게 담는다.

5 달걀 흰자는 팬에 닿자마자 기포가 올라오지만, 노른자 주변의 조금 솟아오른 흰자는 다 익으려면 시간이 조금 더 필요하다…

…그러니, 팬을 기울여 기름이 튀는 것을 피하면서 숟가락을 이용해 뜨거운 기(또는 아보카도 오일)를 흰자에 끼얹어 준다.

6 달걀 흰자가 단단하게 익으면 불을 끈다. 달걀 밑을 들어 올렸을 때 바삭하고 황갈색이어야 한다.

7 뒤집개를 이용해 바삭한 달걀 프라이를 조심스럽게 채소 위에 올린다.

8 입맛에 맞게 소금, 후추로 간하고 발사믹 식초를 위에 뿌린다.

9 식초의 쌩한 맛이 요리를 한데 어우러지게 하며, 부드러운 노른자와 섞이면 즉석에서 샐러드 드레싱의 형태가 된다(산 + 지방 = 드레싱!).

10 진심으로 이보다 더 나은 패스트 푸드는 없다.

태국 버섯 볶음
THAI MUSHROOM STIR-FRY

◇◇◇◇◇◇◇

4인분
30분

이 조리법은 우리의 동남아시아 여행에서 영감을 받은 것이 아니다. 오레곤 주 포틀랜드에 있는 '디파쳐 레스토랑 + 라운지(Departure Restaurant + Lounge)'의 셰프이자 우리의 친구인 그레고리 고데(Gregory Gourdet)가 만들어낸 요리다. 나는 아시아에서 영감을 받은 그의 요리를 항상 먹기 위해, 포틀랜드를 우리의 두 번째 집으로 삼았다고 반 농담식으로 이야기하곤 한다. 그가 만든 감칠맛으로 가득한 창작물을 맛볼 때마다, 바쁜 가정 요리사들을 위해 머리를 재빨리 굴려 그레고리의 레시피를 분해하고 모방하는 방법을 생각했다. 운 좋게도 나는 이것을 해킹하는 데 성공했다고 생각한다. 이 매콤한 버섯 요리는 여러분을 포틀랜드로 이사 가고 싶게 만들 것이다.

재료

기 또는 아보카도 오일이나 올리브 오일 2큰술

큰 리크 1대 – 흰색과 밝은 녹색 부분만 얇게 슬라이스하기

큰 샬롯 1개 – 곱게 다지기

마늘 4쪽 – 얇게 편썰기

곱게 다진 생강 2작은술

태국 고추 또는 세라노 고추 1개 – 곱게 다지기

모둠 버섯 907g – 비슷한 크기로 채썰기

피시 소스 2큰술

라임즙(라임 1개분)

굵직하게 다진 고수 2큰술

굵직하게 다진 민트 2큰술

만드는 방법

❶ 이것은 준비가 전부인 레시피이다. 그러니 만들어 보자. 모든 재료를 다지고 써는 작업이 약간 필요하지만, 끝내고 나면 요리는 단 몇 분밖에 걸리지 않는다.

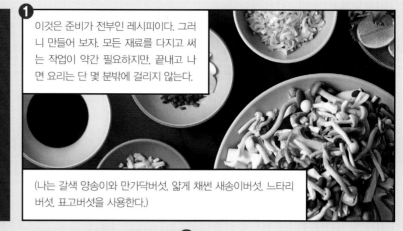

(나는 갈색 양송이와 만가닥버섯, 얇게 채썬 새송이버섯, 느타리버섯, 표고버섯을 사용한다.)

❷ 큰 프라이팬에 기를 넣고 중강불로 가열한다. 리크, 샬롯, 마늘, 생강, 고추를 더한다.

❸ 2~3분간 저어 주면서 조리하거나 채소가 부드러워질 때까지 조리한다.

❹ 프라이팬에 버섯을 넣는다.

❺ 8~10분간 볶거나 버섯이 부드럽고 노릇해질 때까지 볶는다.

❻ 피시 소스를 넣고 잘 섞이도록 저어 준다.

❼ 맛을 보며 필요하다면 피시 소스를 조금 더 넣는다. 자신의 미각을 믿어라!

❽ 프라이팬을 불에서 내리고 라임즙을 짜 넣은 후 허브를 뿌려 바로 차려낸다.

이분이 재능 넘치고
감칠맛에 집착하는 나의 친구이자
셰프인 그레고리 고데입니다.
그는 내 부엌의 가장 큰 영감 중
하나예요.

동양풍 감귤 방울양배추 슬로

ASIAN CITRUS BRUSSELS SPROUTS SLAW

◇◇◇◇◇◇◇◇

8인분
30분

새콤한 오렌지 생강 드레싱은 이 따뜻한 샐러드에 강한 풍미를 더해 접시를 밝혀 준다. 게다가 냉장고에 보관도 잘 되며 차갑게도, 따뜻하게도, 그 어떤 온도에서도 맛있게 먹을 수 있다.

재료

방울양배추 1kg
녹인 기 또는 코코넛 오일이나 라드, 탤로 3큰술
코셔 소금 ½작은술

소스

기 또는 코코넛 오일이나 라드, 탤로 1큰술
강판에 간 생강 1큰술
작은 샬롯 1개 – 곱게 다지기
마늘 2쪽 – 곱게 다지기
갓 짜낸 오렌지즙 ¼컵(60ml)
코코넛 아미노 3큰술
쌀식초 1½큰술
피시 소스 ½작은술
참기름 1작은술

가니시

대파 2대 – 얇게 슬라이스하기
곱게 다진 고수 ¼컵(60ml)
구운 참깨 1½큰술(74쪽의 굽는 방법 참조)

1 오븐을 230℃로 예열하고 오븐 랙을 가운데에 끼운다. 오븐이 예열되는 동안 방울양배추의 줄기를 손질한다.

2 쉽게 떨어지는 겉껍질은 벗겨낸다.

3 방울양배추를 칼로 얇게 슬라이스한다(또는 푸드 프로세서의 슬라이스 칼날로 슬라이스한다.).

4 큰 볼에 슬라이스한 방울양배추를 넣고 녹인 기와 소금을 넣는다.

5 손으로 잘 섞은 후 쿠킹 포일을 깐 베이킹 팬 위에 방울양배추를 고르게 얹는다.

6 5분에 한 번씩 뒤집어 주면서 15~20분간 오븐에서 굽거나, 방울양배추가 갈색으로 부드러워질 때까지 굽는다.

7 그 사이에 소스를 준비한다. 냄비에 기를 넣고 중불에서 녹인다. 녹은 기가 일렁이면 생강, 샬롯, 마늘을 넣고 향이 날 때까지 약 1분간 볶는다.

8 그다음 오렌지즙, 코코넛 아미노, 쌀식초, 피시 소스를 냄비에 넣고 끓인다.

9 불을 줄이고 5~8분간 보글보글 끓이거나 소스가 조금 걸쭉해질 때까지 조리한다. 냄비를 불에서 내리고 참기름을 넣고 섞는다.

10 방울양배추가 준비되면 오븐에서 꺼내고 구운 방울양배추 위에 소스를 붓는다.

11 대파와 고수, 참깨로 장식한다.

12 잘 섞고 접시에 담아서 먹는다.

그릴에 구운 발사믹 청경채와 골든 건포도

GRILLED BALSAMIC BOK CHOY WITH GOLDEN RAISINS

◇◇◇◇◇◇◇

4인분
15분

이 요리가 여러분의 입에 기쁨에 겨운 하이파이브를 하게 될 것이다.

재료

청경채 6송이

아보카도 오일 또는 올리브 오일 ¼컵 (60ml) – 그릴에 바를 여분의 기름 추가

코셔 소금 ½작은술

갓 갈아낸 흑후추 조금

숙성 발사믹 식초 조금

골든 건포도 ¼컵(60ml) – 뜨거운 물에 5분간 또는 부풀어 오를 때까지 불리기

구운 아몬드 슬라이스 ¼컵(60ml)

민트 잎 조금

만드는 방법

1 뒷마당에 있는 그릴이나 그릴 팬을 중불로 달군다. 청경채 송이의 단단한 끝부분을 다듬되 잎이 분리되지 않도록 한다. 청경채 가운데를 세로로 길게 반으로 자른다.

2 청경채 심 부분의 지저분한 것들을 씻어내고 물을 턴다. 큰 접시나 베이킹 팬에 청경채를 잠시 둔다.

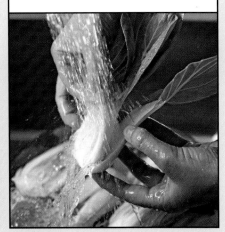

3 청경채 위에 아보카도 오일 ¼컵(60ml)과 소금을 고르게 뿌리고 손을 이용해 잘 코팅되도록 한다.

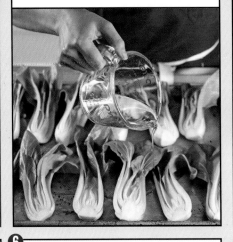

4 그릴이나 그릴 팬이 뜨거워지면 키친타월을 기름에 담가 적신 후 그릴 부분에 기름칠을 한다.

(그릴이나 그릴 팬이 없다면 유산지를 깐 베이킹 팬 위에 청경채의 절단면이 위로 오도록 올리고, 200℃로 예열한 오븐에 20분간 굽는다. 그리고 과정 **7**로 넘어간다.)

5 청경채의 절단면을 그릴 쪽으로 올려 3분간 굽거나 밑부분이 잘 그을 때까지 굽는다.

6 뒤집어서 3분간 더 조리한다. 또는 청경채가 아삭하면서도 부드러워질 때까지 굽는다.

7 접시에 옮기고 입맛에 따라 후추로 간한다. 발사믹 식초를 청경채 위에 뿌리고, 불려서 물기를 뺀 건포도, 아몬드, 민트 잎을 올려 장식한다.

⟳

: 응용 요리 :
그릴에 구운 감칠맛 청경채

요리의 맛을 바꿔 볼 준비가 되었는가? 이전
페이지의 요리법을 따르되, 과정 ❼에 나온
식초, 건포도, 아몬드는 뺀다. 대신 피시 소스
1작은술, 라임 1개분의 즙을 뿌리고, 차려내
기 전에 볶은 참깨를 뿌린다.

매콤한 어니언링
RED HOT ONION RINGS
◇◇◇◇◇◇◇◇

4인분
30분

어렸을 때, 엄마는 가끔 동네 패스트푸드 점에서 언니와 나에게 점심을 사주셨다. 하지만 나는 버거와 같이 나오는 어니언 링에 그다지 설레지 않았다. 나는 어니언 링을 씹는 게 싫었다. 길고 끈끈한 양파 줄 기는 입에 매달리고, 손가락 사이에는 기 름 범벅의 튀김 반죽이 비어 있는 튜브처 럼 남아 있었다.

우엑.

성인이 되면서 다음 사실을 알게 되었다. (1) 어니언링은 적절히 요리하면 미친 듯 이 맛있다. 그리고 (2) 어니언링은 두꺼 운 튀김 반죽을 입히지 않는 편이 낫다. 나 의 매운맛 어니언링 레시피는, 달걀에 양 파를 재빨리 담근 후 곡물이 들어 있지 않 은 가루와 매콤한 카이엔 페퍼 파우더를 얇게 묻히기만 하면 된다. 다음 한 입이 곤죽 같은 양파일지 한입 가득한 튀김 반 죽일지 추측할 것도 없이, 달콤하게 튀긴 바삭바삭한 양파를 완벽하게 맛볼 수 있 을 것이다.

재료
큰 달걀 흰자 2개

큰 양파 1개 – 링 모양으로 얇게 슬라이스 하기

애로루트 가루 또는 타피오카 가루 1컵 (240ml)

카이엔 페퍼 파우더 또는 시치미 토가라시 (일본의 7가지 향신료가 섞인 고춧가루) 1작 은술

코셔 소금 2작은술

라드나 기 또는 취향껏 선택한 튀김용 기 름 1½컵(360ml)

매콤한 어니언링을
좋아하지 않는다고요?
고춧가루는 빼고, 대신 추가로
맛을 더해 줄
마늘 가루 1작은술을 넣어요.

1 큰 볼에 달걀 흰자를 넣고 거품이 날 때까지 거품기로 휘젓는다.

2 달걀 흰자에 양파를 넣고 잘 묻힌다.

3 얕은 접시에 애로루트 가루, 카이엔 페퍼 파우더, 소금을 넣어 잘 섞는다.

4 큰 프라이팬에 기름을 넣고 온도가 182℃에 이를 때까지 중강불로 가열한다.

5 볼에서 양파를 빼내 여분의 달걀 흰자는 흔들어 털어낸다.

6 양파를 **3**의 가루에 넣는다.

7 양파에 가루를 잘 입히고 여분의 가루는 털어낸다.

8 양파를 기름에 부드럽게 넣는다.

9 어니언링이 바삭하고 노릇해질 때까지 3~5분간 튀기고 중간에 한 번 뒤집어 준다.

10 와이어 랙 위로 어니언링을 옮겨 여분의 기름이 빠지도록 한다.

11 남은 양파가 모두 소진될 때까지 반복하여 조리한다.

(어니언링을 이렇게 정리할 필요는 없다. 헨리는 특이해서 이렇게 했다.)

12 어니언링은 샐러드나 수프, 스테이크, 버거 위에 올리는 데 이용한다. 또는 그냥 먹는다.

페르시아풍 콜리플라워 라이스

PERSIAN CAULIFLOWER RICE

◇◇◇◇◇◇◇◇

6인분
30분

금빛으로 반짝이는 페르시아의 쌀 요리는 향신료 때문에 향기로우며, 보석 같은 색의 말린 과일과 바삭한 견과류 때문에 보석을 두른 것 같다. 이 요리는 내가 로스트 치킨이나 고기가 풍부한 케밥과 곁들이기 가장 좋아하는 요리이지만, 전통적인 재료를 모두 따라 만드는 것은 어려울 수 있다. 특히 시간이 부족하거나 자금이 부족할 때 더욱 그렇다. 이러한 이유로 나는 값비싼 사프란 대신에 강황과 파프리카 파우더를 사용하여 가능하다면 지갑과도 친하고 조리법이 복잡하지 않도록 레시피를 유지하고 있다. 주목할 점: 양파가 갈색이 되도록 적절하게 조리하는 것이 이 레시피의 핵심이다. 시간은 좀 걸리지만 기다릴 만한 충분한 가치가 있다.

재료

커런트 또는 건포도 ½컵(120ml)

올리브 오일 또는 취향껏 선택한 기름 3큰술 – 2큰술과 1큰술로 나눠서 준비

작은 양파 1개 – 얇게 슬라이스하기

마늘 3쪽 – 곱게 다지기

중간 크기 콜리플라워 1송이 – 쌀알 크기로 다지기(또는 갓 만들거나 얼린 콜리플라워 라이스 566g)

코셔 소금 1½작은술

강황 가루 ½작은술

스위트 파프리카 파우더 1작은술

구운 칼 아몬드 ½컵(120ml)

갓 갈아낸 흑후추 조금

민트 잎(선택사항)

만드는 방법

1 작은 볼에 끓는 물 ½컵(120ml)을 붓고 커런트를 담근다. 10분간, 또는 부풀어 오를 때까지 잠시 둔다.

2 그사이에 큰 프라이팬에 올리브 오일 2큰술을 넣고 중불에서 가열한다. 기름이 일렁이면 슬라이스한 양파를 넣는다.

3 갈색이 되고 부드러워질 때까지 자주 저어 주면서 15~20분간 조리한다.

(아직 콜리플라워를 쌀알 크기로 만들지 않았다면 지금 한다. 작은 조각으로 잘라서 푸드 프로세서에 넣고 작은 쌀알 크기가 될 때까지 짧게 끊어가며 갈아 준다.)

4 다진 마늘을 넣고 30초간 또는 향이 날 때까지 볶는다. 접시에 옮겨 잠시 둔다.

5 남은 기름 1큰술을 비어 있는 프라이팬에 넣어 가열하고 콜리플라워 라이스를 넣는다.

6 소금, 강황, 파프리카 파우더를 넣고 잘 섞이도록 저어 준다. 뚜껑을 덮고 5~10분간 조리하거나 부드럽되 곤죽이 되지 않을 때까지 조리한다.

7 불을 끄고 양파, 구운 아몬드, 물기를 뺀 불린 커런트를 넣고 잘 섞는다. 맛을 보며 필요에 따라 소금과 후추를 더한다.

8 원한다면 민트 잎으로 장식하고 먹는다.

새우 + 대파
스크램블드에그
SCRAMBLED EGGS
WITH SHRIMP + SCALLIONS

◇◇◇◇◇◇◇

4인분
10분

헨리의 부모님이 아직도 놀라워하며 회상하시는 일이 있다. 중국 남부에서 홍콩으로 향하는 기차에서 헨리가 부드러운 새우 스크램블드에그를 어떻게 한 번에 4접시나 흡입했는지를 말이다. 그 당시 그는 10대였기 때문에 늑대와도 같았던 배고픔을 청소년기 호르몬 급증 탓으로 돌릴 수도 있다. 하지만 이와 똑같이 그럴듯한 설명을 해 보자면, 이 전통적인 광둥 음식이 순전히 놀랍도록 맛있다는 것이다. 백후추와 참기름으로 간을 한 폭신한 달걀은 아침 식사로도 맛있게 먹을 수 있지만, '콜리 라이스(88쪽)'와 짝을 이뤄서 하루의 마지막 식사로 먹기에 완벽하다. 모험을 즐기는 사람이라면 신선한 게살이나 구운 돼지고기로 새우를 대체한다. 여러분이 시도하는 모든 방법을 좋아하게 될 것이다.

재료

큰 달걀 10개

뼈 육수(84쪽) 또는 닭 육수 ¼컵(60ml)

참기름 1작은술

코셔 소금 1작은술

피시 소스 ½작은술

백후춧가루 조금

대파 2대 – 얇게 어슷썰기, 가니시로 여분 준비

기 또는 아보카도 오일 ¼컵(60ml)

새우 226g(대략 새우 10~13마리) – 껍질과 내장 제거하기

① 큰 볼에 달걀, 육수, 참기름, 소금, 피시 소스, 백후춧가루 한 꼬집을 섞는다. 재료가 고루 섞이도록 저어 준다.

② 대파를 넣는다.

만드는 방법

③ 큰 무쇠 주물 프라이팬에 기를 넣고 중불로 달군다. 기름이 일렁이면 새우를 넣는다.

④ 한 면당 30초간 굽거나 새우가 뽀얀 핑크색으로 완전히 불투명해질 때까지 굽는다.

⑤ 계란을 붓는다.

⑥ 2~3분간 저어 주면서 조리하거나, 부드러운 스크램블드에그 형태로 덩어리질 때까지 조리한다.

⑦ 달걀은 부드럽게 덩어리져야 하며 단단하고 뻑뻑해선 안 된다. 팬이 너무 뜨겁다면 불에서 내린다. 여열로 달걀 조리를 마치도록 한다.

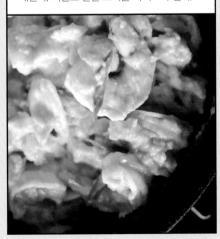

⑧ 접시에 담고 위에 여분의 대파를 올린 후 바로 차려낸다.

보레타의 아침 식사
BORETA'S BREAKFAST

◇◇◇◇◇◇◇

1인분
5분

화창한 일요일 로스앤젤레스에서 아침 식사를 하고 난 후였다. 내가 가장 좋아하는 일렉트로닉 음악 그룹 '더 글리치 맙(The Glitch Mob)'의 3인조 중 한 명인 우리의 친구 저스틴 보레타(Justin Boreta)가, 조리하지 않고 만드는 그의 아침 식사에 대해 말해 주었다. 통조림 정어리, 아보카도, 피클, 신선한 딜을 함께 으깨서 만든 한 그릇 음식에 대해 말이다. 저스틴은 "아침 식사로 정어리 통조림을 먹는다고 말했던 팀 페리스(Tim Ferriss)에게서 아이디어를 얻었어요. 적은 양의 고기로도 많은 단백질과 오메가3를 얻을 수 있다는 게 좋아요. 그리고 정어리는 환경 파괴나 자원의 낭비가 없는 완벽히 '지속 가능한 식재료'예요!"라고 했나.

그리고 그것들은 놀라울 정도로 맛이 좋기도 했다. 특히 저스틴이 고른, 맛을 향상시켜 주는 식재료와 조합했을 때 말이다. 나는 글리치 맙의 음악만큼, 이 달걀을 넣지 않고 만든 아침 식사를 좋아하게 되었다!

재료

올리브 오일에 절인 정어리 통조림 1통(124g) – 기름기 빼기

스톤 그라운드 머스터드 또는 디종 머스터드 2작은술

작은 해스 아보카도 1개 – 깍둑썰기

잘게 다진 딜 피클(또는 일반 오이 피클) ¼컵(60ml)

코셔 소금 조금

갓 갈아낸 흑후추 조금

라임즙(라임 ½개분)

고춧가루 또는 레드 페퍼 플레이크 ¼작은술(선택사항)

성글게 다진 딜 1큰술

엔다이브 1송이 – 잎 분리하기(선택사항)

만드는 방법

1 중간 크기 볼에 정어리와 머스터드를 넣는다.

2 포크로 으깬다.

3 깍둑썬 아보카도와…

4 … 다진 피클을 넣는다.

5 소금 한 꼬집과 페퍼밀로 통후추를 조금 갈아 넣고…

6 … 신선한 라임즙을 짜 넣는다.

7 포크로 아보카도를 눌러 으깨가며 모든 재료를 잘 섞는다.

8 원한다면 위에 고춧가루를 뿌리고 딜을 올린다. 엔다이브 잎과 함께 낸다.

보레타

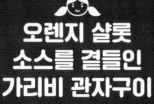

오렌지 샬롯 소스를 곁들인 가리비 관자구이

SEARED SCALLOPS WITH ORANGE-SHALLOT SAUCE

◇◇◇◇◇◇

4인분
30분

빨래를 잔뜩 말리는 것보다 더 짧은 시간 안에 한껏 멋 부린 해산물 저녁을 집에서 만들지 못한다고 누가 말하는가? 좋다. 누군가 실제로 그런 말을 한 적이 있는지 의심스럽지만, 누군가 했다면 그들이 틀렸다. 올바른 방법으로 준비된 레스토랑 스타일의 구운 가리비 관자는 겉은 바삭하고 안은 야들야들하며 손쉽게 만들 수 있다.

이 레시피에는 불린 후 물에 담가 포장 판매(Wet-packed)하는 저렴한 가리비가 아닌, 물기 없이 포장된 '드라이 팩(Dry-packed)' 가리비 관자를 사용한다. 물에 담가서 포장한 가리비 관자는 좀 더 통통해 보일지 몰라도 종종 화학적으로 보존 처리될 뿐만 아니라, 물에 불려서 질기고 맛이 없다. 물기 없이 포장한 가리비 관자는 조금 더 비싸지만 더 신선하며 맛이 좀 더 농축되어 있다.

재료

바다 가리비 관자 680g(약 20~30개)

코셔 소금 조금

갓 갈아낸 흑후추 조금

기 또는 아보카도 오일 ¼컵(60ml) – 2큰술씩 나눠서 사용

작은 샬롯 1개 – 곱게 다지기

타임 4줄기

갓 짜낸 오렌지즙 ½컵(120ml)

차가운 기 2큰술

곱게 다진 차이브 ¼컵(60ml)

1 가리비 관자에 붙어 있는 근육 부분을 손가락을 이용해 제거한다.

2 키친타월을 이용해 관자의 물기를 완전히 닦아낸다. 물기를 완전히 제거하지 않으면 바다에서 나온 값비싼 조각들이 제대로 구워지지 않는다.

3 소금, 후추로 양면에 간한다.

4 바닥이 두꺼운 30cm 프라이팬에 기 2큰술을 넣어 연기가 날 때까지 중강불로 가열한다. 관자 절반을 한 겹으로, 평평한 면이 바닥에 오도록 얹는다.

5 관자를 움직이거나 건드리지 말고 1분 30초~2분간 조리한다. 또는 황갈색으로 변할 때까지 굽는다. 그런 후 조심스럽게 뒤집는다.

6 큰 숟가락을 이용해 기를 떠서 관자에 끼얹는다. 건드리지 않고 1분간 조리한다. 또는 각각의 관자 중앙이 불투명해지고 옆면이 단단해질 때까지 굽는다.

7 접시에 관자를 옮기고 쿠킹 포일을 헐겁게 씌워 둔다. 남은 기 2큰술을 팬에 넣고 과정 **4**~**6**을 반복하여 남은 관자를 조리한다.

8 불을 끄고 샬롯과 타임 줄기를 프라이팬에 넣는다. 조리를 계속할 만큼 충분한 열이 남아 있어야 한다.

9 2분간 볶거나 샬롯이 투명해질 때까지 볶는다.

10 불을 중약불로 켜고 오렌지즙을 붓는다. 팬 바닥에 눌어붙은 갈색 조각들을 긁어내고 소스를 보글보글 끓인다.

11 냄비를 불에서 내리고 차가운 기를 한 번에 조금씩 넣으며 소스가 잘 유화되도록 거품기로 저어 준다.

12 입맛에 맞게 소금, 후추로 간한다.

13 타임 줄기를 뺀다. 소스와 함께 관자를 차려내고 차이브를 뿌려 장식한다.

꿀과 하리사를 넣은 연어
HONEY HARISSA SALMON

◇◇◇◇◇◇◇◇

4인분
30분(순수 조리 시간 15분)

연어를 유산지 안에 넣어 조리함으로써, 부드러운 채소를 곁들인 완벽하게 섬세한 생선을 만들 수 있다. 하지만 그것은 이 요리에 대한 절반의 설명에 불과하다. 대담하고 감칠맛이 풍부한 이 요리는 달고 짠 맛부터 맵고 새콤한 맛까지 모든 종류의 맛을 아우른다. 튀니지의 매운 고추 페이스트인 하리사(Harissa)는 이 요리에 사랑스러운 온기를 더하지만, 시중에서 구할 수 없다면 스리라차로 대신하면 된다.

재료

하리사 2큰술

꿀 2큰술

곱게 간 레몬 제스트 1큰술(레몬 1개분)

중간 크기 당근 2개 – 껍질을 벗겨서 가는 성냥개비 모양으로 채썰기

중간 크기 주키니 2개 – 가는 성냥개비 모양으로 채썰기

씨를 뺀 그린 올리브 ¼ 컵(60ml) – 굵직하게 다지기

마늘 2쪽 – 곱게 다지기

엑스트라 버진 올리브 오일 2큰술

레몬즙(레몬 1개분)

코셔 소금 조금

갓 갈아낸 흑후추 조금

두께 3.8cm의 연어 필레 4조각(각 170g) – 가시 제거하기

볶은 참깨 1큰술

꿀을 피하고 싶다면 꿀 대신 오렌지즙 ¼ 컵(60ml)을 사용한다.

만드는 방법

1 오븐을 230℃로 예열하고 오븐의 가운데에 오븐 랙을 끼운다.

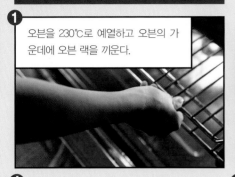

2 작은 볼에 하리사, 꿀, 레몬 제스트를 넣고 거품기로 섞는다. 조리된 생선 위에 발라줄 용도로 다른 볼에 소스의 절반을 덜어 둔다.

3 큰 볼에 당근, 주키니, 올리브, 마늘, 올리브 오일, 레몬즙을 넣어 섞는다. 입맛에 따라 소금, 후추로 간한다.

4 생선 위에 소금과 후추를 뿌린다.

5 ❷의 소스 ½큰술을 생선 필레의 위와 옆에 솔로 바른다.

6 유산지를 크게 4장 자르고 각각 반으로 접는다. 절반의 하트 모양을 종이 위에 그린 후 잘라내면, 펼쳤을 때 하트 모양이 된다. 와우!

7 유산지를 펼쳐 바닥에 평평하게 놓고 접힌 하트 부분의 한쪽 면에 준비한 채소의 약 ¼ 정도의 양을 올린다.

8 채소 그릇에 고여 있는 액체 1큰술을 더한다. 하리사 소스를 바른 면이 위로 오도록 연어를 채소 위에 올린다. 남은 연어도 같은 방법으로 반복한다.

9 유산지 하트의 다른 쪽 면을 생선 위로 반으로 접는다. 하트 모양의 상단 중심부터 시작해서 가장자리가 잘 밀봉되도록 접어 넣는다.

10 모든 유산지 포장의 가장자리는 접고 돌려서 잘 밀봉해야 한다. 하트 모양의 뾰족한 부분은 유산지를 꼬아서 잘 밀봉한다.

11 베이킹 팬 위에 연어 포장을 올리고 연어가 원하는 상태로 조리될 때까지 10~15분간 굽는다.

(전문가의 팁: 생선 내부의 온도가 62℃를 넘어서지 않도록 한다.)

12 오븐에서 꺼내자마자 주방 가위를 이용해 유산지 포장을 조심스럽게 잘라서 열고, 덜어 둔 소스를 생선 위에 솔로 바른다. 참깨를 뿌려 장식하고 차려낸다.

제가 레시피 아이디어를 어떻게 생각해내는지 알고 싶으세요? 저는 음식 관련 여행에서 종종 영감을 얻곤 해요.

그게 제 미식 관광의 이유랍니다!

미셸: 저를 아는 사람 누구에게라도 물어본다면 제가 저축을 위해 열심히 일했지만, 옷이나 차, 보석 같은 것에 돈을 쓰지는 않았다는 걸 아실 거예요. 몇 년간 똑같은 옷들을 입었지요. 대학 때 구입한 올 풀린 티셔츠 같은 것들 말이에요. 그리고 핸드백은 파머스 마켓에서 공짜로 얻은 캔버스 장바구니고 결혼 반지는 20달러에 구입한 신축성 있는 실리콘 밴드고요.

헨리: 하지만 그게 당신이 구두쇠라는 뜻은 아니지. 식재료와 주방용품에 돈을 쓰는 것이 부끄럽지는 않잖아, 맞지?

미셸: 그리고 요리에 관련된 경험도 마찬가지예요! 음식과 관련된 재미에 한해서라면 모든 게 백지가 되는 거지요. 물론, 아무리 훌륭한 식사라고 하더라도 식도를 미끄러져 내려가면 사라지지만, 기억만은 남게 돼요. 그리고 제 인생의 가장 소중했던 순간들을 돌이켜 보면, 가장 소중했던 사람들과 나누었던 식사와 모두 연관되어 있더라고요. 그래서 저는 음식을 경험하는 것에 대해선 인색하게 굴지 않을 거예요.

헨리: 그래. 당신은 우리 가족 휴가조차 당신이 어디서 무엇을 먹고 싶은지에 따라 계획하잖아. 그리고, 목적지에 도착하면 당신이 레시피 아이디어와 맛 조합에 대해 핸드폰에 강박적으로 메모하는 동안 우리는 지역의 요리 보물을 찾아내지.

미셸: 나는 그냥 먹기 위해 사는 사람 같아. 나에게 음식의

즐거움은 삶의 전부야. 우리는 운 좋게도 가족끼리 아주 많은 곳을 여행할 기회가 있었어요. 저는 집에서 멀리 있게 되면 관광지는 모두 건너뛰고 새롭고 지저분한 식당을 찾는 편이 더 좋아요.

헨리: 사실이에요. 당신은 정말 교과서적인 미식 여행가야. 우리가 처음 피렌체에 갔을 때 기억나? 나는 미켈란젤로의 다비드상을 보러 모두를 아카데미아 미술관에 데려갔는데, 입장하기 전에 당신이 갑자기 소고기 요리를 찾아야 한다며 날 끌고 갔잖아.

미셸: 하지만 우리는 세계 최고의 볼리토 미스토(Bollito Misto)를 먹어봐야 했다고! 그 토스카나의 삶은 소고기는 정말 믿을 수 없었다니까! 피아짜 델 메르카토(Piazza del Mercato)에 있는 다 네르보네(Da Nerbone) 시장에서 볼리토 미스토 샌드위치를 사서, 인생을 바꿀 만한 놀라운 고기 육수에 찍어 먹었잖아, 기억나?

헨리: 인정할게. 그 소고기는 꽤 훌륭했고 그곳을 찾기 위해 우리를 인적 드문 곳으로 끌고 가 줘서 기뻐. 하지만 나는 여전히 말이야, 여행하는 동안 가질 수 있는 모든 종류의 다양한 경험 중에서 당신은 오직 한 가지, 먹는 것에만 집중하는 경향이 있다고 생각해.

미셸: 자, 이게 제 시각이에요. 만약 여행이 문화에 푹 빠져보는 것이라면 음식보다 더 핵심적인 문화는 뭘까요? 그러니까, 딱 한 입 먹는 것만으로, 우리가 방문한 곳에 독특하게 뿌리내린 무엇인가를 경험할 수 있다는 얘기에요. 그뿐만 아니라 음식은 멀찍이 떨어져서는 경험할 수 없다고요. 여행은 집에서는 얻을 수 없는 요리 경험의 기회를 주지요. 그리고 저는 뉴욕이나 파리, 도쿄에 있는 별 다섯 개짜리 레스토랑에 거액을 쏟아붓는 것에 대해 얘기하는 게 아닌걸요. 전혀 비쌀 필요가 없어요. 가끔 잠시 멈춰 서서 다른 세계에선 어떻게 먹는지 살펴보는 걸 의미할 뿐이에요.

헨리: 우리가 태국의 한 농장에 있었을 때처럼 말이지.

미셸: 정확해! 제가 가장 좋아하는 요리 경험 중 하나는 치앙마이(Chiang Mai)에서 차로 약 1시간 거리에 있는 산비탈 지역의 작은 유기농 농장에서의 일이에요. 우리의 친구 마크 리치(Mark Ritchie)는 매타(Mae Tha) 지방에 있는 가족 농장을 방문할 수 있도록 준비해 주었는데, 그곳에서 농부인 부사이 간타다(Bwosai Gantada)씨는 그녀의 밭을 우리에게 자랑스럽게 구경시켜 주었지요. 그녀의 무성한 정원에서 우리는 재료들을 자르고 뽑았어요. 야외 부엌 바닥에 쪼그려 앉아서 땅바닥에 펼쳐진 수건 위에 채소들을 손질해 두었고요. 그리고 나서 부사이씨는 단순하게 생긴 모닥불 구덩이 위에서 요리하였고, 우리는 모두 푸짐하고 다양한 코스의 점심 식사 준비를 도왔지요. 그것은 믿을 수 없을 정도로 신선하고 맛있었답니다.

헨리: 우리는 그 농장에서 바로 재배된 채소와 고기와 쌀을 이용해서 볶음 요리와 커리를 만들어 푸짐하게 즐겼어요. 음식을 순식간에 먹어 치운 후엔 아삭한 로즈 애플*과 잘 익은 파파야로 식사를 마쳤고요. 그것은 기억에 남는 식사였어요. 그리고 환경과 자연을 파괴하지 않으면서 살아가는 것과 음식에 대해 많은 것을 가르쳐 주었지요.

* **로즈 애플(Rose Apple)** 이름은 로즈 애플이지만 사과나 장미와 아무 상관이 없는, 포도속에 속하는 과일. 동남아시아 여러 지역에서 재배되며 성장이 빠르고 질감, 향, 냄새를 제외하면 구아바와 비슷하다. 사과처럼 생으로 먹는 것이 좋다.

미셸: 농장의 모든 식물들은 손으로 길러졌고 손으로 거둬들였으며, 기발하게 설치된 고정 자전거로 물을 퍼 올려 관개에 이용한다는 사실에 놀랐던 기억이 나요. 그것은 제가 다시는 음식 한 조각도 낭비하고 싶지 않게 만들었지요. 특히 작은 가족 농장에서 우리가 먹는 것을 재배하기 위해 소요되는 것을 살펴본 후에 말이에요.

헨리: 농장에서 점심을 먹고 난 후에, 당신은 레시피 아이디어가 넘쳐났었지.

미셸: 완전히요. 그날 오후는 신선한 재료와 맛에 대해 제가 생각하는 방식에 커다란 영향을 끼쳤어요. 실제로, 그날 점심으로 먹은 커리와 볶음 요리는 이 책의 많은 레시피에 영감을 불어넣었죠.

헨리: 우리의 태국 북부 여행은 지역 요리의 미묘함에 대해 진짜로 눈뜨게 해 주었어요. 저는 항상 태국 남쪽 음식은 아주 달고 맵다고만 생각해 왔지요. 그리고 치앙마이의 음식이 라오스와 미얀마, 중국의 맛에 얼마나 영향을 받았는지 깨닫지 못했어요. 이것은 미국에 있는 태국 식당에서 먹어 왔던 것들을 훨씬 뛰어넘는 것이었어요.

미셸: 그리고 그곳에 있을 때 저는 많은 요리 수업을 들었고, 태국의 향신료와 허브 사용 방법에 대해 좀 더 잘 이해하게 되었어요. 뒤돌아보면, 한 번의 여행이 요리에 맛을 결합하는 제 방식에 얼마나 많은 영향을 주었는지 알 수 있어요. 예전의 제 레시피는 주로 제 어린 시절의 중국 요리와 전통적인 캘리포니아 음식에서 영감을 받았어요. 하지만 지금 제 요리는 동남아시아 취향이 더 많아요. 눈치채셨나요?

헨리: 물론이지. 해외여행에서 집으로 돌아올 때마다 일어나는 일이잖아. 우리가 베트남에서 돌아왔을 때를 생각해봐. 당신은 레몬그라스와 라임, 생강에 집착했었지. 그리고 중앙 아메리카에서 돌아왔을 땐 말야 –

미셸: 나도 알아. 그린 플랜틴 튀기는 걸 멈출 수가 없었어. 이 책에 그 레시피가 있는 이유 중 하나라니까. 그 후 몇 달 동안은 파타코네스가 엄청 먹고 싶었어.

헨리: 태국으로 돌아가 보자고. 여행에서 당신이 어떻게 영감을 얻는지 보여 주는 가장 좋은 예시는 '바사삭 치킨(Cracklin' Chicken)'이야. 이 음식은 원래 우리가 가장 좋아하는 청 도이 로스트 치킨(Cherng Doi Roast Chicken)에서 영감을 받았어요. 치앙마이의 님만해민(Nimmanhaemin) 거리에서 파는, 그릴에 구워서 만든 작은 닭고기 요리지요.

미셸: 우리의 친구 마크가 이 곳을 추천해 주었고 청 도이 로스트 치킨은 결국 그 도시에서 제가 가장 좋아하는 레스토랑이 되었어요. 일주일에 세 번이나 갔다고요! 그곳의 특선요리는 까이 양 농 크롭(Gai Yang Nong Krob)이에요. 뼈를 제거한 닭고기를 양념하고 그릴에서 바로 구워서 바삭하고 노릇한 껍질이 생기지요. 그릴의 열이 껍질 밑의 맛있는 지방을 녹여서, 요리하는 동안 부드러운 닭고기에 양념을 하고, 완벽하게 바삭하면서도 호박색이 나는 외관을 만들어요. 저는 여전히 그 닭들에 대한 꿈을 꾸는 밤을 보낸답니다.

헨리: 무엇보다도 그 요리는 엄청 저렴해요!

미셸: 제게 있어서 가장 좋았던 점은, 사실 그것이 준 영감이었어요. 집에 돌아왔을 때, 그 놀라운 닭고기 요리를 재현할 방법을 찾아야만 했어요. 저는 껍질을 벗긴 닭 넓적다리

살로 실험을 했지요. 뼈를 제거하고, 평평하게 두들겨서 뜨거운 무쇠 주물 프라이팬에 구웠어요. 기름방울을 피하느라 뛰어다니면서 말이지요. 제 버전은 그릴 대신 기름에 튀긴 것으로, 까이 양 농 크롭을 만드는 것보다 단순하지만 노력에 비해 맛은 엄청났죠 뭐예요. 이것이 '바사삭 치킨'이 태어난 배경이에요. 저는 여행에서 돌아오자마자 우리의 웹 사이트에 이 레시피를 올렸고, 엄청난 속도로 가장 인기 있으면서도 오래가는 레시피 중 하나가 되었어요.

헨리: 음식 여행은 우리에게 다른 문화를 독특한 시각으로 보여 주고, 부엌에서 새롭고 다양한 맛을 실험하도록 자극한다는 것에 우리 모두 동의할 수 있다고 생각해. 하지만 당신이 즐거웠던, 음식이 관련되지 잃은 다른 어행은 없는 거야?

미셸: 있지. 하지만 인도코끼리가 그 당시 5살짜리 아이를 혼자 등에 태우고 어둑한 강의 수면 아래로 데려갔을 때 내가 얼마나 기겁했는지 기억해?

헨리: 올리가 엄청 좋아했다는 건 기억하지!

미셸: 내가 말하고 싶은 것은, 식사 경험은 정신 나간 모험만큼 인상적이면서도 병원 신세를 질 위험이 없다는 뜻이야. 어쨌든, 병원 음식은 꽤나 형편없기도 하고.

헨리: 나는 당신이 늘 한 가지 생각만 하는 걸 사랑해.

올리의 바사삭 치킨
OLLIE'S CRACKLIN' CHICKEN

◇◇◇◇◇◇◇

4인분
30분

나의 유명한 '바사삭 치킨'은 나처럼 게으르지만 안목 있는 미식가들을 위한 최고의 요리다. 바사삭 치킨을 먹어 본 사람이라면 누구든 '겉은 바삭하고 속은 촉촉한 닭 넓적다리는, 여태껏 입안에 밀어 넣었던 다른 어떤 프라이드치킨보다 맛있고 몸에도 좋다'고 말할 것이다.
기억하시라. 이 레시피에는 뼈와 껍질이 있는 닭 넓적다리가 필수다. 가슴살을 이용하면 닭고기가 수분 없이 마르게 된다. 그리고 껍질을 벗기지 말 것. 어쨌든, 이 요리는 바삭한 껍질이 전부다!

재료

뼈와 껍질이 있는 닭 넓적다리 8개(약 1.81kg)

코셔 소금 1큰술 - ⅛큰술씩 나눠서 준비

기 또는 아보카도 오일 2작은술

바쁘다고요? 정육점에서 다리살의 뼈를 제거해 달라고 부탁하세요. 그러면 준비 과정 몇 가지를 건너뛸 수 있어요. 아, 그리고 '뼈 육수(84쪽)'를 위해 뼈는 모아 두세요!

내가 이걸 계속 만들어 달라고 조르기 때문에 엄마는 이 레시피를 제 이름을 따서 지었어요!

엄마 말씀으로는, 제가 '성가시게 집요'한 행동을 잘한다고 해요.

1 닭고기의 수분을 제거한 후, 날카로운 주방 가위로 닭 다리 한쪽 끝부터 조심스럽게 뼈를 잘라낸다.

2 가능한 한 가위를 뼈 가까이 유지한다. 다른 쪽 끝에 이르면, 관절 주위를 다듬고 뼈를 제거한다.

3 여분의 껍질이 이리저리 너덜거리고 다리살에 매달려 있다면 다듬어 준다. 하지만 껍질은 조리 중 줄어들기 때문에 너무 많이 자르진 않는다.

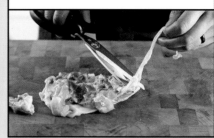

4 고기 망치로 다리살을 평평하게 만든다(또는 가장 두꺼운 부분에 칼집을 내면 다리살이 완전히 평평해진다.).

5 껍질이 위로 오도록 다리살을 뒤집는다. 소금 ½큰술을 위에 뿌린다.

6 커다란 무쇠 주물 프라이팬에 기름을 넣고 중강불로 가열한다. 뜨거워지면 껍질이 밑으로 오도록 다리살 3~4개를 팬에 놓는다. 프라이팬을 너무 꽉 채우지 않는다.

7 남은 소금으로 닭고기의 살 쪽에 간을 한다.

8 조리하는 동안 스테인리스 스틸로 된 기름 방지망으로 프라이팬을 덮는다. 또는 가스레인지 앞쪽의 바닥에 수건을 깔아 둔다. 그렇지 않으면 여러분의 부엌은 기름이 튀어서 번들거리는 대가를 치르게 될 것이다.

다른 선택: 야외 그릴 위에 닭고기를 넣은 프라이팬을 올려 조리한다.

9 7~10분간 닭고기를 굽거나 껍질이 바삭하고 노릇해질 때까지 굽는다. 조리 중반에 가스레인지의 열이 균일하게 퍼지도록 팬을 90도 돌려 준다.

10 닭고기를 뒤집고 3분 더 조리하거나 완전히 익을 때까지 조리한다.

11 바삭한 닭고기를 와이어 랙 위에 올리고 5분간 레스팅한다.

12 과정 **6**~**11**을 반복하여 남은 다리살을 조리한다. 칼로 자르고 차려낸다!

광둥식 바삭한 닭 다리

CANTONESE CRISPY CHICKEN THIGHS

〜〜〜〜〜〜〜〜

4인분
45분

어린 시절의 광둥 음식과 내 친구 사이먼 밀러(Simone Miller)의 환상적인 레시피, 이 두 가지 요리에서 영감을 받아서 팬 하나로 준비하는 저녁 식사를 만들었다. 이 요리는 육즙이 풍부하고 껍질이 바삭한 것이 특징으로 엄청나게 맛이 좋다. 말린 버섯을 미리 물에 불려 두는 것만 기억한다면 빠르고 손쉽게 요리할 수 있다. 아니면 생표고버섯을 이용할 수도 있다. 하지만, 말린 표고버섯은 이 요리에 다른 어떠한 것도 절대 이길 수 없는 폭발적인 감칠맛을 준다.

재료

말린 표고버섯 6개 – 물이 담긴 그릇에 최소 1시간 동안 불리기

기 또는 아보카도 오일이나 올리브 오일 1큰술

얇게 슬라이스한 샬롯 1컵(240ml)

코셔 소금 조금

뼈와 껍질이 있는 닭 넓적다리 6개

생강 1개(5cm 크기) – 껍질 벗겨 5mm 두께로 둥글게 썰기

마늘 6쪽 – 껍질 벗겨 으깨기

갓 갈아낸 흑후추 ¼작은술

피시 소스 1작은술

뼈 육수(84쪽) 또는 닭 육수 1컵(240ml)

슬라이스한 대파 ¼컵(60ml)

고수 ¼컵(60ml)

만드는 방법

1 말린 버섯을 헹구고 요리 시작 전, 중간 크기 볼에 물을 담아 최소 1시간 불린다.

(시간이 촉박하다면 대신 생표고버섯을 사용한다.)

2 조리 준비가 되면, 오븐을 230℃로 예열하고 오븐 랙을 오븐 가운데에 끼운다. 그리고 오븐 사용이 가능한 30cm 프라이팬을 중불로 가열한다.

3 달군 팬에 기 또는 기름을 넣어 가열한다. 샬롯을 넣고 소금을 뿌린다.

4 5〜10분간 가끔 저어 주면서 조리하거나 샬롯이 부드러워질 때까지 조리한다.

5 샬롯을 조리하는 동안, 닭 넓적다리 양면에 코셔 소금을 넉넉히 뿌린다(총 2작은술 정도).

6 불린 버섯의 물을 짜고 딱딱한 줄기를 잘라낸다(뼈 육수를 만들 때를 위해 모아 둬도 된다.).

7 버섯의 머리 부분을 채썬다.

8 샬롯의 숨이 가라앉으면 버섯, 생강, 마늘을 넣는다.

❾ 1분간 볶거나 향이 날 때까지 볶은 후, 접시에 옮겨 담는다. 팬에 남은 것들을 닦아내고 팬을 다시 가스레인지 위에 올린다.

❿ 중강불로 올린 후, 닭고기 껍질이 밑으로 오도록 뜨거운 팬에 넣고 바삭하고 갈색으로 잘 익도록 4~5분간 굽는다.

⓫ 껍질을 바삭하게 굽는 동안, 살 쪽에 통후추를 갈아 올린다.

⓬ 껍질이 황갈색이 되면…

⓭ …고기 조각을 뒤집고 2분 더 굽는다.

⓮ 육수에 피시 소스를 섞는다. 육수를 팬에 붓되 바삭한 껍질에 닿지 않도록 주의한다.

⓯ ❾를 다시 팬에 넣고 닭고기 조각 사이에 밀어 넣되, 바삭한 껍질을 덮지 않도록 주의한다.

⓰ 뜨거운 오븐에 팬을 넣고 15~20분간 굽거나, 육류용 온도계로 측정했을 때 다리살의 온도가 73℃에 이를 때까지 조리한다.

⓱ 소스의 맛을 보고 필요하다면 소금을 좀 더 넣는다. 슬라이스한 대파와 신선한 고수를 뿌려 장식하고 먹는다!

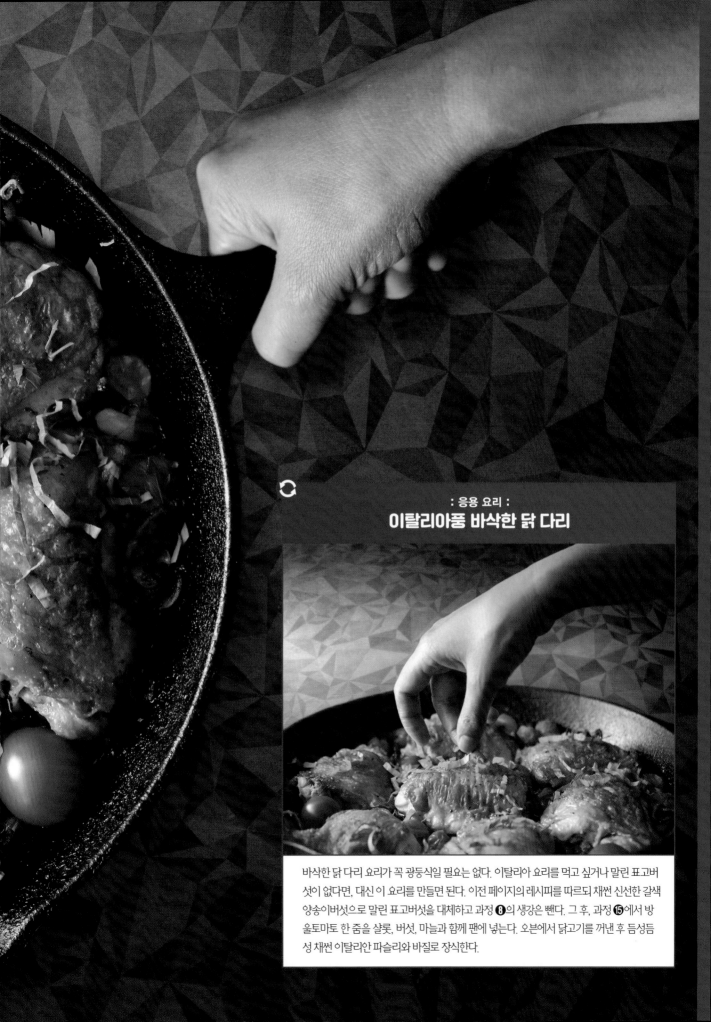

: 응용 요리 :
이탈리아풍 바삭한 닭 다리

바삭한 닭 다리 요리가 꼭 광둥식일 필요는 없다. 이탈리아 요리를 먹고 싶거나 말린 표고버섯이 없다면, 대신 이 요리를 만들면 된다. 이전 페이지의 레시피를 따르되 채썬 신선한 갈색 양송이버섯으로 말린 표고버섯을 대체하고 과정 ❽의 생강은 뺀다. 그 후, 과정 ❶❺에서 방울토마토 한 줌을 샬롯, 버섯, 마늘과 함께 팬에 넣는다. 오븐에서 닭고기를 꺼낸 후 듬성듬성 채썬 이탈리안 파슬리와 바질로 장식한다.

여러분은 '감칠맛의 힘'에 대해 제가 계속 이야기하는 것을 들었죠. 그런데 정확히 그게 뭘까요?

감칠맛은 단맛, 짠맛, 신맛, 쓴맛과 함께 인간이 경험하게 되는 다섯 가지 맛 중 하나예요. 일본 말로는 '우마미(Umami)'라고 하지요.

하지만 더욱 중요한 것은, 맛있는 음식을 아주 쉽게 조리하는 비결이 감칠맛이라는 거예요!

하지만 제 말만 믿지는 마세요. '감칠맛의 전설적 인물들'인 그레고리 고데와 저스틴 보레타의 말을 들어 보세요!

그다지 필요하지 않은 카메오가 출현할 시간이군요!

감칠맛은 혀를 가로질러 퍼져나가 여운을 남기는 맛이에요. 맛 좋은 음식의 풍미를 강조하고 향상시키죠.

감칠맛은 짠맛과 같지 않아요. 사실 우리의 혀와 위에는 특별히 감칠맛을 감지하는 수용체가 있어요.

인간은 실제로 태어나기도 전에 이 만족감을 주는 맛을 찾도록 설계되어 있어요. 양수에도 들어 있고 모유에도 있거든요.

자궁에서부터 감칠맛과 단단히 연결되어 있는 거지요!

급속
치킨 커리
CHICKEN CURRY IN A HURRY

◇◇◇◇◇◇◇◇

4인분
30분

집을 떠나지 않고도 주중 저녁에 만족스러운 태국식 치킨 커리를 즐길 수 있다는 것은 사실이다. 나는 고전적인 레시피를 가장 기본적으로 간소화했다. 즉, 냄비 하나로 만드는 이 스튜를 가스레인지 위에서 뱃속까지 가는 데 30분도 걸리지 않고 만들 수 있다는 의미이다. 여러분은 복합적인 향신료와 신선한 허브, 크리미한 코코넛 밀크를 기본으로 한 맛을 사랑하게 될 것이다. 김이 나는 콜리 라이스 위에 커리를 국자로 떠 올리면, 여러분의 저녁 식사는 태국풍으로 근사해질 것이다.

재료

뼈와 껍질을 제거한 닭 넓적다리살 680g
– 여분의 지방을 손질하고 가늘게 썰기

코셔 소금 ⅓작은술

코코넛 오일 또는 기 1큰술

작은 양파 1개 – 얇게 슬라이스하기

태국의 그린, 옐로우, 또는 레드 커리 페이스트 2큰술

지방을 제거하지 않은 코코넛 밀크 통조림 2통(각 396g)

피시 소스 2큰술

사과 주스 2큰술

작게 나눈 브로콜리 송이 4컵(960ml)

중간 크기 홍피망 1개 – 꼭지, 씨, 줄기 제거 후 채썰기

라임즙(라임 1개분)

바질 잎 ½컵(120ml)

고수 잎 ¼컵(60ml)

말린 향신료를 사용하는 인도 커리와 달리 빠르게 조리하는 태국의 커리는 보통 커리 페이스트와 신선한 허브, 코코넛 밀크로 만들어요. 아이들을 위해 요리하는 경우에는, 그린 커리와 옐로우 커리가 레드 커리보다 순하다는 것을 기억하세요.

① 큰 볼에 닭 넓적다리살. 소금을 넣어 버무리고 잠시 옆에 둔다.

② 큰 냄비나 더치 오븐(주물 냄비)에 기름을 넣고 기름이 일렁일 때까지 중불로 가열한다. 양파를 넣는다.

③ 3~5분간 또는 양파가 부드러워질 때까지 조리한다.

④ 커리 페이스트를 넣어 섞고 30초간 볶거나 향이 날 때까지 볶는다.

⑤ 코코넛 밀크, 피시 소스, 사과 주스를 넣는다.

⑥ 불을 세게 높이고 2분간 조리하거나 소스가 끓을 때까지 조리한다.

⑦ 닭고기와 브로콜리를 넣는다.

⑧ 중불로 낮추고 5분간 보글보글 끓인다.

⑨ 피망을 냄비에 넣고 1~2분간 더 끓이거나, 채소가 부드럽되 아삭하도록 조리한다(완전히 조리되어 있지만 약간의 식감이 있어야 한다는 의미이다.).

⑩ 닭고기가 다 익어야 한다. 불을 끄고 라임즙을 더한다.

⑪ 바질과 고수를 넣어 섞는다.

⑫ 접시에 담아 바로 상에 내거나 '콜리 라이스(88쪽)'와 함께 낸다.

태국풍 로스트 치킨
THAI ROAST CHICKEN

◇◇◇◇◇◇◇◇

4인분
45분(순수 조리 시간 10분)

여러분이 이전 페이지의 치킨 커리를 만들었다면, 분명 남은 태국 커리 페이스트를 어떻게 해야 할지 궁금할 것이다. 자, 더 이상 궁금해하지 않아도 된다. 이 충격적일 정도로 간단한 평일 저녁 레시피는 다섯 가지 재료만 필요할 뿐이다. 그리고 그중 하나가 여러분 냉장고에 있는, 입맛을 다시게 만드는 맛있는 커리 페이스트다.

이 레시피를 그냥 한번 만들어 본 것으로 오해하지는 말길 바란다. 태국풍 로스트 치킨은 우리 집 식탁에 주기적으로 오르는 메뉴로, 나는 그 단순함과 맛을 정말 좋아한다. 나는 대부분 양을 2배로 만든다. 그래서 아이들의 학교 점심으로 싸주거나, 샐러드와 수프용으로 잘게 찢어 준비해 둘 수 있는 여분의 음식을 마련한다. 태국풍 로스트 치킨은 아낌없이 주는 나무처럼 – 하지만 좀 덜 뚱뚱하고 덜 슬프면서 더 맛있는 방향으로 – 끊임없이 선물을 계속 준다.

재료

지방을 제거하지 않은 코코넛 밀크 1컵 (240ml)

태국의 그린, 옐로우, 또는 레드 커리 페이스트 2큰술

피시 소스 2작은술

코셔 소금 1작은술

라임즙과 라임 제스트(라임 1개분) – 장식해 줄 여분의 제스트 추가

뼈와 껍질이 있는 닭 넓적다리 8개(약 1,81kg)

: 응용 요리 :
오븐에 구운 파프리카 치킨

커리 페이스트가 없다면, 대신 '오븐에 구운 파프리카 치킨'을 만들자. 과정 ❶에서 파프리카 파우더 1큰술, 마늘 가루 1작은술, 갓 갈아낸 흑후추 ½작은술을 커리 페이스트 대신 사용한다. 그 후, 나머지 조리법을 따라 한다.

만드는 방법

1 큰 계량컵에 코코넛 밀크, 커리 페이스트, 피시 소스, 코셔 소금, 라임 제스트와 라임즙을 넣는다.

2 거품기로 잘 섞는다. 맛을 보고 필요하다면 소금을 좀 더 넣는다. 이 재움 양념은 짭짤하고 진득하며 맛이 깊어야 한다.

3 닭고기를 큰 볼이나 식품용 비닐백에 넣고 ❷를 닭고기 위에 붓는다.

4 손을 이용해 닭고기 전체에 양념을 고루 비벼서 묻힌다. 뚜껑을 덮거나 랩을 씌워 냉장고에 하루 동안 넣어 둔다(재울 시간이 없어도 걱정하지 말라. 바로 다음으로 진행한다.).

5 조리 준비가 되면 오븐을 컨벡션 모드에서 200℃로, 일반 오븐이라면 220℃로 설정하고 오븐 랙을 가운데에 끼운다(바삭한 껍질을 위해, 만약 컨벡션 모드가 있다면 이를 사용한다.).

6 와이어 랙을 베이킹 팬 위에 얹고 닭고기에 묻은 여분의 재움 양념을 덜어낸다. 껍질이 밑으로 오도록 하여 와이어 랙 위에 한 겹으로 올린다.

7 20분간 오븐에서 닭고기를 구운 후 껍질이 위로 오도록 뒤집고 팬의 앞뒤를 180도 돌린다.

8 추가로 15~20분간 굽거나, 껍질이 갈색으로 익고 육류용 온도계로 측정했을 때 닭 다리의 가장 두꺼운 부분이 73℃에 이를 때까지 굽는다.

9 나는 상에 차려내기 전에 곱게 간 라임 제스트를 뿌리는 걸 좋아한다. 남은 것은 재가열하거나 차가운 채로 그냥 먹어도 된다. 또는 잘게 찢어 샐러드나 수프에 넣어 먹는다.

압력솥을 이용한 살사 치킨
PRESSURE COOKER SALSA CHICKEN

xxxxxxxxx

6인분
20분(순수 조리 시간 5분)

: 응용 요리 :
슬로우 쿠커를 이용한 살사 치킨

압력솥이 없다고 포기하지 말자. 슬로우 쿠커를 낮은 온도에서 4~6시간으로 설정하여 살사 치킨을 만들 수 있다.

내가 가장 좋아하는 식사는 다른 사람이 나를 위해 요리해 준 것이라고 앞서 얘기했었다. 슬프게도 이런 일은 내가 원하는 만큼 자주 일어나지 않는다. 그것이, 부엌 일에 도전하여 나에게 음식을 만들어 줄 가족들을 위해, 가능한 한 쉬운 레시피를 개발할 수밖에 없는 이유이다. 이 레시피가 그 대표적인 예이다. 엄청나게 간단한 '멕시코에서 영감을 받은, 압력솥에 두들겨 넣고 잊어버리기' 레시피인 것이다. 이 레시피는 칼을 사용할 필요조차 없기 때문에 일이 서툰 아이들도 주방 일을 안하려고 핑계를 댈 수 없다.

그건 그렇고, 나는 보통 '압력솥을 이용한 살사 치킨'을 닭 다리살로 만들지만(하단의 노트를 보라), 가슴살을 선호하는 사람들도 많기 때문에 이 레시피를 닭 가슴살로 요리해도 효과가 있도록 고안했다. 거기 있는 닭 가슴살 애호가들, 내가 얼마나 여러분을 아끼는지 알겠는가?

재료

칠리 파우더 1작은술

코셔 소금 ½작은술

뼈와 껍질을 제거한 닭 가슴살 907g

시판 구운 토마토 살사 또는 살사 아우마다(80쪽) 1컵(240ml)

상춧잎 또는 무—곡물 토르티야(86쪽) 12장

가슴살 대신 뼈와 껍질을 제거한 닭 다리살을 선호한다면, 전기 압력솥의 고압에서 10분, 또는 직화 압력솥에서 9분 동안 조리하면 돼요.

만드는 방법

① 작은 볼에 칠리 파우더와 소금을 넣어 섞는다.

② 압력솥 바닥에 닭 가슴살을 차곡차곡 넣는다.

③ 닭고기 양면에 **①**을 뿌려 간한다.

④ 살사를 닭고기 위에 고르게 붓는다.

⑤ 전기 압력솥을 사용한다면 고압에서 7분간 조리되도록 설정한다. 직화 압력솥을 사용한다면 고압에서 6분간 조리한다.

⑥ 닭고기 조리가 끝나면 조작법에 따라서 즉시 압력을 낮추고, 닭고기를 커다란 볼에 옮겨 과조리되는 걸 방지한다.

⑦ 닭고기를 잘게 찢는다. 압력솥에 남은 소스의 맛을 보고 필요하다면 소금, 후추를 더한다.

⑧ 잘게 찢은 고기 위에 소스를 붓고 잘 묻도록 버무린다.

⑨ '무–곡물 토르티야(86쪽)' 또는 상춧잎과 함께 차려낸다. 좋아하는 타코 토핑으로 장식한다.

보라롯
(베틀후추 잎 소고기 롤)
BÒ LÁ LỐT
(BETEL LEAF BEEF ROLLS)

◇◇◇◇◇◇◇◇

롤 30개 분량
30분

베트남을 여행하는 동안 이 엄청난 다진 소고기 롤에 푹 빠졌다. 이 요리는 베틀후추 잎이라고 알려진 라롯이 핵심이다. 라롯은 조리되면 매콤 달콤한 향을 고기 필링에 전달한다. 만들어서 살펴보시라.

재료

롤
다진 소고기 453g

베이컨 슬라이스 3장 – 잘게 다지기

곱게 다진 마늘 2작은술

곱게 다진 샬롯 1큰술

강판에 간 레몬그라스 2큰술

마드라스 커리 파우더 2작은술

피시 소스 2작은술

갓 갈아낸 흑후추 1작은술

코셔 소금 ½작은술

애로루트 가루 ½작은술

신선한 베틀후추 잎 30장(근대 잎 또는 포도 잎으로 대체 가능)

아보카도 오일 또는 녹인 기 1큰술

가니시
아보카도 오일 ¼컵(60ml)

대파 2대 – 잘게 다지기

구운 캐슈넛 2큰술 – 굵직하게 다지기

라임즙(라임 1개분)

* **마드라스 커리 파우더(Madras curry powder)** 일반 커리보다 좀 더 매콤한 맛의 커리 파우더. 해외 구매로 구입할 수 있으며 구하기 힘들다면 일반 커리 파우더에 칠리 파우더를 조금 넣어 사용하거나, 일반 커리 파우더를 사용한다.

많은 아시아 식재료상에서 신선한 베틀후추 잎을 판매하지만 만일의 경우, 근대 잎 또는 포도 잎으로 대체할 수 있다. 또는 304쪽을 펼치면 필링을 사용하는 다른 방법을 살펴볼 수 있다.

만드는 방법

1 오븐을 컨벡션 모드에서 200℃로 예열한다(또는 일반 오븐 모드로 220℃). 오븐 랙을 오븐 가운데에 끼운다.

2 큰 볼에 소고기, 베이컨, 마늘, 샬롯, 레몬그라스, 커리 파우더, 피시 소스, 후추, 소금, 애로루트 가루를 넣어 섞는다.

3 손으로 고르게 섞는다.

4 베틀후추 잎을 씻어 물기를 닦아내고 줄기를 1cm 정도 남기고 다듬는다.

5 잎의 어둡고 윤기 나는 면이 밑으로 향하도록 깨끗한 바닥에 놓는다.

6 고기 반죽을 넉넉히 1큰술 떠서 작은 시가(cigar) 모양이 되도록 모양을 잡는다. 잎의 뾰족한 부분으로부터 약 2.5cm 아래에 고기 반죽을 가로로 올린다.

7 잎의 끝을 고기 필링 쪽으로 올려 덮고 줄기 끝에 닿을 때까지 돌돌 만다.

8 이쑤시개로 베틀후추 잎에 구멍을 뚫고 줄기 끝을 구멍 속에 밀어 넣어 고정한다(이 기술은, 베트남 요리(Vietnamese Cooking)의 저자이자 나의 친구인 안드레아 응웬(Andrea Nguyen)에게 배웠다.).

9 과정 **6**~**8**을 반복하여 나머지 고기와 잎을 모양낸다. 모양낸 롤을 유산지를 깐 베이킹 팬 위에 한 겹으로 올린다.

10 아보카도 오일 1큰술을 요리 솔을 이용해 롤 위에 바른다.

11 오븐에서 8~10분간 굽는다. 조리 중반에 팬을 한 번 돌려 준다(아니면, 무쇠 주물 프라이팬에 기름을 조금 두르고 중불로 잘 익을 때까지 구워도 된다.).

12 롤이 조리되는 동안 아보카도 오일 ¼컵(60ml), 다진 대파를 작은 냄비에 넣고, 따뜻해지고 향이 날 때까지 중불로 데운다.

13 롤의 조리가 끝나면 구운 견과류와 라임즙을 짜고 **12**를 뿌려 장식한다. 마지막으로 중요한 것: 먹는다!

301

뒷마당의 그릴로도 이 소고기 롤을 만들 수 있다. 그릴을 중불로 가열하고, 매 분마다 롤을 돌려 가며 뚜껑을 내린 채로 소고기 롤을 조리한다. 또는 고기가 모두 조리되고 베틀후추 잎이 쭈글쭈글해지고 향이 날 때까지 조리한다. 나는 소고기 롤이 그릴 사이에 끼는 걸 막기 위해 꼬치에 끼우는 것을 좋아한다. 타지 않도록 롤에서 눈을 떼지 않는다!

라롯없이 만드는 미트볼

NO LÁ LÔT MEATBALLS

◇◇◇◇◇◇◇◇

미트볼 24개 분량
30분(순수 조리 시간 15분)

앞서 두 페이지에서, 나는 다진 소고기에 간을 한 후 돌돌 말기 위해 향기로운 라롯(베틀후추 잎)을 이용하는 것의 장점을 극찬했다. 하지만 현실을 직시해 보자. 바쁜 주중 저녁에, 아마도 여러분은 아시아 식재료상으로 특별 여행을 갈망한 시간도, 기운도 없을 것이다. 그렇다면 라롯이 없다면 무엇을 할 수 있을까?

정답: 이 미트볼을 만든다. 특별한 재료 한 가지가 없다는 이유만으로 레몬그라스와 커리가 스며든 미트볼의 풍부한 맛을 여러분 자신에게서 빼앗는 것은 안타까운 일이다. 미리 만들어 둔다면, 조리에 들어가기 전 냉동해 둘 수 있다. 오븐에 넣기 전에 하룻밤 냉장고에서 해동하는 것을 잊지만 않으면 된다.

재료

다진 소고기 453g

베이컨 슬라이스 3장 – 잘게 다지기

곱게 다진 마늘 2작은술

곱게 다진 샬롯 1큰술

강판에 갈거나 곱게 다진 레몬그라스 2큰술

마드라스 커리 파우더 2작은술

피시 소스 2작은술

갓 갈아낸 흑후추 1작은술

코셔 소금 ½작은술

애로루트 가루 ⅛작은술

만드는 방법

1 오븐을 컨벡션 모드에서 200℃로 예열한다(또는 일반 오븐 모드로 220℃). 오븐 랙을 가운데에 끼운다. 베이킹 팬에 유산지를 깐다.

2 큰 볼에 모든 재료를 넣는다.

3 손으로 고루 섞되 과하게 반죽하진 않는다. 아무도 질기고 고무 같은 미트볼을 좋아하지 않는다. 그렇지 않은가?

4 고기 반죽을 넉넉히 1큰술을 손에 떠서 공 모양으로 굴린다. 고기 반죽이 모두 미트볼 모양이 될 때까지 반복한다.

5 베이킹 팬 위에 미트볼을 정렬한다. 크기가 같아야 고르게 조리되며, 팬 위에 빽빽하게 올리지 않도록 명심한다.

6 오븐에서 10~15분간 굽고, 조리 중반에 베이킹 팬을 180도 돌려 준다.

7 갈색으로 익으면 미트볼이 완성된 것이다. 큰 접시에 옮겨 담아 차려낸다.

8 이 미트볼을 그대로 즐길 수도 있고, 주키니 국수나 '콜리 라이스(88쪽)' 위에 올리거나 샐러드 채소 위에 올려서 즐길 수도 있다.

개인적으로 나는 '태국 감귤 드레싱(55쪽)'에 버무린 초 간단한 녹색 채소 샐러드 위에 이 미트볼을 올려 먹는 걸 좋아한다.

조리가 완료되면 미트볼은 냉장실에서 4일까지, 냉동실에서 3개월까지 보관할 수 있어요.

악의는 없지만, 오웬 형, 나는 어떻게 요리하는지 전혀 모르는 사람의 요리 조언은 받아들이지 않는다구.

베이킹 팬으로 만드는 소시지 저녁 식사

SHEET PAN SAUSAGE SUPPER

◇◇◇◇◇◇◇

4인분
20분(순수 조리 시간 5분)

나는 베이킹 팬으로 만드는 저녁 식사를 좋아한다. 멋지고 복잡할 것 없는 저녁 식사는 내가 몹시도 간절하게 원하는 것이기 때문이다. 많은 것들을 한꺼번에 오븐에 던져 넣는 것보다 더 좋은 것은 없다. 게다가 내가 가족들에게 베이킹 팬에서 바로 음식을 떠먹으라고 강요하면 추가로 설거지할 그릇도 없다!

슬프게도 팬 하나로 만드는 저녁 식사가 항상 잘 되는 건 아니다. 팬에 던져 넣고자 하는 모든 것들이 정확히 같은 시간과 온도로 요리되진 않는다. 운 좋게도, 나는 함께 요리했을 때 맛이 좋은 재료들의 완벽한 조합을 가지고 있다. 양배추 스테이크를 제시된 폭으로 썰기만 하면, 여러분은 성공을 쟁취할 수 있다.

재료

아보카도 오일 또는 엑스트라 버진 올리브 오일 ¼컵(60ml) – 2큰술씩 나눠서 사용

작은 양배추 1통(907g~1.36kg)

작은 적양파 1개 – 1.2cm 폭의 링 모양으로 슬라이스하기

코셔 소금 조금

갓 갈아낸 흑후추 조금

이탈리안 소시지 4개(총 907g)

중간 크기 사과 2개(브래번 또는 후지종) – 씨 제거하고 웨지 형태로 자르기

숙성 발사믹 식초 2큰술

다진 이탈리안 파슬리 2큰술

만드는 방법

1 오븐을 220℃로 예열한다. 베이킹 팬 위에 기름 2큰술을 붓는다.

2 양배추의 밑동을 조금 잘라내고 그 평평한 면이 도마 위로 오도록 놓는다. 2cm 폭으로 통썰기 한다.

3 잘라 놓은 양파의 링이 2~3개 겹치도록 분리한다.

4 베이킹 팬 위에 양배추와 양파를 한 겹으로 얹는다. 소금과 후추를 모든 재료에 넉넉하게 뿌린다.

5 베이킹 팬의 빈 공간에 소시지와 사과를 놓는다.

6 남은 기름 2큰술을 팬 위에 뿌린다.

7 오븐에서 25~30분간 굽거나 양배추가 부드러워지고 소시지가 완전히 익을 때까지 조리한다.

8 발사믹 식초를 위에 뿌린다. 이탈리안 파슬리를 뿌려 장식하고 먹는다.

냠냠 몬스터 버거
NOMSTER BURGERS

4인분
30분

많은 캘리포니아 사람들은 특정 패스트푸드 체인에 숭배하듯이 열중해 있다. 가장 큰 이유는 이른바 그곳의 '비밀 메뉴' 때문이다. 가장 인기 있는 버거의 비밀에는 그릴에 구운 양파, 그리고 머스터드를 각각의 패티 위에 직접 뿌려 굽는 것이 있다. 하지만 이 버거 녀석에 대한 나의 해석은 한층 더 나아갔다. 샬롯을 채워서 머스터드를 발라 구운 패티 위에 매콤한 스리라차와 바삭한 달걀 프라이를 올리는 것이 내 방식의 특징이다.

진심입니다. 여러분, 모든 걸 다 갖춘 이 소고기 버거는 몬스터급으로 맛있다.

재료

기 또는 아보카도 오일이나 올리브 오일, 또는 취향껏 선택한 기름 3큰술 – 1큰술과 2큰술로 나눠서 준비

큰 샬롯 1개 또는 큰 적양파 ¼개 – 곱게 다지기

다진 소고기 453g

코셔 소금 조금

갓 갈아낸 흑후추 조금

디종 머스터드 4작은술

버터헤드 상추 1송이

토마토 2개 – 슬라이스하기

큰 달걀 4개 – 263쪽의 방법 참조하여 조리하기(선택사항)

냠냠 스리라차(64쪽) 또는 시판 스리라차 1큰술(선택사항)

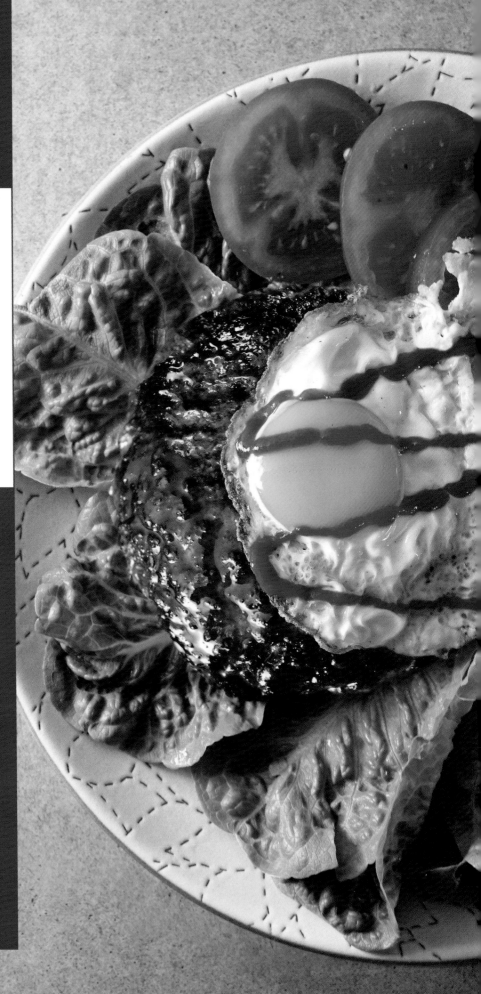

1 큰 프라이팬에 기 1큰술을 넣고 중약불에서 녹인다.

2 샬롯을 넣는다. 3~5분간 볶거나 노릇하고 투명해질 때까지 볶는다.

3 볼에 볶은 샬롯을 옮겨 담고 실온으로 식힌다.

4 소고기를 같은 크기로 4등분한다. 손가락을 이용해 각각의 덩어리를 오목한 그릇 모양으로 만든다.

5 오목하게 만든 각각의 소고기에 볶은 샬롯 1작은술 정도를 넣는다.

6 공 모양으로 만들어 구멍을 메운다.

7 손을 이용하여 고기 공을, 샬롯을 채운 버거 패티 모양으로 평평하게 만든다.

8 패티의 한쪽 면에 소금과 후추를 넉넉하게 뿌린다.

9 큰 프라이팬에 기 1큰술을 넣고 중강불로 가열한다.

10 소금을 뿌린 면이 밑으로 오도록, 패티 2개를 뜨거운 기름 위에 올린다.

11 패티의 다른 면에도 소금과 후추를 뿌린다.

12 건드리지 않고 3분간 굽거나 바닥에 바삭한 껍질이 생길 때까지 굽는다.

13 각각의 버거 패티 위에 머스터드 1작은술을 펴 바른다.

14 패티를 뒤집고 2분간 더 굽는다. 또는 원하는 정도의 요리 상태가 될 때까지 굽는다. 과정 **9**~**14**를 반복하여 다른 패티도 조리한다.

15 상추, 토마토와 함께 버거 패티를 차려낸다. 정말로 미식에 빠지고 싶은 기분이 든다면 바삭한 달걀 프라이를 더하고 스리라차 소스를 넉넉하게 뿌린다. 맛있게 드시길!

닭고기와 새우를 넣은 랍

CHICKEN + SHRIMP LAAP

◇◇◇◇◇◇◇◇

4인분
30분

치앙마이에서 우리 가족이 가장 좋아한 음식 중 하나는 랍(Laap)이었다. 랍은 라오스식 다진 고기 샐러드로, 매콤한 칠리 페이스트와 볶은 쌀가루, 내장 조금, 신선한 허브를 넣는 것이 특징이다. 집에 돌아와서 이 맛과 질감을 따라 하고 싶었지만, 팔레오 친화적인 슈퍼마켓의 재료들로 랍을 재창조하는 것이 얼마나 어려운지 금세 깨달았다. 하지만 쌀가루를 코코넛 가루로 대체하고, 남 프릭 랍(Naam Phrik Laap) 페이스트를 내 주방 찬장에 있는 향신료로 대체하고 나서야, 나는 즉석에서 만들 수 있고 가족들에게 친근한 랍 레시피를 얻게 되었다.

재료

코코넛 가루 1작은술

기 또는 취향껏 선택한 기름 1큰술

작은 샬롯 1개 – 얇게 슬라이스하기

다진 닭 넓적다리살 453g

큰 새우 226g – 껍질 벗겨서 굵직하게 다지기

뼈 육수(84쪽) 또는 닭 육수 ½컵(120ml)

피시 소스 2큰술

갓 짜낸 라임즙 2큰술

카이엔 페퍼 파우더 ½작은술

대파 2대 – 얇게 슬라이스하기

다진 고수 ¼컵(60ml)

곱게 다진 민트 잎 ¼컵(60ml)

버터헤드 상추 1송이 – 씻은 후 채소 탈수기에 돌려 물기 제거하고 잎 떼어 놓기

만드는 방법

1 유산지를 깐 베이킹 팬에 코코넛 가루를 담고 150℃ 오븐에서 5~7분간 굽거나 가루가 황갈색이 될 때까지 굽는다(약한 불로 달군 마른 팬에서 코코넛 가루를 볶아도 된다.). 잠시 둔다.

2 동시에, 중강불에 달군 큰 프라이팬에 기를 가열한다. 슬라이스한 샬롯을 넣고 2~3분간 볶거나 부드러워질 때까지 볶는다.

3 다진 닭고기를 넣고 주걱으로 부순다. 3~5분간 저어 주며 붉은빛이 없어질 때까지 조리한다.

4 새우와 육수를 넣고 2~3분간 볶는다. 또는 새우가 완전히 조리될 때까지 볶는다.

5 팬을 불에서 내리고 피시 소스, 라임즙, 볶은 코코넛 가루, 카이엔 페퍼 파우더를 넣는다. 입맛에 맞게 간을 더한다.

6 대파와 다진 허브를 위에 뿌린다. 먹을 때 상춧잎에 랍 한 숟가락을 넉넉히 올려서 싸 먹는다.

때때로 랍(Laap)이 'Larb'로 쓰인 것을 볼 수 있을 거예요. 'Larb'는 영국식으로 바꿔 쓴 것이기 때문이랍니다. 영국 사람들이 'Larb'라고 말할 때 태국 발음과 매우 비슷한 'Laab' 또는 'Laap'처럼 들리거든요. 탄수화물을 뜻하는 'Carb'와는 운이 맞지 않는다는 것만 기억하세요!

군만두 볶음
POT STICKER STIR-FRY

◇◇◇◇◇◇◇◇

6인분
40분

내가 군만두에서 가장 좋아하는 것은 돼지고기, 배추, 버섯으로 만든 감칠맛 풍부한 만두소다. 사실, 어렸을 때 만두피에서 소를 비워서 큰 볼에 채워 넣고 싶은 충동을 느꼈던 적이 있었다. 슬프게도 이런 종류의… 창의성은 저녁 식탁에서 그다지 장려되지 않았다.

하지만 이제 나는 늙은이라서 내가 원하는 것이라면 무엇이든 한다. 이것이 이 요리법의 존재를 설명한다.

재료

기 1큰술

중간 크기 당근 2개 – 껍질 벗기고 잘게 다지기

샬롯 2개 – 곱게 다지기

표고버섯 113g – 기둥을 떼고 얇게 채썰기

코셔 소금 조금

마늘 4쪽 – 곱게 다지기

강판에 곱게 간 생강 1큰술

다진 돼지고기 907g

작은 배추 1통 – 반으로 쪼개서 가로로 얇게 슬라이스하기

코코넛 아미노 2큰술

쌀식초 2작은술

피시 소스 1작은술

참기름 2작은술

대파 3대 – 얇게 슬라이스하기

1 30cm 또는 큰 프라이팬에 기름을 넣고 중불에서 녹인다. 뜨거워지면 당근, 샬롯, 버섯을 넣는다.

2 소금을 뿌리고 3~5분간 볶거나 샬롯이 부드러워지고 버섯이 말랑해질 때까지 볶는다.

3 마늘, 생강을 넣고 30초간 볶거나 향이 날 때까지 볶는다.

4 돼지고기를 넣고 소금을 조금 뿌린다. 실리콘 주걱이나 나무 주걱으로 고기를 부숴가며 볶는다.

5 중강불로 올리고 약 5분간 조리하거나 돼지고기의 붉은빛이 없어질 때까지 조리한다.

6 익은 돼지고기를 구멍이 있는 요리 스푼으로 건져 다른 접시에 옮긴다. 조리하면서 나온 액체는 팬에 남겨 둔다.

7 소금과 함께 배추를 팬에 넣고 3~5분간 볶거나 숨이 가라앉을 때까지 볶는다.

8 중불로 줄이고 다진 돼지고기를 다시 프라이팬에 넣는다.

9 잘 섞이도록 젓는다.

10 코코넛 아미노, 쌀식초, 피시 소스로 간한다. 맛을 보고 필요하다면 간을 더한다.

11 프라이팬을 불에서 내리고 참기름과 대파를 넉넉히 뿌려 마무리한다.

12 차려내고 먹는다. '군만두 타코(220쪽)' 또는 '당신만의 모험을 선택하라 – 달걀 머핀(208쪽)'을 만들려면 조금 남겨 둔다.

골든 밀크
GOLDEN MILK

◇◇◇◇◇◇◇

3½컵 분량(840ml)
20분(순수 조리 시간 5분)

어딘가 화끈거리나 아프거나 몸이 안 좋다고 느껴질 때, 심지어 좋다고 느껴질 때라도, 자신에게 이 따뜻하고 치유되는 느낌의 맛있는 묘약을 대접해 보라.

강황은 수천 년 동안 광범위한 질환을 치료하기 위해 전통적인 아유르베다 의학에서 사용되어 왔다. 그리고 현대의 연구에 따르면 염증을 줄이고 감염과 싸우며 소화 장애를 치료하는 데 도움이 될 수 있다고 한다. 하지만 강황이 우리 몸에 잘 흡수되기 위해서는 약간의 지방과 함께 섭취해야 할 필요가 있는데, 그것이 종종 코코넛 밀크와 함께 먹는 이유이다.

골든 밀크는 무수한 세대에 걸쳐 약용 특질을 존중받아 왔고 동남아시아에서는 종교적 행사에 사용되었다. 식료품점의 몇 가지 재료들로 간단히 만들 수 있으니 얼마나 운이 좋은가?

재료

지방을 제거하지 않은 코코넛 밀크 통조림 1통(396g)

말린 시나몬 스틱(7.6cm) 1개

신선한 강황 2개(2.5cm 크기) – 껍질 벗기고 얇게 슬라이스하기(또는 강황 가루 1작은술)

신선한 생강 1개(2.5cm 크기) – 껍질 벗기고 얇게 슬라이스하기

갓 갈아낸 흑후추 ¼작은술

꿀 1큰술(선택사항)

계핏가루(차려낼 때 사용)

만드는 방법

1 코코넛 밀크, 시나몬 스틱, 강황, 생강, 후추, 꿀을 작은 냄비에 넣는다.

2 물 2컵(480ml)을 넣어 섞는다.

3 냄비를 센 불에서 약간 끓인 후, 불을 낮추고 가끔 저어 주면서 10분간 뭉근하게 끓인다.

4 체나 면보에 ❸을 걸러 건더기를 제거한다.

5 원한다면 꿀을 조금 넣어 섞는다.

6 머그잔에 붓고 위에 계핏가루를 한 꼬집 뿌린다. 그리고 후루룩 마시거나…

7 … 밀폐 용기에 담아 냉장고에 4일까지 보관한다. 마시기 전에 가스레인지의 중불에서 잘 저어 주며 데운다. 그리고 계핏가루 뿌리는 걸 잊지 않는다.

망고 강황 토닉
MANGO
TURMERIC TONIC

◇◇◇◇◇◇◇◇

2인분
5분

강황을 기본으로 하는 음료를 꼭 따뜻하게 먹어야 하는 건 아니다. 망고, 맵싸한 맛의 돌풍과 함께라면 차가운 음료로 들이키기에도 좋다.

재료

냉동 망고 2컵(480ml)

신선한 강황 뿌리 2개(5cm 크기) – 껍질을 벗기고 굵직하게 다지기

신선한 생강 1개(5cm 크기) – 껍질을 벗기고 굵직하게 다지기

갓 갈아낸 흑후추 ½작은술

코코넛 워터(좀 너 크리미한 질감을 원한다면 코코넛 밀크 사용) 340g

꿀 2작은술(선택사항)

레몬즙(레몬 ½개분)

만드는 방법

고속 믹서를 이용해서 스무디 같은 농도가 되도록 모든 재료를 함께 간다. 유리잔에 부어서 바로 차려낸다.

수박 코코넛 쿨러
WATERMELON COCONUT COOLER

◇◇◇◇◇◇◇◇

8인분
10분

동네의 스무디 가게에서 파는 차가운 압착 혼합 주스는 엄청나게 신선하지만 지갑에 수박 크기만 한 구멍을 낼 수 있다. 감사하게도 몇천 원만 있으면 땀에 젖은 여러분의 모든 친구들을 위해 이 여름용 쿨러를 재현할 수 있다(이 레시피는 여러분이 8명 이하의 친구가 있다고 가정한다.).

미리 만들어 둘 수 있으며 2일까지 냉장 보관할 수 있다. 대접할 시간이 되면 잘 흔들어서 얼음 위에 붓는다.

재료

씨 없는 수박 과육 1.36kg

코코넛 워터 1컵(240ml)

라임즙(라임 1개분)

바다 소금 조금

만드는 방법

❶ 수박을 잘라서…

❷ …큼직하게 사각으로 썬다.

❸ 믹서에 수박 조각을 넣고 코코넛 워터를 붓는다(만약 믹서 용량이 1.8L가 되지 않는다면 양을 적게 나누어 간다.).

❹ 라임즙을 더하고 바다 소금을 한 꼬집 넣는다.

❺ 액체로 변할 때까지 간다. 만약 여러분의 믹서기가 충분히 강력하지 않아서 덩어리진 섬유질이 남았다면 마음 편하게 체에 걸러낸다.

❻ ❺를 냉장고에 넣어서 차갑게 만들거나 얼음 위에 부어 바로 차려낸다.

❼ 참 쉽죠?

베리와 코코넛을 넣은 트레일 믹스
BERRY MACAROON TRAIL MIX

◇◇◇◇◇◇◇◇◇

4컵 분량(960ml)
30분(순수 조리 시간 10분)

콩골레(Congolais)라고도 부르는, 코코넛을 넣은 농밀한 매커룬(Macaroon)은 종종 달걀 흰자를 기본으로 하여 만든 가벼운 마카롱(Macaron)과 혼동된다. 하지만 왜 두 가지 중에 하나를 선택해야 하는가? 빠르고 쉽게 만들 수 있는 이 혼합 견과류는 매커룬의 훈훈한 코코넛 에센스, 그리고 내가 가장 좋아하는 마카롱의 달콤한 열매의 맛을 함께 섞었다. 무엇보다도 여기엔 설탕이 들어가지 않는다.

재료

볶지 않은 아몬드 2컵(480ml)
레몬 제스트(레몬 1개분)
무가당 코코넛 플레이크 1컵(240ml)
동결 건조 딸기 ½컵(120ml)
동결 건조 블루베리 ½컵(120ml)

만드는 방법

1 오븐을 150°C로 예열한다. 베이킹 팬에 유산지를 깔고 아몬드를 한 겹으로 펼친다.

2 아몬드를 10~15분간 오븐에 굽는다. 중간에 한 번 베이킹 팬을 흔들어 아몬드를 뒤적인다. 아몬드가 잘 구워지고 노릇해지면 준비가 다 된 것이다.

3 제스트용 강판을 이용하여 레몬을 갈아 따뜻한 아몬드 위에 올린다. 아몬드를 실온으로 식힌다.

4 베이킹 팬에 유산지를 깔고 코코넛 플레이크를 펼쳐 얹는다. 5~10분간 굽거나 노릇해질 때까지 굽는다. 타지 않도록 잘 지켜본다!

5 오븐에서 코코넛 플레이크를 꺼내 실온으로 식힌다.

6 큰 볼에 식힌 아몬드, 코코넛, 동결 건조 과일을 넣어 섞는다.

7 함께 잘 버무려 차려낸다. 이 트레일 믹스는 밀폐 용기에 넣어 2주일까지 보관 가능하다.

더 빠르게 만들고 싶다면, 기름없이 구운 아몬드와 미리 구운 코코넛 플레이크로 시작한다. 이것은 초대 손님 선물을 급하게 준비해야 할 때도 매우 훌륭하다.

* When life gives you lemons, make lemonade. '안 좋은 일이 생기면 전화 위복의 기회로 삼으라'는 뜻의 문장을 말장난한 것

땅콩버터와 젤리 에너지 볼
'PB&J' ENERGY BALLS

◇◇◇◇◇◇

에너지볼 15개 분량
20분

이 한입 크기의 에너지 볼엔 땅콩버터나 젤리가 들어가지 않는다. 하지만 견과류의 바삭함과 달콤한 딸기의 맛은, 내가 가장 좋아했던 방과 후 간식을 우물거리던 즐거운 추억을 떠올리게 한다. 내가 직접 만들곤 했던 땅콩버터와 젤리를 바른 샌드위치와는 달리 집에서 만든 이 간식은 견과류와 과일(그리고 소금 한 꼬집)만으로 만들어진다. 그러니 장시간 달리거나, 힘든 운동을 하거나 또는 오후에 미친 듯이 정원을 손질한 후, 기운을 되찾을 필요가 있을 때 이 볼 한두 개를 집어서 입에 넣어 보라. 다시 아이가 된 기분을 느끼게 되리라 징담한다.

재료

동결 건조 딸기 ½컵(10g)

구운 무염 아몬드 ½컵(60g)

씨를 빼고 다진 말린 메줄 대추야자 1컵 (150g)

코셔 소금 조금

무가당 코코넛 슈레드 ¼컵(60ml) – 150℃ 오븐에 노릇해질 때까지 3분 정도 굽기

이 볼에 사용할 농담이 준비되어 있지만, 엄마가 가족 요리책에 적합하지 않다고 말씀하셨지요.

만드는 방법

1 푸드 프로세서에 동결 건조 딸기를 넣고 가루 형태가 될 때까지 간다. 분홍색 먼지를 가라 앉힌다.

2 아몬드를 넣는다.

3 아몬드가 굵직하게 다져지도록 간다. 다진 아몬드와 딸기 가루를 다른 볼에 옮겨 담는다.

4 비어 있는 푸드 프로세서에 대추야자를 넣고 굵직하게 다져지도록 짧게 끊어 작동시킨다. 그 후, 대추야자가 끈적이는 덩어리 형태가 되어 푸드 프로세서 볼 옆면을 턱턱 칠 때까지 분쇄한다.

5 ④에 아몬드와 딸기 가루를 더하고 소금 한 꼬집을 넣는다.

6 잘 섞일 때까지 기계를 짧게 끊어 작동시킨다. 결과물은 뭉쳐진 견과류 반죽같이 빡빡하게 덩어리져야 한다.

7 반죽을 약 1큰술 크기로 떼어내고 손바닥 사이에서 부드러운 공 형태로 둥글린다. 반죽이 모두 없어질 때까지 반복한다.

8 얕은 접시에 구워 놓은 코코넛 슈레드를 담고 볼을 코코넛 슈레드에 버무린다. 전체 표면에 고르게 묻도록 한다.

9 만들어진 볼은 뚜껑을 덮은 용기에 담아 1주일까지 보관 가능하며 냉동해서 1개월까지 보관 가능하다.

BEYOND READY!

매일의 요리를 위한 청사진이 되어 줄
식단과 쇼핑 목록

어떻게
준비 너머로
도달할 수 있을까?

이제 여러분은 부엌을 필수 물품들로 채웠고, 냉동실엔 미리 준비해 둔 음식이 가득하며, 남은 음식을 어떻게 변신시켜 먹어야 하는지도 알아냈다. 그리고 급하게 음식을 준비해야 하는 상황에서 금세 요리를 만들어내는 방법도 알고 있다. 만약 여기까지 했냈다면 여러분의 요리를 다른 수준으로 끌어올릴 준비, 그 이상이 된 것이다. 하지만 그 다음이 무엇이란 말인가?

답은 전적으로 여러분에게 달려 있다. 왜냐하면 내 책에 있는 'BEYOND READY!' 페이지로 넘어가는 것은 실제로 매우 다른 두 가지를 의미할 수 있기 때문이다.

> ❶ 그것은 매우 체계적이란 의미가 될 수 있다. 항상, 1주일 혹은 그 이상의 식사를 계획하고 준비하는 것을 의미한다는 이야기다.
> 또는
>
> ❷ 여러분 자신을 부엌의 닌자로 변신시키는 것을 의미할 수 있다. 상세한 레시피에 의존하지 않고 가지고 있는 어떤 것으로든 그때그때 요리하고, 맛과 느낌으로 식사를 만들어낼 수 있다는 의미이다.

어떤 사람늘은 완벽한 계획을 세운다. 여러분은 자신이 어떤지 알고 있다. 부지런하게 요리책에 표시하고 식료품점에 가기 전에 쇼핑 목록을 적는다. 최소 2개의 주방용 타이머를 가지고 있고, 미장 플라스(Mise-en-place)의 의미를 알며 요리하면서 반드시 청소를 한다. 여러분은 요리하는 기계인 것이다.

여러분 중 또 다른 이들은 즉흥적인 것을 더 좋아한다. 순간을 살며, 사각지대에서 가위를 들고 뛰는 것을 즐긴다(이건 그냥 은유일 뿐이니 절대 가위를 들고 뛰지 말기를.). 완성된 요리가 어떻게 보일지 혹은 맛은 어떨지 가늠할 수 없더라도 냄비에 재료를 던져 넣는 것을 좋아한다. 그럼에도 불구하고 주방에서 어리석지 않기 때문에 결과가 맛있을 것이라는 사실을 안다.

여러분이 꼼꼼하게 계획을 세우는 사람이든, 그때그때 사정을 봐 가며 요리하는 사람이든, 상관없다. 어느 쪽이든 나는 여러분을 감당할 수 있다.

먼저, 거기, 꼼꼼한 계획을 세우는 분들을 위해, 4주간 맛있는 식사를 할 수 있도록 일일 저녁 식사 계획을 제공할 것이다. 매주 상세한 쇼핑 목록과 무엇을 만들고 언제 만들어야 하는지에 대한 설명이 함께 할 것이다.

그리고 부엌의 즉흥 예술가들을 위해서는, 내가 가장 좋아하는 '레시피 없는' 레시피를 찾아낼 것이다. 다른 말로, 맛있는 음식을 만드는 방법에 대한 주된 요점을 공유할 것이다. 하지만 구체적인 재료나 용량으로 여러분을 옥죄진 않을 것이다. 아무튼 나는 여러분의 요리 창의력을 숨 막히게 하는 원인이 되고 싶지는 않으니까!

> 하지만 내가 만약 세심한 계획자이면서 직감으로 요리를 하고 싶다면 어떻게 해야 하지?
>
> 그것이 내내 궁극의 목표였다고!

기억할 점: 이 책의 의도는 여러분을 신명나게 만드는 것이다. 소매를 걷어붙이고, 아름답게 준비된, 맛있으면서도 영양가 있는 음식을 어떤 상황에서도 만들어내도록 말이다. 그것은 일주일분 음식을 조리하기 위한 세부적 식사 계획을 따라하는 것을 의미할 수도 있고, 냉장고 문을 열어서 영감이 여러분의 얼굴을 강타하도록 두는 것을 의미할 수도 있다(아니면 떨어지는 양배추가 얼굴을 때리든지). 하지만 궁극적으로는, 짜임새 있는 삶을 원할 때는 구체적인 계획이나 구상에 다가가지만, 긴장을 풀고 싶을 때는 요리의 즉흥성과 창의성에 문을 열어 두는, 두 가지 모두를 하는 것이다.

자신만의 요리에 대한 자신감을 키우고 나면, 부엌에 이미 마련해 둔 것들을 써서 감각적인 기억으로 맛있는 식사를 만들기 시작할 것이다. 감칠맛이 가득한 새로운 맛의 조합을 개발하고 환상적으로 끝내주는 레시피를 발명할 것이다. 자신만의 식사 계획과 주방에서 수월하게 일하는 방법을 찾아낼 것이다. 또한 여러분 자신과 사랑하는 사람들을 더 건강하고 행복하게 만들 것이다. 간단히 말하자면, 준비 그 너머로 도달하게 될 것이다. 그리고 그때가 바로 내가 여러분의 문을 두드리고 먹을 것을 요구하게 되는 때일 것이다.

:1주 차

저녁 식사 계획

준비하는 날 / 1일 차

'다목적 볶음 소스(75쪽)' 한 병, '선데이 그레이비(160쪽)'를 한 냄비 만들고, '수블라키(144쪽)'를 만든다. 저녁 식사로 '수블라키' 절반과 채소 샐러드를 듬뿍 차려낸다.

2일 차

'선데이 그레이비' 절반을 사용하여 '선데이 주키니 국수(163쪽)'를 순식간에 만든다! (오늘이 일요일이 아니더라도 걱정할 필요 없다.)

3일 차

그릴 팬이나 150℃로 예열한 오븐에 '수블라키'를 재빨리 다시 데운다. '커민, 고수를 넣은 라임 라이스(89쪽)'를 만들고 곁들여서 차려낸다.

4일 차

남은 '선데이 그레이비'를 '행그리 수프(186쪽)'에 넣는다. 채소 샐러드를 듬뿍 준비하고 엑스트라 버진 올리브 오일과 발사믹 식초 또는 좋아하는 드레싱을 뿌려서 함께 차려낸다.

5일 차

'종이에 싸서 구운 닭고기(212쪽)'를 만들고 주키니 국수 위에 올려서 차려낸다. 국수 모양으로 채썬 채소를 조리하거나 소금을 뿌릴 필요도 없다. 종이 봉지에 들어 있는 수분이 음식을 부드럽고 맛있게 만들어 줄 것이다.

6일 차

'다목적 볶음 소스'로 '아스파라거스 소고기 볶음(238쪽)'을 만들고, 남아 있는 '커민, 고수를 넣은 라임 라이스'와 함께 내거나 '콜리 라이스(88쪽)'를 새로 만들어서 함께 차려낸다.

7일 차

주방 일을 쉰다. 남은 음식을 데우거나 외식하러 나간다. 기분 전환을 위해 다른 사람이 여러분에게 저녁 식사를 만들어 준다면 더욱 좋을 것이다!

1주 차 쇼핑 목록

농산물

굵기가 가는 아스파라거스 453g

청경채 453g

중간 크기 콜리플라워 2송이(또는 갓 만들거나 냉동한 쌀알
크기로 다진 콜리플라워 1.13kg)

작은 양배추 1통 또는 근대나 케일 1묶음

중간 크기 당근 5개

셀러리 2줄기

중간 크기 주키니 8개

표고버섯 226g

대파 작게 1묶음

바질 크게 1묶음

고수 1묶음

이탈리안 파슬리 크게 1묶음

샐러드 채소 2팩(각 283g)

레몬 6개

라임 2개

감자 226g(유콘 골드종)

큰 마늘 2통

작은 양파 2개

중간 크기 적양파 1개

큰 샬롯 3개

육류 / 해산물

뼈를 제거한 돼지고기 등심이나 어깨 등심, 목심, 양 다리
또는 껍질을 벗긴 닭 넓적다리살 1.36kg('수블라키'용)

뼈와 껍질을 제거한 닭 가슴살이나 닭 넓적다리살 4개(각
170g, '종이에 싸서 구운 닭고기'용)

돼지고기 어깨 등심 907g – 뼈 없이 길고 두툼하게 잘라낸
것('선데이 그레이비'용)

소고기 치마살이나 치마양지 1.36kg('선데이 그레이비'와 '아
스파라거스 소고기 볶음'용)

이탈리안 소시지 453g – 달콤하거나 매운 것 중 택일하거
나 두 가지 다('선데이 그레이비'용)

냉장 식품

오렌지 주스 ½컵(120ml, 또는 커다란 오렌지 2개)

향신료

말린 월계수 잎

커민

마늘 가루

생강 가루

말린 오레가노 또는 말린 마조람

레드 페퍼 플레이크

코셔 소금

갓 갈아낸 흑후추

건 식품

애로루트 가루

식초 + 기름

발사믹 식초

셰리 식초(선택사항)

엑스트라 버진 올리브 오일 또는 아보카도 오일

기

통조림 / 병조림 식품

닭 육수 7컵(1.68L, 집에 '뼈 육수(84쪽)'가 없는 경우)

홀 산 마르자노 토마토(Whole San Marzano Tomatoes)
통조림 3통(각 793g)

토마토 페이스트

민속 / 특수 식재료

코코넛 아미노

피시 소스

쌀식초

참기름

장을 보러 아무도
함께 오지 않는다면,
아무도 제가 사는 물건에
대해 불평할 수 없어요!

:2주차

저녁 식사 계획

준비하는 날 / 1일 차

'미리 오븐에 굽는 닭 가슴살(92쪽)', '생강 참깨 소스(74쪽)', '압력솥 / 슬로우 쿠커를 이용한 칼루아 피그(136쪽)'를 만들고 '녹색의 야수 드레싱(56쪽)'을 만든다. 칼루아 피그 절반과 함께 '그릴에 구운 로메인 상추 + 브로콜리니 샐러드(194쪽)'를 곁들여 먹는다. 다른 모든 것은 냉장 보관한다.

2일 차

'생강 참깨 소스'와 '미리 오븐에 굽는 닭 가슴살'을 이용해 '닭고기와 아보카도를 곁들인 동양풍 냉 주키니 국수 샐러드(191쪽)'를 만든다.

3일 차

남아 있는 '칼루아 피그'를 바삭하게 만들고 '녹색의 야수 드레싱'에 버무린 채소 샐러드를 듬뿍 곁들여 상에 낸다.

4일 차

맞다. 바로 타코의 밤이다! '대자연 토르티야(87쪽)'를 집어 들고, 남아 있는 '미리 오븐에 굽는 닭 가슴살' 또는 바삭하게 만든 '칼루아 피그'를 이용해 '레프타코(220쪽)'를 만든다. 원한다면, 과카몰리, 살사, 다진 양파, 고수를 위에 뿌린나.

5일 차

'군만두 볶음(312쪽)'을 만들어서 '생강 참깨 소스'를 곁들인 당근 오븐 구이(188쪽)'와 함께 차려낸다.

6일 차

재빨리 '급속 치킨 커리(294쪽)'를 만들고 '콜리 라이스(88쪽)'와 '생강 참깨 브로콜리 오븐 구이(74쪽)' 위에 올린다.

7일 차

긴 일주일을 보냈으니 요리하는 것으로부터 휴식을 취할 자격이 있다. 남은 것들을 먹거나, 외식을 하거나 다른 사람에게 요리를 하도록 한다.

2주 차 쇼핑 목록

농산물

중간 크기 아보카도 2개('레프타코'의 과카몰리를 만드는 용
도로 3개 더 추가)

브로콜리 1.13kg

브로콜리니 453g

작은 양배추 1통

작은 배추 1통

중간 크기 콜리플라워 1송이

중간 크기 당근 4개

어린 당근 453g

큰 버터헤드 상추 1송이

로메인 상추 2송이(약 453g)

샐러드용 채소 1팩(283g)

중간 크기 신선한 생강 1개

중간 크기 홍피망 1개

표고버섯 113g

중간 크기 주키니 4개

바질 2묶음

차이브 3묶음

고수 1묶음

민트 1묶음

이탈리안 파슬리 1묶음

대파 3묶음

마늘 2통

중간 크기 적양파 1개

작은 양파 2개

샬롯 2개

밀감 2개

레몬 2개

라임 1개

육류 / 해산물

뼈와 껍질을 제거한 닭 넓적다리살 680g('급속 치킨 커리'용)

뼈와 껍질이 있는 닭 가슴살 2개(각 680g, '미리 오븐에 굽
는 닭 가슴살'용)

다진 돼지고기 907g('군만두 볶음'용)

뼈가 있는 돼지고기 어깨 등심 2.26kg('칼루아 피그'용)

두툼한 베이컨 슬라이스 3장

냉장 식품

오렌지 주스 ¼컵(60ml, 또는 큰 오렌지 1개분의 오렌지즙)

과카몰리 275ml(또는 잘 익은 아보카도 3개로 직접 만든 것)

향신료

큰 입자 또는 고운 입자의 알레아 레드 하와이안 바다 소금

코셔 소금

참깨

갓 갈아낸 흑후추

식초 + 기름

아보카도 오일 또는 엑스트라 버진 올리브 오일

기 또는 코코넛 오일

통조림 / 병조림 식품

사과 주스 작은 것 1병

지방을 제거하지 않은 코코넛 밀크 통조림 2통(각 396g)

구운 토마토 살사(또는 '살사 아우마다(80쪽)')

민속 / 특수 식재료

코코넛 아미노

피시 소스

쌀식초

참기름

타히니

태국 커리 페이스트(레드, 옐로우, 그린)

:3주차

저녁 식사 계획

준비하는 날 / 1일 차

'뒥셀(83쪽)', '텍스–멕스풍 소고기와 쌀 캐서롤(154쪽)', 그리고 슬로우 쿠커나 압력솥으로 '코코넛 워터에 브레이징한 돼지고기(134쪽)'를 만든다. 2일 차 준비를 위해 방울양배추를 슬라이스하고 냉장 보관한다. '뒥셀'을 이용해 '뒥셀 치킨(209쪽)'을 만들고 케일 볶음과 함께 차려낸다.

2일 차

'코코넛 워터에 브레이징한 돼지고기' 절반을 데우고 '동양풍 감귤 방울양배추 슬로(266쪽)'를 넉넉히 만든다. 슬로 절반을 함께 차려내고 남은 것은 냉장 보관한다.

3일 차

150℃로 예열한 오븐에 '텍스–멕스풍 소고기와 쌀 캐서롤'을 데운다. 채소를 좀 더 원한다면 채소 샐러드를 만든다.

4일 차

나머지 뒥셀을 이용해 '평일 저녁의 미트볼(230쪽)'을 만든다. 미트볼 절반은 냉장 보관하고 나머지는 '동양풍 감귤 방울양배추 슬로'와 함께 차려낸다.

5일 차

남은 '평일 저녁의 미트볼'을 사용하여 '미트볼 수프(231쪽)'를 만든다. 수프가 거의 완성되면, 끓고 있는 냄비에 어린 시금치를 한 줌 넣고 숨이 가라앉을 때까지 저어 준다. 바로 차려낸다.

6일 차

남은 '브레이징한 돼지고기'를 잘게 찢어서 다진 채소와 섞고 '당신만의 모험을 선택하라 – 달걀 머핀(208쪽)'을 만든다. 손쉬운 채소 요리인 채소 샐러드와 함께 차려낸다.

7일 차

한숨 돌릴 시간이다. 남은 음식들을 모두 먹거나 특별한 누군가에게 저녁 식사와 영화를 부탁해 본다!

3주 차 쇼핑 목록

농산물

방울양배추 1kg
중간 크기 콜리플라워 1송이(또는 갓 만들거나 냉동한 쌀알 크기로 다진 콜리플라워 453g)
어린 케일 453g
어린 시금치 453g
중간 크기 당근 3개
방울토마토 6개
갈색 양송이버섯 907g
표고버섯 113g
홍피망 1개
할라피뇨 또는 세라노 고추 4개
중간 크기 신선한 생강 1개
타임 줄기 1묶음
차이브 1묶음
고수 1묶음
이탈리안 파슬리 1묶음
대파 2묶음
샐러드용 채소 2팩(각 283g)
큰 샬롯 4개
작은 양파 2개
큰 마늘 2통

육류 / 해산물

다진 소고기 907g('텍스—멕스풍 소고기와 쌀 캐서롤', 그리고 '평일 저녁의 미트볼'용)
다진 돼지고기 453g('평일 저녁의 미트볼'용)
뼈를 제거한 돼지고기 어깨 등심 907g('코코넛 워터에 브레이징한 돼지고기'용)
뼈와 껍질이 있는 닭 넓적다리 8개('튁셀 치킨'용)

냉장 식품

큰 달걀 18개
오렌지 주스 ¼컵(60ml, 또는 큰 오렌지 1개)

향신료

코셔 소금

갓 갈아낸 흑후추
말린 오레가노
칠리 파우더
참깨

건 식품

코코넛 가루
젤라틴 가루

식초 + 기름

코코넛 오일 또는 기
셰리 식초

통조림 / 병조림 식품

닭 육수 6컵(1.14L, 집에 '뼈 육수(84쪽)'가 없는 경우)
코코넛 워터 454g
구운 토마토 살사 1½컵(360ml, 또는 '살사 아우마다(80쪽)')

민속 / 특수 식재료

코코넛 아미노
피시 소스
쌀식초
참기름

:4주차

저녁 식사 계획

준비하는 날 / 1일 차

슬로우 쿠커나 압력솥으로 '단호박 + 생강 돼지고기(128쪽)'를 만들고, '태국 감귤 드레싱(55쪽)', '훈제향 밤 사과 수프(100쪽)' 그리고 '디종 머스터드와 타라곤을 곁들인 로스트 치킨(114쪽)'을 만든다. 닭고기 한 마리를, '훈제향 밤 사과 수프'와 '태국 감귤 드레싱'을 뿌린 채소 샐러드와 함께 차려낸다.

2일 차

'단호박 + 생강 돼지고기'를 냉장고에서 꺼내 데운다. '태국 버섯 볶음(264쪽)'과 함께 낸다.

3일 차

'태국 감귤 드레싱'을 이용하여 '태국풍 청사과 슬로(199쪽)'를 만든다. 남은 '디종 머스터드와 타라곤을 곁들인 닭고기 오븐 구이'를 데워서 차려낸다.

4일 차

'호보 스튜(258쪽)'를 만든다.

5일 차

'베이킹 팬으로 만드는 소시지 저녁 식사(306쪽)'를 구워서 먹어 치운다.

6일 차

상춧잎에 싼 '냠냠 몬스터 버거(308쪽)'를 만든다. 바삭한 달걀 프라이, 스리라차 등 가장 좋아하는 곁들임용 요리를 함께 차려낸다.

7일 차

그리고 7일 차, 바쁜 요리사는 쉬도록 한다. 하이킹을 가서 맛있는 것을 먹고, 긴장을 푼다!

4주 차 쇼핑 목록

농산물

버터헤드 상추 1송이
작은 양배추 1통
중간 크기 당근 7개
중간 크기 펜넬 구근 1개
그린빈 226g
토마토 2개
큰 홍피망 1개
태국 고추 또는 세라노 고추 1개
모둠 버섯 907g
표고버섯 113g
큰 리크 1개
대파 1묶음
바질 1묶음
고수 1묶음
이탈리안 파슬리 1묶음
민트 1묶음
타라곤 잎 1묶음
타임 1묶음
중간 크기 신선한 생강 1개
샐러드용 채소 1팩(283g)
어린 케일 142g(냉동하거나 신선한 것)
중간 크기 양파 2개
작은 적양파 2개
샬롯 3개(작은 것 1개, 큰 것 2개)
큰 마늘 3통
감자 453g
작은 단호박 1개
중간 크기 사과 3개(브래번, 코틀랜드, 엠파이어, 후지, 매킨
토시종)
청사과 2개(그래니 스미스종)
라임 3개

육류 / 해산물

두툼한 베이컨 슬라이스 4장
다진 소고기 1.36kg('호보 스튜'와 '냠냠 몬스터 버거'용)
통닭 2마리(각 1.8kg, '디종 머스터드와 타라곤을 곁들인 로
스트 치킨'용)

뼈를 제거한 돼지고기 어깨 등심 1.36kg('단호박 + 생강 돼
지고기'용)
이탈리안 소시지 4개('베이킹 팬으로 만드는 소시지 저녁 식
사'용)

냉장 식품

큰 달걀 4개
오렌지 주스 1컵(240ml)

향신료

레드 페퍼 플레이크
코셔 소금
갓 갈아낸 흑후추

건 식품

구운 캐슈넛 ¼컵(60ml)

식초 + 기름

숙성 발사믹 식초
아보카도 오일 또는 엑스트라 버진 올리브 오일
기 또는 코코넛 오일
셰리 식초

통조림 / 병조림 식품

닭 육수 8컵(1.92L, 집에 '뼈 육수(84쪽)'가 없는 경우)
디종 머스터드 1병(340g)
껍질을 깐 구운 밤 283g
토마토 페이스트
꿀(선택사항)

민속 / 특수 식재료

코코넛 아미노
피시 소스
쌀식초
스리라차(선택사항)

마지막으로 중요한 '레시피가 없는 요리' 기술을 익혀 봅시다!

어느 때건 요리할 수 있는 진정한 요리사가 되기 위해서는 항상 레시피에 의존할 순 없다. 하지만 채소를 오븐에 굽는 방법 또는 재빨리 볶음 요리를 만드는 방법과 같은 기본적인 것을 알고 있다면, 재료를 바꾸고 다양한 향신료와 소스를 이용하여 식사에 풍미를 더할 수 있다. 처음엔 레시피 없이 요리하는 것이 낙하산 없이 비행기에서 뛰어내리는 것 같은 기분이 들겠지만, 조금만 연습하면 여러분은 곧 요리가 얼마나 더 창의적일 수 있는지를 알게 될 것이다.

일단 여기 '레시피가 없는' 레시피로 시작해 보자. 여기 나와 있는 기초 계획에는 기본적 지침과 몇 가지 수량만 나와 있는 재료가 포함되어 있다. 마늘, 소금, 후추를 요리에 얼마나 넣어야 하는지 정확히 알려 주는 대신, 요리를 하는 동안 맛을 보도록 한다. 이런 식으로, 여러분 자신의 입맛에 맞게 양념을 디할 수 있다. 일단 여러분이 이 요리들을 재빨리 만드는 방법을 익히면, 주중 저녁 식사 메뉴에 돌려가며 매끄럽게 식단에 짜 넣을 수 있을 것이다.

쓰레기 수프
GARBAGE SOUP

헨리는 이 이름을 싫어하지만, 그것은 내가 이 수프를 만들지 않으면 냉장고의 많은 채소들이 버려지게 될 것이라는 사실을 다시 한번 상기시킨다. 냄비에 기 또는 여러분이 선택한 기름을 가열하는 것으로 시작한다. 그 후, 슬라이스한 양파, 버섯, 당근을 넣고 냉장고의 채소 칸에 남아 있는 어떤 채소든지 더해 준다. 양파가 부드러워질 때까지 조리한다. 원한다면 토마토 페이스트를 조금 넣고 섞는다. 그 후, '뼈 육수(84쪽)'나 시판 육수를 1인당 1½컵(360ml)씩 붓는다(4명이 먹는다면 6컵, 즉 1.44L가 된다. 수학!). 수프가 끓기 시작하면 불을 줄이고 뭉근하게 끓인다. 1인당 2컵(480ml)의 채소를 넣고 부드러워질 때까지 조리한다. 마지막으로, 조리해 둔 남은 고기를 1인당 1컵(240ml)씩 더하고 완전히 데워지도록 저어 준다. 맛을 보고 간을 한 후 차려낸다.

저는 말린 표고버섯, 배추, 남은 '칼루아 피그(136쪽)'를 '쓰레기 수프'에 넣는 걸 좋아해요!

압력솥으로 쓰레기 수프를 요리할 수 있는가?

전기 압력솥으로 '쓰레기 수프'를 만들고 싶은가? 만드는 방법을 따라 하되, 가스레인지 위에서 보글보글 끓이는 대신 고압에서 3~5분, 또는 채소가 부드러워질 때까지 수프를 조리한다. 시간을 많이 절약해 주진 않지만 전기 압력솥을 사용하면 수프를 만드는 동안 옆에서 계속 지켜볼 필요가 없다.

부엌 싱크대 샐러드
KITCHEN SINK SALAD

1인당 2컵(480ml)의 상추를 커다란 샐러드 볼에 채운다. 그리고 슬라이스한 당근, 오이, 익힌 비트를 넣는다(여러분, 익혀서 판매하는 비트를 구입하는 건 부끄러운 일이 아니다.). 여기에 피망, 아보카도 또는 냉장고에 남아 있는 다른 것을 넣는다. 냉장고에 구운 채소가 남아 있다면 함께 넣는다. 삶은 달걀이든, 구운 닭고기든, 얇게 썬 스테이크나 칼루아 피그, 또는 생선 통조림이든, 단백질 종류를 선택해 더한다. 만약 가지고 있다면 구운 견과류나 씨앗류를 위에 올린다. 소금, 후추로 간하고, 버무리기 전에 좋아하는 드레싱을 더한다. 준비된 드레싱이 없다면? 엑스트라 버진 올리브 오일과 좋아하는 식초를 위에 조금 뿌려 주면 된다.

빠르게 만드는 생선 필레
FAST FISH FILLETS

키친타월로 생선 필레를 두드려 수분을 제거하고 양면에 소금을 뿌린다. 취향껏 선택한 기름을 충분히 팬에 넣어 중강불에서 달군 후, 생선을 한 면당 1~2분간 굽거나 고루 익을 때까지 굽는다. 접시에 생선을 담고 좋아하는 양념을 섞어 위에 뿌린다. 방울토마토가 제철이라면 뜨겁긴 하지만 비어 있는 프라이팬에 넣어 고르게 데우고, 생선과 함께 차려낸다. 신선한 레몬즙을 위에 뿌리고 신선한 허브를 올린다.

평일 저녁 치킨
WEEKNIGHT CHICKEN

큰 볼에 뼈와 껍질이 있는 닭고기(가슴살, 넓적다리살 또는 닭 봉 중 택일하거나 함께) 1.36kg, 지방을 제거하지 않은 코코넛 밀크 통조림 396g짜리 1통, 허브를 함께 넣고 소금으로 간한 뒤, 라임즙 같은 신맛의 재료를 조금 넣는다. 소금에 관대해져야 한다. 24시간 동안 재우고 여분의 양념을 털어낸 후, 베이킹 팬 위에 와이어 랙을 올리고 그 위에 닭고기를 정렬해서 얹는다. 220℃로 예열한 오븐(또는 좀 더 바삭한 껍질을 위해 컨벡션 모드에서는 200℃)에서 35~45분간 굽는다. 조리 중반에 고기를 뒤집어 준다. 육류용 온도계로 쟀을 때 가슴살은 65℃, 다리살과 닭 봉은 73℃에 이르면 조리가 다 된 것이다.

비상용 볶음 요리
EMERGENCY STIR-FRY

취향껏 선택한 기름 1큰술을 프라이팬에 넣어 중강불에서 가열한다. 얇게 슬라이스한 양파, 소금 한 꼬집을 넣는다(나는 깍둑썬 당근을 넣는 것도 좋아한다.). 양파가 부드러워지면 다지거나 얇게 썬 고기를 1인당 113g씩 넣는다. 붉은빛이 없어질 때까지 조리하고, 다진 채소 잎을 1인당 2컵(480ml) 정도 넣고 '다목적 볶음 소스(75쪽)'를 조금 넣는다('다목적 볶음 소스'를 가지고 있지 않다면 피시 소스, 코코넛 아미노 그리고 감귤류 과일즙같이 산성 재료나 식초를 조금 넣는다.). 채소가 고르게 조리될 때까지 뚜껑을 덮는다. 다진 고수, 민트, 또는 쪽파같이 신선한 허브로 장식한다.
모험심이 느껴지는가? 그렇다면 '매콤 김치'나 '원치(70쪽)'를

마지막에 한 숟가락 수북이 넣어 섞고 허브를 더하기 전에 따뜻하게 데운다.

오븐에 구운 채소
ROASTED VEGETABLES

채소를 균일한 크기로 썰어 베이킹 팬에 넣고 소금, 후추, 올리브 오일을 넣어 버무린다. 기름에 인색하게 굴지 말아야 하며, 채소가 과도하게 몰리지 않도록 한다. 원한다면 좋아하는 허브와 향신료를 섞어 양념한다. 채소의 종류와 크기에 따라 220℃의 오븐(컨벡션 모드 200℃는 더욱 좋다)에 베이킹 팬을 20~45분간 넣는다.
(이것은 완전한 가이드는 아니지만, 주키니와 피망은 15분, 당근, 브로콜리, 콜리플라워는 25분, 땅콩호박이나 감자 그리고 웨지형으로 자른 양파 같은 뿌리채소는 약 40분이 소요된다.)
조리 중반에 채소를 한 번 뒤집어 준다. 채소의 겉이 갈색이 되고 안쪽이 부드러워지면 베이킹 팬을 꺼내고 숙성 발사믹 식초를 뿌리거나 감귤류 과일즙을 뿌린다.

수프로 만들기!

구운 채소가 남았는가? 기운을 돋우는 수프로 바꿔 보자. 육수와 구운 채소를 냄비에 넣고 보글보글 끓인다. 핸드 블렌더로 부드러워질 때까지 모두 간다. 잘게 찢은 남은 고기와 어린 시금치 한 줌을 섞어서 완벽한 식사로 만들 수 있다.

기름에 볶은 채소
SAUTÉED GREENS

취향껏 선택한 기름 1큰술을 프라이팬에 넣고 중강불에서 가열한다. 그 후, 얇게 슬라이스한 샬롯이나 마늘(또는 둘 다)을 더하고 향이 날 때까지 저어 준다. 시금치, 청경채, 배추, 또는 케일같이 여러분이 좋아하는 채소를 넣고 소금을 뿌린다. 채소가 숨이 가라앉을 때까지 저어 주며 조리한다. 피시 소스, 코코넛 아미노를 넣고 라임즙이나 쌀식초 같은 산성 재료를 조금 넣어 맛을 낸다. 만약 가지고 있다면 '다목적 볶음 소스(75쪽)'를 조금 넣어 주면 더욱 좋다.

오븐 온도

200°F	95°C
225°F	110°C
250°F	120°C
275°F	135°C
300°F	150°C
325°F	165°C
350°F	175°C
375°F	190°C
400°F	200°C
425°F	220°C
450°F	230°C
475°F	245°C
500°F	260°C
525°F	275°C

무게

¼ oz	7 g
½ oz	14 g
¾ oz	21 g
1 oz	28 g
1¼ oz	35 g
1½ oz	42 g
1¾ oz	50 g
2 oz	57 g
3 oz	85 g
4 oz	113 g
5 oz	142 g
6 oz	170 g
7 oz	198 g
8 oz	227 g
16 oz	454 g

길이

¼ in	6 mm
½ in	1¼ cm
1 in	2½ cm
2 in	5 cm
2½ in	6 cm
4 in	10 cm
5 in	13 cm
6 in	15¼ cm
12 in	30 cm

부피

¼ tsp	1 ml	
½ tsp	2.5 ml	
¾ tsp	4 ml	
1 tsp	5 ml	
1¼ tsp	6 ml	
1½ tsp	7.5 ml	
1¾ tsp	8.5 ml	
2 tsp	10 ml	
1 T	15 ml	½ fl oz
2 T	30 ml	1 fl oz
¼ C	60 ml	2 fl oz
½ C	120 ml	4 fl oz
¾ C	180 ml	6 fl oz
1 C	240 ml	8 fl oz

용량 환산

CONVERSIONS!

안녕!

다양한 출처로부터 수집된 정보로, 존 휘트먼(Joan Whitman)과 돌로레스 사이먼(Dolores Simon) 의 'Recipes into Type(2000년)', 샤론 타일러 허브스트(Sharon Tyler Herbst)의 'The New Food Lover's Companion(1995년)', 로즈메리 브라운(Rosemary Brown)의 'Big Kitchen Instruction Book(1998년)'을 포함한다.

감사합니다!

분명히 요리책을 쓰는 적절한 방법이 있겠지만 그것이 무엇이든, 우리는 그것을 무시했어요. 지난번처럼 그냥 해버린 거지요. 일반적인 개념을 생각하고 간단한 개요를 적은 후, 요리하고 집필을 시작했어요. 사실, 우리는 다음 레시피로 넘어가기 전에, 각각의 레시피에 대해 완벽하게 글을 쓰고 사진을 찍고 정리했어요.

물론, 이것이 우리가 열심히 일하지 않았다는 의미는 아니지요. 각각의 레시피와 시험, 재시험 단계, 지시 사항을 수정하고 맛을 제련해내는 데 제 자신을 쏟아부었어요. 그리고 제가 (결국에) 만족했을 때, 한 번 더 요리를 만들었지요. 제가 각 과정을 시현하면, 카메라로 사진을 찍으며 주위를 맴도는 헨리와 함께 말이에요. 그리고 나서 우리는 자리에 앉아 제가 만든 것을 먹었어요.

나머지는 헨리의 몫이었어요. 낮에 일하느라 바쁘지 않을 때면 언제나 사진을 편집하고, 제 글을 다시 고치고, 각 레시피별로 만화책 형식의 레이아웃을 짰으며, 페이지에 흥미를 돋울 만화를 그렸어요. 책의 모든 페이지는 2년 동안 피곤한 눈을 하고 디테일에 집착하는 나의 남편이 공들여서 손수 디자인한 것입니다. 그래서 무엇보다도 먼저 저의 공동 저자이자 모든 일의 파트너에게 감사하고 싶습니다.

하지만 저와 헨리가 이 주방의 유일한 요리사는 아니었어요. 우리의 친구인 멜리사 졸런(Melissa Joulwan)과 데이브 험프리스(Dave Humphreys)가 우리 자신만의 (미친) 길을 계획하도록 격려해 주어서 2012년에 요리책을 쓰기 시작했어요. 그리고 이 책을 위해 가족, 친구들과 함께한 셀 수 없는 식사로부터 영감을 끌어냈어요. 나의 언니 피오나 케네디(Fiona Kennedy)는 자문 역할을 해 주었고, 우리의 부모님, 레베카(Rebecca)와 진 탬(Gene Tam), 그리고 웬디(Wendy)와 케니 퐁(Kenny Fong)은 우리의 지지자였어요. 시드니 매자야(Sidney Majalya)와 조리 스틸(Jory Steele) 그리고 고기를 사랑하는 매튜 매자야(Matthew Majalya)는 우리의 인간 기니 피그가 되어 주었고요. 그레고리 고데(Gregory Gourdet)와 저스틴 보레타(Justin Boreta)는 그들의 조리법을 너그럽게 공유해 주었어요. 그리고 나의 미용실 동료 – 엠마 크리스텐슨(Emma Christensen), 셰리 코디아나(Sheri Codiana), 코코 모란테(Coco Morante), 셰릴 스턴맨 룰(Cheryl Sternman Rule) 그리고 대니엘 씨(Danielle Tsi) –

는 끊임없는 조언과 도움의 원천이었습니다. 특히 우리의 공식 레시피 테스터로 일해 준 셰리에게 감사해요. 그녀의 놀라울 만큼 상세한 노트가 없었다면, 제 레시피는 예전과 같지 않았을 거예요(오류와 이해할 수 없는 과정 설명이 많았을 거라는 의미예요.). 다른 사람들은 매일 재미있는 가십으로 머리를 식혀 주고 마구 웃게 만들어 줘서, 정신이 멀쩡할 수 있도록 도와주었지요. 시라즈 바바(Shiraaz Bhabha), 수잔 파프(Susan Papp) 그리고 마리아 자자크(Maria Zajac), 나는 당신들을 보고 있어요. 그리고 특히 당신, 다이아나 로저스(Diana Rodgers).

'놈놈 팔레오' 작업을 할 때, 저에게 중요한 것, 즉 음식에 집중할 수 있도록 뒤에서 애써준 로렌 웨이드 레드노어(Loren Wade Rednourdml)의 도움 없이는 제가 하고 있는 것들을 해낼 수 없었을 거예요.

지난 몇 년간 새로운 음식 경험의 문을 열어 준 친구들, 특히 우리를 태국 북부와 완전히 사랑에 빠지게 만든 마크 릿치(Mark Ritchie)에게 특별한 감사를 보냅니다. 쿠옹 팜(Cuong Pham), 우리는 그의 눈을 통해 베트남을 볼 수 있었어요. 그리고 환경을 파괴하지 않고 대체 불가능한 자원을 낭비하지 않는, 지속 가능한 농업과 도살에 대해 직접적인 경험을 가까이에서 할 수 있도록 해 준 안냐 퍼날드(Anya Fernald)에게도 특별한 감사를 전합니다(포틀랜드와 샌프란시스코 베이 지역 사이를 운전할 때마다 우리를 그녀의 농장에 들리도록 만들었지요.).

우리는 편집장인 진 루카스(Jean Lucas), 책을 출간해 준 커스티 멜빌(Kirsty Melville)과 앤드루 맥 밀(Andrews McMeel)의 가족 모두에게 영원히 빚을 졌어요. 그들이 우리를 이끌어 주고 지지해 주지 않았다면, 이 책은 세상에 나오지 못했을 거예요. 헨리가 방금 우리 아이들에 대해 언급하지 않는다면, 아이들이 내내 그 이야기를 할 거라고 상기시켜 주었어요. 그래서, 오웬과 올리에게, 우리의 최고로 애정하는 아이들이 되어 줘서 고맙고 또 내가 만든 것들이 심지어 엽기적일 때에도 모두 먹어 주어서 고맙다고 말하고 싶구나. 우리의 마음은 너희들을 향한 사랑으로 터질 것 같단다. 그리고 이 책 때문에 너무 당황하지 않길 바라고 있어. 마지막으로, 우리와 함께 요리하고, 우리에게 힘이 되어 주고, 영감을 주신, 우리의 충실한 남녀 몬스터분들, 헨리와 저는 여러분 모두에게 감사드리고 싶어요. 여러분은 이 모든 것들을 가치 있게 만들어 주었습니다.

그라치아스 (Gracias)!

당케 (Danke)!

역자의 말

팔레오 식이요법에 대해 알게 된 것은 저탄수화물 식이요법
에 대해 관심을 가진 후였습니다. 맥락이 비슷한 듯도 하고,
식재료에 대한 건강한 고민이 기본이 되는 식이요법이란
느낌을 받았지만, 동시에 뭔가 어렵고 까다롭다는
인상도 받았습니다. 건강엔 좋지만 생활에서 실천하기는
어려울 것이라는 생각을 가지고 있던 차에 'READY OR
NOT'의 번역에 참여하며, 팔레오 식이요법에 대한 막연한
첫인상이 완전히 바뀌게 되었습니다.
단순히, 먹어도 되는 음식과 그렇지 않은 음식을 제안하는
것을 뛰어넘어, 보다 넓은 시야로 먹는다는 것에 대해
근본적으로 고민하는 미셸의 방식은 많은 것을 생각하게
해 주었습니다.
팔레오 식이요법에 대한 가이드라인은 분명 존재하지만,
그보다 더 중요한 것은 내가 먹는 음식에 대해 아는 것이라고
생각하게 되었습니다.
영양성분, 첨가제, 어떤 식재료가 쓰였는지 뿐 아니라,
식품의 생산과정, 사육 및 재배 방법과 조리 방법까지. 자연
적이며 환경친화적인 음식이 내 몸과 환경에 어떠한 영향을
끼칠 수 있는지 생각할 수 있는 계기를 마련해 주었습니다.
이 책은 건강한 식이 방법에 대해 관심이 있는 많은 분들에
게 큰 도움이 되리라 생각합니다. 또한 팔레오 식이요법이나
저탄수화물식에 관심 있는 분들이 쉽고 재미있고 맛있게 해
당 식이요법을 시작할 수 있게 해 줄 것입니다.
심지어 건강식보다는 맛있고 색다른 음식에 관심 있는 분들
의 욕구도 충족시켜 줄 흥미로운 레시피가 가득한 책입니다.
넘기는 책장 하나하나 지루할 틈이 전혀 없는
'READY OR NOT'과 함께 맛있고 건강하고 재미있는 식생
활의 변화를 경험해 보시길 바랍니다.

PROFILE

역자 송윤형
요리로 전 세계를 여행하며, 전 세계 여러 나라의 요리 레시피와 요리,
그리고 잡다한 이야기를 담고 있는 블로그 '챨리네 다양한 생활(www.
themlife.co.kr)'을 운영하고 있다. 외국의 요리책을 수집하고 블로그에 소개
하면서 보통 요리책에서 볼 수 없었던 외국의 이색적인 레시피를 다양하
게 보여 준다. 지은 책으로는 요리하고 사진 찍고 글을 쓴 '올 댓 피시',
'프레시 샐러드', '부엌에서 떠나는 요리 여행'이 있다.

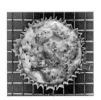

NOT READY!

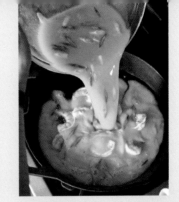

READY OR NOT!

1판 1쇄 2019년 3월 29일

저   자 | 미셸 탬, 헨리 퐁
역   자 | 송윤형
발 행 인 | 김길수
발 행 처 | (주)영진닷컴
주   소 | 서울시 금천구 가산디지털2로 123
　　　　　　월드메르디앙벤처센터2차 10층 1016호. (우)08505
등   록 | 2007. 4. 27. 제16−4189호

ⓒ 2019. (주)영진닷컴

ISBN 978-89-314-5982-1